帮你学会做设计丛书

城市污水处理厂工程设计指导
（第二版）

何圣兵　主编
郭婉茜　戴鼎立　高建文　蒋玖璐　编著

中国建筑工业出版社

图书在版编目(CIP)数据

城市污水处理厂工程设计指导/何圣兵主编.—2
版.—北京:中国建筑工业出版社,2015.10(2022.7重印)
(帮你学会做设计丛书)
ISBN 978-7-112-18340-1

Ⅰ.①城… Ⅱ.①何… Ⅲ.①城市污水-污水处理厂-
设计 Ⅳ.①X505

中国版本图书馆 CIP 数据核字(2015)第 175825 号

本书以污水处理厂工程设计为主线,对设计过程中涉及到的各个具体环节进行了细致的阐述,详细讲解了城市污水处理工艺设计原则和处理单元的工艺设计以及设计注意事项。书中专门为了满足读者实际设计需要,对工艺专业与其他专业之间的关系进行了系统讲解,使读者对污水处理厂工程设计所涉及到的相关内容和专业配合都有正确的认识和了解。此外,本书以典型工程案例为例,具体讲解了城市污水处理厂的工艺设计计算与初步设计图纸绘制,以期对初学者达到引领入门的目的。

本书可以作为高等学校给水排水专业和环境工程专业的工程设计教学参考用书,也可供从事给水排水、环境工程工作的技术人员在设计、施工和运行管理中参考。

* * *

责任编辑:石枫华
责任校对:张 颖 赵 颖

帮你学会做设计丛书
城市污水处理厂工程设计指导
(第二版)
何圣兵 主编
郭婉茜 戴鼎立 高建文 蒋玖璐 编著

*

中国建筑工业出版社出版、发行(北京西郊百万庄)
各地新华书店、建筑书店经销
北京千辰公司制版
北京凌奇印刷有限责任公司印刷

*

开本:787×1092 毫米 1/16 印张:15½ 字数:317 千字
2016 年 6 月第二版 2022 年 7 月第五次印刷
定价:**49.00** 元(含光盘)
ISBN 978-7-112-18340-1
(27454)

出 版 说 明

对于市政与环境专业初学设计的学生或者是刚刚从事实际工程设计的设计者常常会有这样的疑惑:面对大量的原始工程设计资料,却不知如何进行设计的准备工作和开始方案规划;在具体工程设计过程中,不知如何根据原始资料具体实施规范,进行设计;在施工图设计阶段,不知道如何与相关专业配合,互提要求,使设计能够切实可行。

以许多进行毕业设计学生为例,他们在进行专业设计时,往往是在指导老师的口头指导下,或者参照先前的设计说明书和图纸开始做设计。由于条件所限,在设计过程中,遇到的很多问题不能及时得到指导和解决。而且由于某些初学者参照的设计计算或图纸是错误的、不规范的,因此这些"范例"实际上向初学者传递了错误的信息和知识。

市政与环境专业的工程设计是一种在设计规范的框架里,根据设计条件与目标要求,科学、合理地选择与确定设计对象参数,通过准确计算来完成设计目标,最后通过规范的作图来表现设计结果。

目前,已出版的市政与环境工程专业设计指导图书可分为两大类:一类是资料性质的参考用书,这类图书对于成熟的工程设计人员具有很好的参考价值,可以在设计过程中对所需的资料随时备查。但是对于初学者,这类图书由于很少涉及设计步骤和设计指要,所以即使资料很完备,但是他们不知道从何下手。另一类是课程设计类的参考用书,这类书提供了很多设计算例,对学生进行课程设计很有帮助。但是对于从事实际工程项目设计的初学者,由于书中所讲的算例都是以单个设计目标为对象进行的,未涉及到相关条件的配合以及具体的施工图,因此,这类算例的结果基本上是理论上的结果,与实际工程项目的要求还有差距。

为了帮助市政与环境工程专业的初学设计者切实全面、系统和准确地学会工程设计程序与方法,掌握依据规范标准的设计技能,我们策划出版了《帮你学会做设计丛书》。本丛书的读者定位明确,即将要或正在从事实际工程设计的工程技术人员;丛书的功能定位明确,为帮助这些刚刚从事工程设计的设计者掌握依据规范标准的设计技能。具体来说,本丛书的特色是:

(1)突出工程设计的本质规律,将"依据规范做设计"的理念贯穿始终。在全书中对初学者的知识点讲解都围绕着标准规范进行,使读者真正理解工程实际的设计要求。

(2)可读性好,针对性强。书中层次按照实际工程设计的实际程序编排,有步骤地引导初学者熟悉和了解工程设计步骤,使初学设计者逐步熟悉实际工程项目的设计要求。在必要之处,还有针对性地设置了答疑解惑的内容,使读者能在遇到疑难时从书中找到答案或受到启发。

(3)实用性强,可参考价值高。本套丛书引导初学者由浅入深地从开始方案论证、进行设计计算到最后用图纸语言表达设计(思想)成果,涵盖了设计所涉及的全过程。特别是关于施工图设计的实际指导在本类图书中是第一次,也是本丛书的最大亮点。只有让初学者能够深入到施工图的设计中,才真正地将初学者由"纸上谈兵"阶段引入实际工程设计。

(4)重点突出、详略得当。根据本书的读者和功能定位,本书内容突出和细致讲解了与初学者涉及有关的诸多方面,不但局限在本专业的介绍,而且对与设计有关的相关要求也进行介绍。例如,书中在必要的地方介绍了相关专业互提条件、互提条件的时间把握与相互配合、互提条件的内容与深度、互提条件的形式等内容,这些都是初学设计人员在实际项目设计中要解决的问题。但对于一些初学者在初始阶段可能遇不到的一些新工艺流程的设计则不作过多的介绍。

综上,在《帮你学会做设计丛书》策划过程中,我们力求在体例、内容、编排等方面都有创新,使这套丛书能够真正具有很好的出版价值,成为对市政与环境工程专业初学设计者确有价值的学习和参考用书。

前　言

城市污水处理厂设计是市政与环境工程专业学生重要的课程设计内容,也是很多刚刚走上工作岗位的环保工程设计人员接触较多的工程项目。

一本好的工程设计指导书籍,能够对在校学生和设计初学者起到"引领入门,提升认识"的重要作用。但目前已出版的污水处理厂工艺设计的图书,有的过于偏重基本理论、有的案例陈旧、有的与工程实际脱节、有的与基础课程不易衔接等等。这些不足造成了学生缺乏学习兴趣,教师授课时也缺少生动的案例,与经典基础理论不能很好地形成互补作用,在实际教学中效果欠佳。针对这些问题,本书从实际工程设计的要求出发,按污水处理厂设计程序,分别介绍了城市污水处理厂的水质、水量确定,污水、污泥处理单元的设计。在编写过程中,还注意介绍如何解读规范对工程设计的要求,重点总结主要处理单元的设计注意事项,并对污水处理厂设计过程中涉及到的其他相关专业以及与工艺专业之间的相互配合关系进行详细讲解。通过这样的介绍与讲解,使读者逐渐具备"全局在胸"的观念。此外,本书还通过一个具体的典型城市污水处理厂工程案例,进行了城市污水处理厂的工艺设计计算及初步设计图纸绘制。在每个处理单元的细部计算环节,通过图示来加以细致描绘,使读者做到"心中有图",加深对污水处理单元的感性认识。案例还对污水处理厂工程的建设投资、运行成本进行了分析计算,以增强读者"技术经济并重"的设计观念。

本书的主要读者对象是大中专院校从事给水排水专业和环境工程专业的学生或刚刚走上工作岗位的设计人员。期望通过本书能够使他们尽快了解城市污水处理厂工程设计的技术环节和各个相关专业的相关配合设计内容,具备全局视野,以便能够很快地胜任实际工程设计工作。本书也可供从事污水处理工作的工程技术、管理人员参考。

本书编写时,参考了相关的给水排水专业教材和一些实际工程项目的文本资料。力求使本书简明、准确、方便、实用,以满足实际设计的需要。由于编者水平有限,资料收集的深度和广度有一定的局限性,书中难免有不妥之处,敬请读者批评指正。

目　　录

第1章 绪 论

污水处理通过将收集起来的污水进行处理，可减少排放水体中污染物的含量，可减轻对受纳水体的污染，达到环境保护的目的。污水处理厂是污水处理构筑物单元所处的场所，包括污水处理生产构筑物和为生产服务的生活辅助构筑物。污水处理厂设计就是通过工艺专业、总图专业、建筑专业、结构专业、电气自控专业、机械专业、暖通专业等相互协调、相互配合，从而完成整个污水处理系统的整体设计。在污水处理厂设计过程中，需要详细了解和收集相关的基础资料，为施工图设计乃至工程施工奠定基础。此外，在设计过程中，还需要分阶段完成整个污水处理厂工程的建设投资和运行成本的估算、概算和预算。

1.1 污水处理厂系统概述

污水处理厂系统是将收集的污水进行集中处理后排放的单元组合系统，以城市污水处理厂系统为例，可以分为污水处理系统和污泥处理系统两部分。其中，污水处理系统是由不同功能的污水处理单元组合而成，用以去除污水中的悬浮物、有机物甚至氮、磷等污染物质；污泥处理系统则是用于将污水处理单元构筑物中产生的污泥进行浓缩减容、稳定和脱水处理，最后将脱水后的干泥饼外运处置。

在进行污水处理厂系统设计时，需要工艺专业、建筑、结构等相关专业相互协调配合，才能够完成整个污水处理厂系统的最终施工图设计，为工程施工提供依据。在设计阶段，设计工作首先由工艺专业进行，确定污水处理厂系统的处理规模、进厂水水质、处理后水质，并确定污水处理工艺流程。在此基础上，再进行各污水处理构筑物的单元设计和污水处理厂的总体设计。在具体设计过程中，工艺专业需要给其他相关专业提供单元处理构筑物乃至污水处理厂厂区的专业设计条件，以便于这些相关专业的设计工作也能够同步进行，并根据这些专业的设计情况，对工艺专业的设计条件进行反馈。各个专业相互冲突的地方需要彼此协调以解决设计中存在矛盾的问题，使得整个工程设计不断完善，为污水处理工程的顺利实施奠定基础。

1.2 污水处理厂设计需要的基础资料

在污水处理厂工程进行规划、设计之前，必须明确任务，进行充分的调查研究，以使规划、设计建立在完整、可靠资料的基础上。一般在规划、设计污水处理厂工程时，应当收集的原始资料大致可分为下列 4 种。

1.2.1 明确设计任务和方向的资料

这方面的资料包括：

（1）工程设计范围和设计项目，主要指污水处理厂工程设计范围、设计深度、设计时间和工程内容。此外，还有工艺路线选定后要具体设计的各种处理构筑物、设备、管道系统和水泵机房等。

（2）目前城市的污水排放情况、废水污染所造成的危害情况和排水管道系统分布情况，以及今后城市的发展规划。

（3）城市生活污水的水量、水质及其变化情况，污水回收利用等方面资料。

（4）处理后水的排放、重复利用及污泥处理、处置、综合利用方面的有关资料。

1.2.2 自然条件的资料

这方面的资料包括：

（1）本地区气象特征数据、气象资料、雨量资料、土壤冰冻资料和风向玫瑰图等。

（2）水文资料，有关受纳水体的水位（最高水位、平均水位、最低水位等）、水体本身自净能力、水质变化情况及环境卫生指数等。

（3）水文地质资料，包括该地区地下水位及地表水和地下水相互补给情况。

（4）地质资料，包括污水处理工程所处地区的地质钻孔柱状图、地基的承受能力、地下水位、地震等级等资料。

1.2.3 地形资料

污水处理厂工程所处地段的地形图（通常为 1：500 ~ 1：1000 的地形图）及室外给水排水管网系统图和总排放口位置的地形图。

1.2.4 编制概算、预算和组织施工方面的资料

这方面的资料包括：

（1）关于当地建筑材料（主要以钢材、水泥和木材等三材）、设备的供应情况和价格。

（2）关于施工力量（技术水平、设备、劳动力）的资料。

（3）关于编制概算、预算的定额资料。包括地区差价、间接费用定额、运输费用等情况。

（4）关于污水处理厂工程所处地段周围建筑物情况，施工前拆迁补偿等规章和办法。

1.3　污水处理厂设计阶段

同其他的水处理工程一样，污水处理厂工程的设计可分为 3 个阶段。

1.3.1　可行性研究阶段

可行性研究阶段的可行性研究报告是对工程深入调查研究，进行综合论证的重要文件，它为项目的建设提供科学依据，保证所建项目在技术上先进，经济上合理，并具有良好的社会与环境效益。

对污水处理厂工程来说，可行性研究报告的主要内容如下：

1. 概述

（1）编制依据、原则和范围；

（2）城市总体规划、自然条件；

（3）城市排水规划、污水水量、水质。

2. 工程方案

（1）城市排水系统；

（2）污水处理厂工程建设的必要性；

（3）污水处理厂厂址位置及用地；

（4）污水处理工艺选择与方案比较、推荐方案；

（5）污水处理程度确定；

（6）人员编制、辅助建筑物；

（7）处理水的排放及综合利用。

3. 工程投资估算及资金筹措

（1）工程投资估算原则、编制依据；

（2）工程投资估算表；

（3）资金筹措。

4. 工程效益分析

工程的经济效益、环境效益和社会效益分析。

5. 工程进度安排

工程项目启动后，各个工程阶段的时间节点和进度安排。

6. 存在问题及建议

指出现状的不足，并提出改进的意见和建议。

7. 附图及附件

项目立项过程中，上级主管部门的各类批复文件，以及可行性报告编制完成后所需要提交的各类文本和图纸附件。

1.3.2 初步设计阶段

初步设计应当在可行性研究报告批准后进行，初步设计包括确定工程规模、建设目的、总体布置、工艺流程、设备选型、主要构筑物、建筑施工期、劳动定员、投资效益、主要设备清单及材料表。初步设计应能满足审批、投资控制、施工准备和设备定购的要求。初步设计的内容如下。

1. 设计依据

（1）可行性研究报告的批复文件。

（2）工程建设单位的设计委托书。

2. 城市概况与自然条件资料

（1）城市现状与总体规划资料。

（2）自然条件方面的资料，包括：1）气象特征数据，气温、湿度、降雨量、蒸发量、土壤冰冻等资料和风向玫瑰图等；2）水文资料，有关受纳水体的水位（最高水位、平均水位、最低水位等）、流速、流量、潮汐等资料；3）水文地质资料，特别应注意地下水和地面水的相互补给情况及地下水综合利用情况；4）地质资料，污水处理工程厂址地区的地质钻孔柱状图、地基的承载能力、地下水位、地震等级等资料。

（3）有关地形资料，包括：污水处理工程及其附近 1：5000 的地形图，处理工程厂址和排放口附近 1：200 ~ 1：1000 的地形图；

（4）现有的城市排水工程概况与环境问题。

3. 工程设计

（1）厂址选择应着重说明在选定厂址时，如何遵循选址的原则，如何与城市的总体规划相配合。此外，还应说明所选厂址的地形、地质条件，以及用地面积、卫生保护距离等。

（2）污水的水质、水量，包括污水水质各项指标的数值，污水的平均流量、高峰流量、现状流量、发展水量等水量资料。

（3）工艺流程的选择与计算，主要说明所选定工艺流程的合理性、先进性、优越性和安全性等。

（4）对工艺流程中各处理设施的计算，处理设施的主要尺寸、构造、材料与特征等；所选用的附加设备的型号、性能、台数。

（5）处理后污水和污泥的出路。

（6）扼要地对厂区辅助建筑物，以及道路等情况加以说明。

（7）其他设计，包括建筑设计、结构设计、采暖通风设计、供电设计、仪

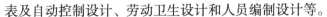

表及自动控制设计、劳动卫生设计和人员编制设计等。

（8）污水处理工程的总体布置。

（9）存在的问题及对其解决途径的建议。

（10）列出本工程各建（构）筑物及厂区总图所涉及的混凝土量、挖运土方量、回填土方量、建筑面积等。

（11）列出本工程的设备和主要材料清单（名称、规格、材料、数量）。

（12）说明概算编制的依据及设备和主要建筑材料市场供应的价格，以及其他间接费用情况等，列出总概算表和各单元概算表，说明工程总概算投资及其构成。

4. 图纸

（1）污水处理工艺系统图（1/5000～1/10000）。

（2）污水处理构筑物单体图（1/50～1/200）。

（3）污水处理构筑物布置图及污水处理工程总平面布置图（1/100～1/500）。

（4）各专业总体设计图。

1.3.3　施工图设计阶段

施工图设计是在初步设计批准之后进行的，其任务是以初步设计图纸和说明书为依据，根据土建施工、设备安装、组（构）件加工及管道安装所需要的程度，将初步设计精确具体化，设计图纸除了污水处理厂总平面布置与高程布置、各处理构筑物的平面和竖向设计外，所有构筑物的各个节点构造、尺寸都用图纸表达出来，每张图均应按一定比例与标准图例精确绘制。施工图设计的深度，应满足土建施工、设备与管道安装、构件加工、施工预算编制的要求。施工图设计文件以图纸为主，还包括说明书、主要设备材料表、施工图预算。

1. 设计说明书

（1）设计依据：初步设计或方案设计批准文件。设计进水、出水的水量和水质。

（2）设计方案：简要说明污水处理、污泥处理及废气处理的设计方案，与初步设计比较有何变更，并说明其理由、设计处理效果。

（3）图纸目录、应用标准图集号及页码。

（4）主要设备材料表。

（5）施工安装注意事项及质量、验收要求。

2. 设计图纸

（1）总体设计

1）污水处理工程总平面图

比例尺为1：100～1：500，包括风向玫瑰图、指北针、等高线、坐标轴线，以及构筑物与建筑物、围墙、道路、连接绿地等的平面位置，注明厂区边界坐标及建（构）筑物一览表、总平面设计用地指标表、图例。

2）工艺流程图

又称污水、污泥处理系统高程布置图，反映出工艺处理过程及建（构）筑物间的高程关系，同时，也反映出各处理单元的构造及各种管线方向，各建（构）筑物的水面、池底或地面标高，应准确地表达建（构）筑物进、出管渠的连接形式及标高。绘制高程图应用准确的竖向比例。高程图应反映原地形、设计地坪、设计路面、建筑物室内地面之间的关系。

3）污水处理工程综合管线平面布置图

表示出管线的平面布置和高程布置，即各种管线的平面位置、长度及相互关系尺寸；管线埋深及管径（断面）、坡度、管材、节点布置（需作详图）、管件及附属构筑物（闸门井、检查井、消火栓井）位置。必要时，可分别绘制管线平面布置和纵断面图。图中应附管道（渠）、管件及附属构筑物一览表。

（2）单体建（构）筑物设计图

各专业（工艺、建筑、电气）总体设计之外，单体建（构）筑物设计图也应由工艺、建筑、结构、电气与自控、非标机械设备、公用工程（供水、排水、采暖）等施工详图组成。

1）工艺图

比例尺为 1：50～1：100，绘制平面图、剖面图及详图，表示出工艺构造与尺寸、设备与管道安装位置的尺寸、高程，通过平面图、剖面图、局部详图或节点构造详图、构造大样图等表达，还应附设备、管道及附件一览表，对主要设备技术参数、尺寸标准、施工要求、标准图引用等做说明。

2）建筑图

比例尺为 1：50～1：100，表示出平面尺寸、剖面尺寸、相对高程，表明内外装修材料，并有各部分构造详图、节点大样、门窗表及必要的设计说明。

3）结构图

比例尺为 1：50～1：100，表达建（构）筑物整体及构件的结构构造、地基处理、基础尺寸及节点构造等，结构单元和汇总工程量表，主要材料表、钢筋表及必要的设计说明，要有综合埋件及预留洞口详图。钢结构设计图应有整体装配、构件构造与尺寸、节点详图，应表达出设备性能、加工及安装技术要求，应有设备及材料表。

4）主要建筑物给水排水、采暖通风、照明及配电安装图。

3. 电气与自控设计图

（1）厂区高、低压变配电系统图和一次、二次回路接线原理图

包括变电、配电、用电、启动和保护等设备型号、规格和编号。附材料设备表，说明工作原理、主要技术数据和要求。

（2）各种控制和保护原理图与接线图

包括系统布置原理图，引出或接入的接线端子板编号、符号和设备一览表，

以及动作原理说明。

（3）各构筑物平、剖面图

包括变电所、配电间、操作控制间电气设备位置，供电控制线路敷设、接地装置、设备材料明细表和施工说明及注意事项。

（4）电气设备安装图

包括材料明细表、制作或安装说明。

（5）厂区室外线路照明平面图

包括各构筑物的布置、架空和电缆配电线路、控制线路和照明布置。

（6）仪表自动化控制安装图

包括系统安装、安装位置及尺寸、控制电缆线路和设备材料明细表，以及安装调试说明。

4. 辅助设施设计图

辅助与附属建筑物建筑、结构、设备安装及公用工程，如办公、仓库、机修、食堂、宿舍、车库等施工设计图。

1.4　工艺专业与其他相关专业之间的关系

在污水处理厂工程设计过程中，涉及到的相关专业主要包括排水工艺专业、总图专业、建筑专业、结构专业、电气自控专业、机械专业、暖通专业等。各个专业之间都需要相互沟通、反馈专业条件及信息，以便于及时发现设计中存在着相互冲突和矛盾的环节，从而及时地协调解决。

1.4.1　工艺专业与总图专业的关系

工艺专业与总图专业配合的方面在于污水处理厂厂区总图的设计。工艺专业根据单体构筑物的平面尺寸和处理工艺流程，布置各个单体构筑物的具体平面位置，然后提交给总图专业。总图专业结合厂区道路、绿化、管沟等详细情况，再重新对单体构筑物进行具体定位，并与工艺专业进行协商，在双方都认同的情况下，将厂区平面、绿化、道路、生产和生活构筑物都进行精确的布置和定位。

在厂区平面确定的基础上，工艺专业需要提供给总图专业处理工艺高程布置图。总图专业据此对整个厂区进行竖向设计，确定污水处理厂地面的具体高程布置情况，目的之一是尽可能利用地面竖向标高形成降雨时自然排水，而不会造成地面积水；其次就是结合污水处理单体构筑物的高程情况，尽可能减少厂区施工时的土方填挖量。

在污水处理厂设计中，总图专业需要完成的设计图纸包括：厂区总平面布置图，厂区绿化总图，厂区道路、管沟布置图，厂区竖向总图，厂区土方平衡图和厂区效果图。

1.4.2　工艺专业与建筑专业的关系

对于厂区内涉及到的生产和生活建（构）筑物，所有的建筑物都需要建筑专业的参与设计。根据工艺专业提供的基础条件和功能要求，建筑专业对建筑物进行功能划分和专业设计，如设计建（构）筑物外形、建（构）筑物内设备基础、墙板预留洞等，并与工艺专业进行交流反馈，在双方都认同的情况下，将建筑设计完成后的图纸提交给后续的相关专业（如结构专业）进行设计。

在污水处理厂设计中，变电所的建筑条件由电气专业向建筑专业提供；锅炉房的建筑条件由暖通专业向建筑专业提供；其余生产和生活建筑物的建筑条件由排水工艺专业向建筑专业提供。

1.4.3　工艺专业与结构专业的关系

工艺专业在设计完单体建（构）筑物工艺图纸后，将单体图纸提交给结构专业，进行对应单体建（构）筑物的结构设计。对于建筑物而言，结构专业需要接受工艺专业、建筑专业等相关专业提供的条件图，在消化理解的基础上，进行结构设计；对于构筑物而言，结构专业需要按照工艺专业等相关专业提供的条件图进行设计。设计建（构）筑物的墙体、池壁等详细结构尺寸和配筋，并预留工艺专业、建筑专业、电气专业、暖通专业等相关专业需要的孔洞，预埋件等。具体来说，工艺和建筑专业的意图，最终都依靠结构图纸的设计来具体实现。在项目进行施工时，结构施工图纸是工程施工的主要依据。

1.4.4　工艺专业与电气自控专业的关系

在污水处理工艺设计中，需要涉及到诸多的用电机械设备。因此，对于这些用电设备的供配电设计是整体设计工作的一个重要环节。工艺专业需要根据选用的用电设备，确定设备的用电负荷，然后提交给电气专业进行厂区总用电负荷计算，从而选择容量合适的变压器，并进行相应的变电、配电设计。

另外，随着污水处理现代化程度的提高，许多处理构筑物的操作工序都需要通过自动化程序来进行程控。通过一些仪表传送信号，并通过相应电动设备的开、停来自动完成对应的操作措施。因此，工艺专业需要提供自控专业所需要的控制条件，然后由自控专业来完成相应的仪表自控设计。

1.4.5　工艺专业与暖通专业的关系

污水处理厂中，一些建（构）筑物需要进行供暖和通风设计。具体单体建（构）筑物的采暖面积以及建（构）筑物的通风次数，这些基础数据都需要由工

艺专业向暖通专业提供，然后由暖通专业完成具体的专业设计工作。

我国北方地区，冬季需要燃煤供暖，一般污水处理厂需要自建锅炉房。而锅炉房的主导设计是由暖通专业来完成的，相应的专业条件也是由暖通专业向建筑、结构、供电、自控专业提供。

1.4.6 工艺专业与造价专业的关系

在污水处理厂设计的各个阶段，均涉及到工程投资和成本计算，需要工艺专业向造价专业提供下述资料：

（1）污水处理厂总平面图，要表示出：厂区内各单体建、构筑物的位置；厂区内所有管线、管配件、工艺设备的规格、数量、材料清单，要明确压力要求和厂区内所有管线的埋深；对于套用标准图的管配件，要标明标准图的图号；对于可以套用标准图的阀门井（套筒）、隔油池、窨井，要标明标准图的图号。

（2）所有涉及到工艺设备、管道及附件的建、构筑物的工艺设计图，要表示出：所有工艺设备、管道及附件的规格、数量、材料清单，要明确压力要求。

1.5 污水处理厂工艺设计制图的基本规定

1.5.1 图纸幅面与标题栏

在污水处理工程中，常用的图纸幅面为 A0、A1、A2、A3、A4、A5，具体规格见表 1-1。

图纸幅面（单位：mm） 表 1-1

幅面代号	0	1	2	3	4	5
$B \times L$	841×1189	594×841	420×594	297×420	210×297	148×210
C		10			5	
A			25			

标题栏应放置在图纸右下角，宽度为 180mm，高为 40mm，其中应包括设计单位名称区、签字区、工程名称区、图名区、图号区和注册建筑师、注册结构师签名区。

1.5.2 比例

1. 类型

（1）数字比例尺，工程图纸上常采用 1：50、1：100 等数字表示；

（2）直线比例尺，用带数字的线段表示，标明直线上每单位长度代表实地多少距离，地形图上常用。

2. 给水排水工程图纸比例

给水排水工程图纸比例 表1-2

名 称	比 例
厂区平面图	1：1000、1：500、1：200、1：100
管道纵断面图	横向1：1000、1：500；纵向1：200、1：100
水处理流程图	无比例
水处理高程图	横向无比例；纵向1：100、1：50
水处理构筑物平剖面图	1：100、1：50、1：40、1：20
泵房平剖面图	1：100、1：50、1：40、1：20
给水排水系统图	1：200、1：100、1：50
设备大样图	1：100、1：50、1：40、1：30、1：20、1：10、1：2、1：1

给水排水工程图纸一般用数字比例尺表示比例，注写位置要求：图纸的比例与图名一起放在图形下面的横粗线上，整张图纸只用一个比例时，可以注写在图标内图名的下面；详图比例须注写在详图图名右侧。

1.5.3 图线

图面的各种线条宽度可以根据图幅的大小决定，一般以图中的粗实线宽度为"b"而规定其他线条的宽度，可采用表1-3所示的线型。同一图样中同类型线条的宽度应基本上保持一致。

图线形式（$b = 0.6 \sim 0.8$mm） 表1-3

序号	名 称		线 号	宽度	适 用 范 围
1		粗实线		b	1. 新建各种工艺管线
					2. 单线管路线
					3. 轴侧管路线
					4. 图名线
					5. 图标、图框的外框线
2	实线	中实线		$b/2$	1. 工艺图构筑物轮廓线
					2. 结构图构筑物轮廓线
					3. 原有各种工艺管线
3		细实线		$b/4$	1. 尺寸线、尺寸界线
					2. 剖面线
					3. 引出线
					4. 剖面轮廓线
					5. 标高符号线
					6. 大样图的局部范围线
					7. 图标、表格的分格线

续表

序号	名 称		线 号	宽度	适 用 范 围
4	虚线	粗虚线		B	1. 不可见工艺管线
					2. 不可见钢筋线
5		中虚线		$b/2$	构筑物不可见轮廓线
6	点画线			$b/4$	1. 中心线
					2. 定位轴线
7	折断线			$b/4$	折断线、断开界线

1.5.4 尺寸注写规则

1. 尺寸注写的基本规则

（1）尺寸界线应自图形的轮廓线、轴线或者中心线处引起，与尺寸线垂直并超出尺寸线约2mm；

（2）一般情况下尺寸界线应与尺寸线垂直，当尺寸界线与其他图线有重叠情况时，容许将尺寸界线倾斜引出；

（3）尺寸线应尽量不与其他图线相交，安排平行尺寸线时，应使小尺寸线在内，大尺寸线在外；

（4）轮廓线、轴线、中心线或者延长线，均不可作为尺寸线使用。

2. 单位

工程图中除标高以"m"为单位外，其余一般均以"mm"为单位，特殊情况需用其他单位时，须注明计量单位。

3. 构筑物的真实大小

应以图样上所注的尺寸为依据，与图形的大小以及绘图的准确度无关。

4. 尺寸标注

一个图形中每一个尺寸一般仅标注一次，但在实际需要时也可重复标出。

1.5.5 标高

一般地形图是以大地水准面为基础，即把多年平均海水面作为零点，又称为水准面。各地面点与大地水准面的垂直距离，称为绝对高程。各测量点与当地假定的水准面的垂直距离，称为相对高程。同一个工程应该采用一种标高来控制，并选择一个标高基准点。目前，我国水准点的高程已规定以青岛水准原点为依据，按1965年计算结果，原定高程定为高出黄海平均海水面72.290m。

标高符号一律以倒三角加水平线形式表示，在特殊情况下或注写数字的地方不够时，可用引出线（垂直于倒三角底边）移出水平线；总平面图上室外水平标高，必须以全部涂黑的三角形符号表示。

在立面图及剖面图上，标高符号的尖端可向上指或者向下指，注写的数字可在横线上边或下边；在同一个详图中，如需同时表示几个不同的标高时，除第一个标高外，其他几个标高可以注写在括弧内，标高应以"m"为单位，应注写到小数点后面 2 位为宜。

1.5.6　坐标

地形图或者平面图通常采用坐标网来控制地形地貌或者构筑物的平面位置，因为任何一个点的位置，都可以根据他的坐标来确定。需要注意的是，数学上通常采用"X"代表横轴，"Y"代表纵轴，而在地形图和平面图纸上常常以 X 代表纵轴，以 Y 代表横轴，二者计算原理相同，但是使用的象限不同。

1.5.7　方向标

方向标的制图基本规定包括：

（1）在工艺设计平面图中，一般以指北针表明管道或者建筑物的朝向，指北针用细实线绘制，圆的直径为 24mm，指北针头部为针尖形，尾部宽度为 3mm，用黑实线表示。

（2）风玫瑰图，又称风向频率玫瑰图，可指出工程所在地的常年风向频率、风速及朝向。风向是指来风方向，即从外面吹向地区中心，风向频率是指在一定时间内各种风向出现的次数占所有观测次数的百分比。

图 1-1　指北针表示法　　　图 1-2　风玫瑰表示法

1.5.8　设计说明

设计说明包括：

（1）同一张图纸上的特殊说明部分应用设计说明进行详细阐述，设计说明标注在图线的下方或者右侧，用文字表示图形中不明之处。

（2）同一工程中的具有共性的特殊说明部分可用设计总说明进行详细阐述，设计总说明包括设计内容、设计范围、设计条件及资料、设计引用标准、工艺设计说明、辅助设计说明、施工说明以及验收方法。

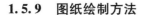

1.5.9　图纸绘制方法

图纸绘制方法是：

（1）平面图中的建筑物、构筑物及各种管道的位置，应与总图专业的总平面图、管线综合图一致，图上应注明管道类别、坐标、控制尺寸、节点编号及各种管道的管径、坡度、管道长度、标高等。

（2）高程图应表示各工艺构筑物之间的联系，并标注其控制标高，一般应注明顶标高、底标高和水面标高。

（3）管道节点图可不按比例绘制，但节点的平面位置与平面图一致，节点图中应标注管道标高、管径、编号和井底标高。

第2章 污水处理厂水量水质确定

2.1 污水处理厂设计流量确定

污水处理厂设计过程中，首先要确定设计流量，在设计中，常用设计流量有平均日污水量和设计流量。

2.1.1 平均日污水量（m^3/d）

平均日污水量一般用以表示污水处理厂的规模，用来计算污水处理厂的污水处理量、污染物去除量、耗电量、投药量、污泥量、鼓风量等。平均日污水量的计算方法如下：

平均日污水量＝平均日旱季污水量＋地下水渗入量

平均日旱季污水量＝平均日综合生活污水量＋平均日工业废水量

平均日综合生活污水量＝平均日居民生活污水量＋平均日公共建筑污水量

因土质、管道及其接口材料和施工质量等因素，当地下水位高于排水管渠时，需计入地下水渗入量，可按平均日旱季污水量的10%～15%计，老城区取高值，新城区取低值。

居民生活污水指居民日常生活中洗涤、冲厕、洗澡等日常生活用水；公共建筑污水指娱乐场所、宾馆、浴室、商业、学校和行政办公楼等产生的污水。

现状污水量可根据实测数据，对于规划污水量预测和现状缺乏实测数据情况下，综合生活污水量与工业废水量的估算如下：

平均日综合生活污水量＝平均日综合生活用水量×综合生活污水排放系数

平均日工业废水量＝平均日工业用水量×工业废水排放系数

综合生活污水排放系数与工业废水排放系数可参见表2-1（摘自《城市排水工程规划规范》GB 50318—2000 表3.1.6）。

污水排放系数 表2-1

污 水 分 类	污水排放系数	污 水 分 类	污水排放系数
综合生活污水	0.80～0.90	工业废水	0.70～0.90

综合生活污水排放系数主要由居住区、公共建筑的室内排水设施与城市排水设施完善程度决定，完善程度高取高值；反之，取低值。

工业废水排放系数应根据城市的工业结构和生产设备、工艺先进程度及城市排水设施完善程度确定。

现状综合生活用水量指标可参见表2-2（摘自《室外给水设计规范》GB 50013—2006 表4.0.3-2）。

综合生活用水量指标（L/（人·d）） 表2-2

区域	城 市 规 模					
	特大城市		大城市		中、小城市	
	最高日	平均日	最高日	平均日	最高日	平均日
一	260～410	210～340	240～390	190～310	220～370	170～280
二	190～280	150～240	170～260	130～210	150～240	110～180
三	170～270	140～230	150～250	120～200	130～230	100～170

注：1. 特大城市：指市区和近郊区非农业人口100万及以上的城市；
　　大城市：指市区和近郊区非农业人口50万及以上，不满100万的城市；
　　中、小城市：指市区和近郊区非农业人口不满50万的城市。
2. 一区包括：湖北、湖南、江西、浙江、福建、广东、广西、海南、上海、江苏、安徽、重庆；
　　二区包括：四川、贵州、云南、黑龙江、吉林、辽宁、北京、天津、河北、山西、河南、山东、宁夏、陕西、内蒙古河套以东和甘肃黄河以东的地区；
　　三区包括：新疆、青海、西藏、内蒙古河套以西和甘肃黄河以西的地区。
3. 经济开发区和特区城市，根据用水实际情况，用水定额可酌情增加。
4. 当采用海水或污水再生水等作为冲厕用水时，用水定额相应减少。

规划用水量指标首先推荐采用各地规划中的用水量指标。在没有的情况下，规划综合生活用水量指标可参见下表2-3(《城市给水工程规划规范》GB 50282—98 表2.2.4)。在城市规划中明确用地性质的情况下，可参见表2-4～表2-7（摘自《城市给水工程规划规范》GB 50282—98 表2.2.5-1～2.2.5-4）。

人均综合生活用水量指标（L/（人·d）） 表2-3

区 域	城 市 规 模			
	特大城市	大城市	中等城市	小城市
一	300～540	290～530	280～520	240～450
二	230～400	210～380	190～360	190～350
三	190～330	180～320	170～310	170～300

注：1. 本表指标为最高日用水量指标。
2. 适用年限至2015年。

单位居住用地用水量指标（万m³/（km²·d）） 表2-4

区 域	城 市 规 模			
	特大城市	大城市	中等城市	小城市
一	1.70～2.50	1.50～2.30	1.30～2.10	1.10～1.90
二	1.40～2.10	1.25～1.90	1.10～1.70	0.95～1.50
三	1.25～1.80	1.10～1.60	0.95～1.40	0.80～1.30

注：1. 本表指标为最高日用水量指标。
2. 本表指标已包括管网漏失水量。
3. 适用年限至2015年。

单位公共设施用地用水量指标（万 m³/(km² · d)）　表 2-5

用 地 名 称	用水量指标	用 地 名 称	用水量指标
行政办公用地	0.50 ~ 1.00	教育用地	1.00 ~ 1.50
商贸金融用地	0.50 ~ 1.00	医疗、休疗养用地	1.00 ~ 1.50
体育、文化娱乐用地	0.50 ~ 1.00	其他公共设施用地	0.80 ~ 1.20
旅馆、服务业用地	1.00 ~ 1.50		

注：1. 本表指标为最高日用水量指标。
　　2. 本表指标已包括管网漏失水量。
　　3. 适用年限至 2015 年。

单位工业用地用水量指标（万 m³/(km² · d)）　表 2-6

工 业 用 地 类 型	用水量指标	工 业 用 地 类 型	用水量指标
一类工业用地	1.20 ~ 2.00	三类工业用地	3.00 ~ 5.00
二类工业用地	2.00 ~ 3.50		

注：1. 本表指标为最高日用水量指标。
　　2. 本表指标已包括工业用地中职工生活用水及管网漏失水量。
　　3. 适用年限至 2015 年。

单位其他用地用水量指标（万 m³/(km² · d)）　表 2-7

用 地 名 称	用水量指标	用 地 名 称	用水量指标
仓储用地	0.20 ~ 0.50	市政公用设施用地	0.25 ~ 0.50
对外交通用地	0.30 ~ 0.60	绿地	0.10 ~ 0.30
道路广场用地	0.20 ~ 0.30	特殊用地	0.50 ~ 0.90

注：1. 本表指标为最高日用水量指标。
　　2. 本表指标已包括管网漏失水量。
　　3. 适用年限至 2015 年。

2.1.2　设计流量（m³/d）

设计流量分为旱流高峰流量和雨天截流量，对于分流制的污水处理厂，除生物处理构筑物特别规定外其余构筑物均以旱流高峰流量作为设计流量；对于合流制的污水处理厂，预处理构筑物沉砂池和之前的进水泵房的设计流量为雨天截流量，经预处理后，超过旱流高峰流量部分溢流排放，后续处理构筑物除生物处理构筑物特别规定外，其余构筑物均以旱流高峰流量作为设计流量。

1. 旱流高峰流量

$$\text{旱流高峰流量} = \text{平均日综合生活污水量} \times \text{综合生活污水量总变化系数} + \text{平均日工业废水量} \times \text{工业废水量总变化系数} + \text{地下水渗入量}$$

$$\text{总变化系数} = \text{日变化系数} \times \text{时变化系数}$$

综合生活污水量总变化系数可根据当地实际综合生活污水量变化资料采用，没有资料时，可按表 2-8 取值（摘自《室外排水设计规范》GB 50014—2006 表 3.1.3）。

16

综合生活污水量总变化系数　　　　　　　　　表 2-8

平均日流量（L/s）	5	15	40	70	100	200	500	≥1000
总变化系数	2.3	2.0	1.8	1.7	1.6	1.5	1.4	1.3

注：当污水平均日流量为中间值时，总变化系数可用内插法求得。

工业废水量变化系数应根据行业类型、生产工艺特点确定，并与国家现行的工业用水量有关规定协调。以下提出一些数据供参考：工业废水量日变化系数为 1.0，时变化系数分 6 个行业提出不同值——冶金工业：1.0~1.1，纺织工业：1.5~2.0，制革工业：1.5~2.0，化学工业：1.3~1.5，食品工业：1.5~2.0，造纸工业：1.3~1.8。

2. 雨天截流量

$$雨天截流量 = \sum 平均日旱流污水量 \times (1 + 截留倍数)$$

对于合流制，截留总管截留的雨水量与污水量进入污水处理厂，截留总管截留的雨、污水量可以是多个排水区域截留干管的雨水、污水量之和。

截流倍数应根据旱流污水的水质、水量、排放水体的卫生要求、水文、气候、经济和排水区域大小等因素经计算确定，采用 1~5，不同的排水区域截留倍数可以不同。

2.2　污水处理厂设计水质确定

2.2.1　污水处理厂设计进水水质

1. 生活污水水质

生活污水水质可根据实测资料或参照邻近城镇、类似居住区的水质确定。无资料时，可按下列数值采用（摘自《室外排水设计规范》GB 50014—2006 条文 3.4.1）：

（1）五日生化需氧量（BOD_5）可按每人每天 25~50g 计算；

（2）悬浮固体量（SS）可按每人每天 40~65g 计算；

（3）总氮量（TN）可按每人每天 5~11g 计算；

（4）总磷量（TP）可按每人每天 0.7~1.4g 计算。

2. 工业废水水质

对于排入设置二级污水处理厂的城市下水道的工业废水，执行各地方允许排入城市下水道的排放标准与《污水综合排放标准》GB 8978—1996 的三级标准中的较高标准，通常工业企业设置工业废水预处理厂，出水要求达到该标准，作为进入城镇污水处理厂的工业废水水质。

对应着《城镇污水处理厂污染物排放标准》GB 18918—2002 中的基本控制项目，排入设置二级污水处理厂的排水系统的污水基本控制项目最高允许排放浓度见表 2-9（摘自《污水综合排放标准》GB 8978—1996 表 4）。

基本控制项目最高允许排放浓度（mg/L）　　　　　表 2-9

序号	污 染 物	适 用 范 围	三级标准
1	pH	一切排污单位	6~9
2	色度（稀释倍数）	一切排污单位	—
3	悬浮物（SS）	采矿、选矿、选煤工业	—
		脉金选矿	—
		边远地区砂金矿	—
		其他排污单位	400
4	五日生化需氧量（BOD_5）	甘蔗制糖、苎麻脱胶、湿法纤维板、染料、洗毛工业	600
		甜菜制糖、酒精、皮革、化纤浆粕工业	600
		其他排污单位	300
5	化学需氧量（COD）	甜菜制糖、合成脂肪酸、湿法纤维板、染料、洗毛、有机磷农药工业	1000
		味精、酒精、医药原料药、生物制药、苎麻脱胶、皮革、化纤浆粕工业	1000
		石油化工工业（包括石油炼制）	500
		其他排污单位	500
6	石油类	一切排污单位	20
7	动植物油	一切排污单位	100
8	氨氮	医药原料药、染料、石油化工工业	—
		其他排污单位	—
9	磷酸盐（以 P 计）	一切排污单位	—
10	阴离子表面活性剂（LAS）	一切排污单位	20
11	元素磷	一切排污单位	0.3
12	有机磷农药（以 P 计）	一切排污单位	0.5
13	粪大肠菌群数	医院*、兽医院及医疗机构含病原体污水	5000 个/L
		传染病、结核病医院污水	1000 个/L

注：1. 其他排污单位：指除在该控制项目中所列行业以外的一切排污单位。
　　2. "*"指 50 个床位以上的医院。

污水处理厂设计进水水质为纳入污水处理厂的各种污水水质按污水量的加权平均值。

对于不排入城市下水道而直接处理排入水域的工业废水的水质，可按实测值或参照同行业同工艺的工业废水污染物指标。

2.2.2　污水处理厂设计出水水质

污水处理厂设计出水水质应为该污水处理厂工程已批复的环境评价报告中对污水处理厂排放水质的要求，也可根据污水处理厂排入水域的环境功能和保护目标来确定排放标准，该排放标准即作为污水处理厂设计出水水质。

如表2-10所示，在《地表水环境质量标准》GB 3838—2002中依据地表水水域环境功能和保护目标，按功能高低依次划分为五类，其中Ⅲ类：主要适用于集中式生活饮用水地表水源地二级保护区、鱼虾类越冬场、洄游通道、水产养殖区等渔业水域及游泳区；Ⅳ类：主要适用于一般工业用水区及人体非直接接触的娱乐用水区；Ⅴ类：主要适用于农业用水区及一般景观要求水域。

地表水环境质量标准基本项目标准限值（mg/L）　　　　　　表 2-10

序号	分类 标准值 项目		Ⅰ类	Ⅱ类	Ⅲ类	Ⅳ类	Ⅴ类
1	水温（℃）		人为造成的环境水温变化应限制在： 周平均最大温升≤1 周平均最大温降≤2				
2	pH（无量纲）		6~9				
3	溶解氧	≥	饱和率 90% （或7.5）	6	5	3	2
4	高锰酸盐指数	≤	2	4	6	10	15
5	化学需氧量（COD）	≤	15	15	20	30	40
6	五日生化需氧量（BOD_5）	≤	3	3	4	6	10
7	氨氮（NH_3-N）	≤	0.15	0.5	1.0	1.5	2.0
8	总磷（以P计）	≤	0.02（湖、库0.01）	0.1（湖、库0.025）	0.2（湖、库0.05）	0.3（湖、库0.1）	0.4（湖、库0.2）
9	总氮（湖、库、以N计）	≤	0.2	0.5	1.0	1.5	2.0
10	铜	≤	0.01	1.0	1.0	1.0	1.0
11	锌	≤	0.05	1.0	1.0	2.0	2.0
12	氟化物（以F^-计）	≤	1.0	1.0	1.0	1.5	1.5
13	硒	≤	0.01	0.01	0.01	0.02	0.02
14	砷	≤	0.05	0.05	0.05	0.1	0.1
15	汞	≤	0.00005	0.00005	0.0001	0.001	0.001
16	镉	≤	0.001	0.005	0.005	0.005	0.01
17	铬（六价）	≤	0.01	0.05	0.05	0.05	0.1
18	铅	≤	0.01	0.01	0.05	0.05	0.1
19	氰化物	≤	0.005	0.05	0.2	0.2	0.2
20	挥发酚	≤	0.002	0.002	0.005	0.01	0.1
21	石油类	≤	0.05	0.05	0.05	0.5	1.0
22	阴离子表面活性剂	≤	0.2	0.2	0.2	0.3	0.3
23	硫化物	≤	0.05	0.1	0.05	0.5	1.0
24	粪大肠菌群（个/L）	≤	200	2000	10000	20000	40000

如表 2-11 所示，在《海水水质标准》GB 3097—1997 中按照海域的不同使用功能和保护目标，海水水质分为四类，其中第二类：适用于水产养殖区，海水浴场，人体直接接触海水的海上运动或娱乐区，以及与人类食用直接有关的工业用水区；第三类：适用于一般工业用水区，滨海风景旅游区；第四类：适用于海洋港口水域，海洋开发作业区。

海水水质标准表（mg/L） 表 2-11

序号	项　　目	第一类	第二类	第三类	第四类
1	漂浮物质	海面不得出现膜、浮沫和其他漂浮物质			海面无明显油膜、浮沫和其他漂浮物质
2	色、臭、味	海水不得有异色、异臭、异味			海水不得有令人厌恶和感到不快的色、臭、味
3	悬浮物质	人为增加的量≤10	人为增加的量≤10	人为增加的量≤100	人为增加的≤150
4	大肠菌群≤（个/L）	10000 供人生食的贝类增养殖水质≤700			—
5	粪大肠菌群≤（个/L）	2000 供人生食的贝类增养殖水质≤140			—
6	病原体	供人生食的贝类养殖水质不得含有病原体			
7	水温（℃）	人为造成的海水温升夏季不超过当时当地1℃，其他季节不超过2℃			人为造成的海水温升不超过当时当地4℃
8	pH	7.8～8.5 同时不超现出该海域正常变动范围的0.2pH 单位			6.8～8.8 同时不超出该海域正常变动范围的0.5pH 单位
9	溶解氧＞	6		5	4　　　3
10	化学需氧量≤（COD）	2		3	4　　　5
11	生化需氧量≤（BOD$_5$）	1		3	4　　　5
12	无机氮≤（以 N 计）	0.20		0.30	0.40　　0.50
13	非离子氨≤（以 N 计）	0.020			
14	活性磷酸盐≤（以 P 计）	0.015	0.030		0.045
15	汞≤	0.00005	0.0002		0.0005
16	镉≤	0.001	0.005	0.010	
17	铅≤	0.001	0.005	0.010	0.050
18	六价铬≤	0.005	0.010	0.020	0.050
19	总铬≤	0.05	0.10	0.20	0.50
20	砷≤	0.020	0.030	0.050	
21	铜≤	0.005	0.010	0.050	
22	锌≤	0.020	0.050	0.10	0.50
23	硒≤	0.010	0.020		0.050
24	镍≤	0.005	0.010	0.020	0.050
25	氰化物≤	0.005		0.10	0.20

续表

序号	项 目	第一类	第二类	第三类	第四类	
26	硫化物≤（以 S 计）	0.02	0.05	0.10	0.25	
27	挥发性酚≤	0.005		0.010	0.050	
28	石油类≤	0.05		0.30	0.50	
29	六六六≤	0.001	0.002	0.003	0.005	
30	滴滴涕≤	0.00005		0.0001		
31	马拉硫磷≤	0.005		0.001		
32	甲基对硫磷≤	0.0005		0.001		
33	苯并（a）芘≤（μg/L）	0.0025				
34	阴离子表面活性剂（以 LAS 计）	0.03	0.10	0.10	0.10	0.10
35	放射性核素*（Bq/L）	60Co	0.03			
		90Sr	4			
		106Rn	0.2			
		134Cs	0.6			
		137Cs	0.7			

通常采用的基本控制项目最高允许排放浓度分为一级标准、二级标准、三级标准，一级标准分为 A 标准和 B 标准。

（1）一级标准的 A 标准是城镇污水处理厂出水作为回用水的基本要求。当污水处理厂出水引入稀释能力较小的河湖作为城镇景观用水和一般回用水等用途时，执行一级标准的 A 标准。

（2）城镇污水处理厂出水排入 GB 3838 地表水 III 类功能水域（划定的饮用水水源保护区和游泳区除外）、GB 3097 海水二类功能水域和湖、库等封闭或半封闭水域时，执行一级标准的 B 标准。

（3）城镇污水处理厂出水排入 GB 3838 地表水 IV、V 类功能水域或 GB 3097 海水三、四类功能海域，执行二级标准。

（4）非重点控制流域和非水源保护区建制镇的污水处理厂，根据当地经济条件和水污染控制要求，采用一级强化处理工艺时，执行三级标准。但必须预留二级处理设施的位置，分期达到二级标准。

在《城镇污水处理厂污染物排放标准》GB 18918—2002 中有基本控制项目、部分一类污染物、选择控制项目的最高允许排放浓度（日均值），但设计中常用的污染物排放标准为基本控制项目，具体的基本控制项目最高允许排放浓度（日均值）详见表 2-12（摘自《城镇污水处理厂污染物排放标准》GB 18918—2002表 1）。

基本控制项目最高允许排放浓度（日均值）(mg/L)　　　　表 2-12

序号	基本控制项目	一级标准		二级标准	三级标准
		A 标准	B 标准		
1	化学需氧量（COD）	50	60	100	120[①]
2	生化需氧量（BOD$_5$）	10	20	30	60[①]
3	悬浮物（SS）	10	20	30	50
4	动植物油	1	3	5	20
5	石油类	1	3	5	15
6	阴离子表面活性剂	0.5	1	2	5
7	总氮（以 N 计）	15	20	—	—
8	氨氮（以 N 计）[②]	5（8）	8（15）	25（30）	—
9	总磷（以 P 计）	0.5	1	3	5
10	色度（稀释倍数）	30	30	40	50
11	pH	6~9			
12	粪大肠菌群数（个/L）	10^3	10^4	10^4	—

注：①下列情况下按去除率指标执行：当进水 COD>350mg/L 时，去除率应>60%；
　　BOD>160mg/L 时，去除率应>50%。
　　②括号外数值为水温>12℃时的控制指标，括号内数值为水温≤12℃时的控制指标。

第3章 污水处理厂处理工艺选择

进行污水处理厂设计时，首先要进行的工作就是污水处理工艺的选择，通过对不同污水处理工艺的技术经济比较，从而优选出最适合的污水处理工艺。

3.1 城市污水处理工艺发展历程

城市污水处理至今已有百年历史，自世界上第一个生物膜法处理设施在英国实验成功后，于1900年开始付诸实践，并迅速在欧洲和北美得到了广泛应用。第二次世界大战后，城市污水处理技术得到了快速发展，欧美各国都投入巨资修建大量城镇污水处理厂和相应的排水管网，城市污水处理得到迅速普及。英法德意等国的城镇污水处理厂都达到几千座，美国则有一万多座，大约一万人就有一座污水处理厂，污水处理率接近100%。80年代后，这些发达国家的污水处理水平进一步提高，兴建了一批具有脱氮除磷功能的污水处理设施，在改善水环境质量、防止受纳水体富营养化方面起到了重要的作用。

我国城市污水处理则起步较晚，20世纪50年代前还停留在水体自净化阶段；60年代进入农田利用阶段；70年代的重点是放在分散式工业污染源的治理上；80年代后进入了水污染的综合防治阶段，并于1984年建成投产了我国第一座大型城市污水处理厂——天津市纪庄子污水处理厂。此后，在北京、上海、广东等省市也分别建设了不同数量和规模的污水处理厂。截至2014年3月底，全国城镇累计建成污水处理厂3622座，污水处理能力约1.53亿 m^3/d，这些污水处理设施对遏止我国水环境污染加剧的趋势起到了重要作用。

城市污水中的污染物主要包括悬浮杂质、有机物、营养盐、病菌、重金属、人工合成化合物等，病菌是由于有机物的存在才繁殖起来的，悬浮物则是有机物的主要载体，所以最初污水处理的目标主要是去除有机物和悬浮物，相应的指标是BOD、COD和SS。先通过简单的拦截、沉淀等物理措施去除大量悬浮物和部分悬浮有机物，再通过生物法去除溶解态和胶体态的有机物与无机杂质，实现污水净化。最早得到推广的生化法是生物滤池，其造价低廉，运行费用省，管理十分方便，处理后出水比原污水水质有极大的改善，达到了当时的要求。随着人们对治理污水要求的提高，生物滤池出水已不能达到新的标准，加之生物滤池卫生条件较差，滤池蚊蝇多，臭味比较严重，于是逐渐被活性污泥工艺取代，活性污泥法成为城镇污水处理的主流工艺。美国在1975年有4300座生物滤池处理厂，几乎是活性污泥法处理厂的两倍，以后新建的则几乎全部都是活性污泥法污水处理厂，现在已远远超过生物滤池污水处理厂的数量。

到了 20 世纪 80 年代，水体富营养化的危害促进各国将去除氮磷列入污水处理厂的排放标准，带动了生物脱氮除磷技术的研究和实践迅速发展，各种同时去除有机物和氮磷的工艺像雨后春笋般应运而生。这一时期西方发达国家的城镇污水处理厂已接近饱和，但原来污水处理厂的功能只是去除有机物和悬浮物，因此改造原有污水处理厂，使之增加脱氮除磷功能成为主要任务，导致各种改造工艺相继出现。

与此同时，城镇污水处理厂产生的污泥处置技术发展迅速，污泥浓缩脱水机械多种多样，污泥消化要求越来越严，污泥处置由堆肥、填埋向干化、焚烧扩展，有的地方污泥处理处置费用已接近甚至超过污水处理费用。开发经济有效的污水污泥处理处置工艺是当前和今后相当一段时期内业界面临的一个重要课题，值得环境工程技术人员的长期探索。

3.2　污水处理工艺选择

污水处理工艺是指在达到所要求处理程度的前提下，污水处理各操作单元的有机组合，确定各处理构筑物的形式，以达到预期的处理效果。

污水处理工艺流程由完整的污水处理系统和污泥处理系统组成。污水处理系统包括一级处理系统、二级处理系统和深度处理系统。

污水一级处理是由格栅、沉砂池和初次沉淀池组成，其作用是去除污水中的固体污染物质，从大块垃圾到颗粒粒径为数毫米的悬浮物。污水中的 BOD 通过一级处理能够去除 20% ~ 30%。

污水二级处理系统是污水处理系统的核心，它的主要作用是去除污水中呈胶体和溶解状态的有机污染物。通过二级处理，污水中的 BOD 可以降至 20 ~ 30mg/L，一般可达到排放水体和灌溉农田的要求。各种类型的污水生物处理技术，如活性污泥法、生物膜法以及自然生物处理技术，只要运行正常都能够取得良好的处理效果。

经过二级处理以后的污水中仍然含有一部分污染物。一般来说，二级处理后的污水水质虽然能够满足污水综合排放标准。但是有些时候，为了保证受纳水体不受污染或是为了满足污水再生回用的要求，就需要对二级处理出水进行更进一步处理，以降低悬浮物和有机物，并去除氮磷类营养物质，这就是污水的深度处理。

污泥是污水处理过程的副产品，也是必然的产物，如从初次沉淀池排出的沉淀污泥，从生物处理系统排出的生物污泥等。这些污泥应加以妥善处置，否则会造成二次污染。在污水处理系统中，对污泥的处理多采用由厌氧消化、脱水、干化等技术组成的系统。处理后的污泥已经去除了其中含有的细菌和寄生虫卵，并可以作为肥料用于农业。

　　污水处理工艺的组合一般应遵循先易后难、先简后繁的规律，即首先去除大块垃圾和漂浮物质，然后再依次去除悬浮固体、胶体物质及溶解性物质。亦即，首先使用物理法，然后再使用化学法和生物处理法。

　　选择污水处理工艺时，工程造价和运行费用也是工艺流程选择的重要因素。当然，处理后水应当达到的水质标准是前提条件。以原污水的水质、水量及其他自然状况为已知条件，以处理后水应达到的水质标准为约束条件，而以处理系统最低的总造价和运行费用为目标函数，建立三者之间的相互关系。

　　减少占地面积也是降低建设费用的重要措施，从长远考虑，它对污水处理工程的经济效益和社会效益有着重要的影响。

　　当地的地形、气候等自然条件也对污水处理工艺流程的选定具有一定的影响。在寒冷地区应当采用低温季节也能够正常运行，并保证取得达标水质的工艺，而且处理构筑物都应建在露天，以减少建设和运行费用。

　　对污水处理工艺流程的选择还应与处理后水的受纳水体的自净能力及处理后污水的出路有关。根据水体自净能力来确定污水处理工艺流程，既可以充分利用水体自净能力，使污水处理工程承受的处理负荷相对减轻，又可防止水体遭受新的污染，破坏水体正常的使用价值。不考虑水体所具有的自净能力，任意采用较高的处理深度是不经济的，将会造成不必要的投资。

　　处理后污水的出路，往往是取决于该污水处理工艺的处理水平。若处理后污水的出路是农田灌溉，则应使污水经二级生化处理后在确定无有毒物质存在的情况下考虑排放；如污水经处理后须回用于工业生产，则处理深度和要求根据回用的目的不同而异。

3.3　一级污水处理工艺

　　一级污水处理工艺的作用是去除污水中的固体污染物质，对污水中的 SS 去除率一般为 40%～55%，对有机物去除率约为 20%～30%。其工艺流程框图如图 3-1 所示。

图 3-1　一级污水处理工艺

　　污水一级处理构筑物主要包括粗细格栅、沉砂池和初次沉淀池。对污水中有机物去除率不高，是作为二级污水处理工艺的预处理。对于一次性建设二级污水处理工艺有困难的地区，可以考虑分期建设，一期先建成一级污水处理工艺，待经济条件具备后，再完成后续二级处理构筑物的建设。例如，哈尔滨文昌污水处理厂一期工程就是采用一级污水处理工艺，将污水进行预处理后排放；二期工程则建成了完善的二级污水处理工艺。

3.4　一级强化污水处理工艺

一级强化污水处理工艺是对一级污水处理工艺的强化。实际上是将给水处理一直采用的混凝沉淀工艺用于污水处理。一级强化污水处理工艺流程框图如图 3-2 所示。

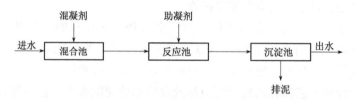

图 3-2　一级强化污水处理工艺流程

一级强化污水处理工艺比一级污水处理工艺中的初沉池效率显著提高，SS 可去除 70%～80%，BOD、COD 可去除 40%～50%，对于有机浓度低的污水，出水水质（N 除外）接近排放标准。新的国家标准规定非重点控制流域和非水源保护区的建设的建制镇的污水处理厂，根据经济条件和水污染控制要求，可采用一级强化污水处理工艺，但必须预留二级处理设施的位置，分期达到二级标准。

3.5　二级污水处理工艺

二级污水处理工艺的主要作用是去除污水中呈胶体和溶解状态的有机污染物。污水厂二级处理工艺流程框图大体如图 3-3 所示。

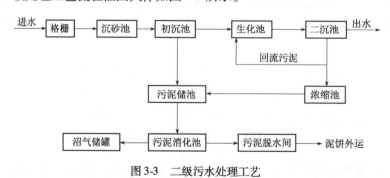

图 3-3　二级污水处理工艺

污水厂二级污水处理工艺大致包括活性污泥法、生物膜法等。

3.5.1 活性污泥法

自然界广泛地存活着大量的借有机物生活的微生物，微生物通过其本身新陈代谢的生理功能，能够氧化分解环境中的有机物并将其转化为稳定的无机物。污水的生物处理技术就是利用微生物的这一生理功能，并采取一定的人工技术措施，创造有利于微生物生长、繁殖的良好环境，加速微生物的增殖及其新陈代谢生理功能，从而使污水中的有机污染物得以降解、去除的污水处理技术。

活性污泥法是一种应用最广的污水好氧生物处理技术。是由曝气池、二次沉淀池、曝气系统以及污泥回流系统等组成。

曝气池与二次沉淀池是活性污泥系统的基本处理构筑物。由初次沉淀池流出的污水与从二次沉淀池底部回流的活性污泥同时进入曝气池，其混合体称为混合液。在曝气的作用下，混合液得到足够的溶解氧并使活性污泥和污水充分接触。污水中的可溶性有机污染物被活性污泥吸附并为存活在活性污泥上的微生物群体所分解，使得污水得以净化。在二次沉淀池内，活性污泥与已被净化的污水分离，处理后的水体排放，活性污泥在污泥区内进行浓缩，并以较高的浓度回流进入曝气池。由于活性污泥不断地增长，部分污泥作为剩余污泥从处理系统中排出，也可以送往初次沉淀池，提高初次沉淀池沉淀效果。

活性污泥法在开创的初期，所采用的流程被称为传统活性污泥法，曝气池呈狭长方形，污水在池中的流型和混合特征是：从一端流入，从另一端流出，污水与回流污泥入池后仅进行横向混合，而前后互不相混，以一定流速推流前行，故称为"推流式"。近年来，在改良的活性污泥法中，出现一种新的流型和混合特征，即污水和回流污泥进入曝气池后，立即与池中原有混合液充分混合，这就是"完全混合式"。不论推流式还是完全混合式活性污泥法，或者其他改良的活性污泥法，其实质都是以存在于污水中的有机物作为培养基，在有氧的条件下，对各种微生物群体进行混合连续培养，通过凝聚、吸附、氧化分解、沉淀等过程去除污染物的一种方法。

活性污泥法具有几种常用的运行方式，包括传统活性污泥法、阶段曝气法、生物吸附法、完全混合法和延时曝气法。各种运行方式的特点如表3-1所示。

各种活性污泥法特点　　　　　　　　　　　　　　　表 3-1

序号	运行方式	原　　　理	特　　　点
1	传统活性污泥法	1. 曝气池为推流式，废水与回流污泥从同一端进入，有机物与污泥充分接触，且沿操作方向下降。 2. 污泥经历了以对数期进入平衡稳定期，甚至进入衰老期，完成了吸附和代谢的过程。	优点： 1. 处理效果好； 2. 废水处理程度灵活、浓度可高可低； 缺点： 不适应冲击负荷，需氧量前大后小，容易造成前段缺氧后段氧气过剩。

27

续表

序号	运行方式	原　　理	特　　点
2	阶段曝气法	沿池长分段多点进水。	1. 有机负荷比较均匀，改善了氧气供需矛盾； 2. 污泥浓度沿池长方向逐渐降低，有利于减轻二沉池的负担。
3	完全混合法	回流污泥与混合液充分混合，呈循环流动，在曝气池内为基本完成对有机物降解但尚未泥水分离的处理水。	优点： 1. 稀释作用强、水质波动影响小，抗冲击负荷能力强； 2. 池内各点工况相同，均可控制在良好的运行状态； 3. 需氧均匀，节省动力。 缺点： 1. 连续出水可能会产生短流； 2. 可能会出现污泥膨胀。
4	生物吸附法	1. 污水与再生后的污泥一起进入吸附池； 2. 再生池使吸附后的污泥恢复活性； 3. 工艺构筑物可以分建也可以合建。	优点： 1. 吸附时间短，水外排仅回流污泥进行再生，大大降低了能耗； 2. 再生池污泥浓度高、抗冲击负荷能力强； 3. 可抑制污泥膨胀。 缺点： 曝气池中吸附时间短，处理效果一般。
5	延时曝气法	曝气时间长达 18 ~ 36h，使得污泥处于内源呼吸期，氧化彻底，出水水质好。	优点： 1. 污泥负荷低，出水水质好； 2. 抗冲击负荷能力强，出水水质稳定； 3. 剩余污泥少。 缺点： 池容大、占地面积多，基建费用高。

3.5.2　生物膜法

污水中的生物膜处理法是和活性污泥法并列的一种好氧生物处理技术。这种处理方法是使得细菌和原生动物、后生动物一类的微型动物在滤料或者某些载体上生长发育，形成膜状生物性污泥生物膜。通过与污水的接触，生物膜上的微生物摄取污水中的有机污染物作为营养，从而使污水得到净化。生物膜法是污水处理的另一种方法，通过选择合适的生物载体，可以提高污水处理能力。生物膜法包括生物滤池、生物转盘和生物接触氧化。

生物膜法的主要特点有：

（1）参与净化反应的微生物种类的多样化，沿着水流方向每段都能自然形成独特的优势微生物，生物膜上的食物链长，而且能够生长硝化菌；

（2）不产生污泥膨胀问题，易于固液分离；

（3）对水质、水量的冲击负荷有较强的适应性；

（4）在低温情况下，也能够保持一定的净化功能；

（5）能够处理低浓度的污水；

（6）运行管理较为方便，动力消耗少。

（7）产生的污泥量少，一般来说，生物膜工艺产生的污泥量较活性污泥能够少 1/4；

（8）具有较好的硝化和脱氮功能。

3.6 三级污水处理工艺

三级污水处理工艺继二级污水处理工艺后，进一步处理二级处理难降解的有机物、氮、磷等能够导致水体富营养化的可溶性无机物，主要方法有生物脱氮除磷法，混凝沉淀法，砂滤法，活性炭吸附法，离子交换法和电渗析法等。本书主要介绍污水处理厂最常用的一些生物脱氮除磷工艺。

3.6.1 缺氧—好氧生物脱氮工艺（A_1/O 工艺）

典型的城市污水中，TN 的含量为 20～85mg/L，平均值为 40mg/L，一般城市污水 TN 的含量在 20～50mg/L 之间。城市污水中的氮主要以有机氮、氨氮两种形式存在，硝态氮含量很低，其中，有机氮为 30%～40%，氨氮为 60%～70%，亚硝酸盐氮和硝酸盐氮仅为 0～5%。水环境污染和水体富营养问题的日益突出使越来越多的国家和地区制定更为严格的污水排放标准。

1. 生物脱氮原理

在自然界中存在着氮循环的自然现象，当采取适当的运行条件后，城市污水中的氮会发生氨化反应、硝化反应和反硝化反应。

（1）氨化反应

在氨化菌的作用下，有机氮化合物分解、转化为氨态氮，以氨基酸为例，其反应式如式（3-1）所示：

$$RCHNH_2COOH + O_2 \xrightarrow{\text{氨化菌}} RCOOH + CO_2 + NH_3 \tag{3-1}$$

（2）硝化反应

在硝化菌的作用下，氨态氮分两个阶段进一步分解、氧化，首先在亚硝化菌的作用下，氨（NH_4^+）转化为亚硝酸氮，其反应式如式（3-2）所示：

$$NH_4^+ + \frac{3}{2}O_2 \xrightarrow{\text{亚硝化菌}} NO_2^- + H_2O + 2H^+ - \Delta F$$

$$(\Delta F = 278.42kJ) \tag{3-2}$$

继之，亚硝酸氮（$NO_2^- - N$）在硝化菌的作用下，进一步转化为硝酸氮，其反应式如式（3-3）所示：

$$NO_2^- + \frac{1}{2}O_2 \xrightarrow{\text{硝化菌}} NO_3^- - \Delta F$$
$$(\Delta F = 72.27\text{kJ}) \tag{3-3}$$

硝化的总反应式如式（3-4）所示：

$$NH_4^+ + 2O_2 \xrightarrow{\text{硝化菌}} NO_3^- + H_2O + 2H^+ - \Delta F$$
$$(\Delta F = 351\text{kJ}) \tag{3-4}$$

（3）反硝化反应

在反硝化菌的代谢下，NO_3^--N 有两个转化途径，即同化反硝化（合成），最终产物为有机氮化合物，成为菌体的组成部分；异化反硝化（分解），最终产物为气态氮，其反应式如式（3-5）所示。

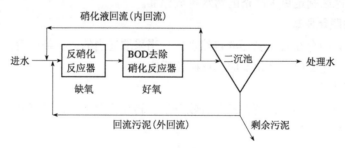

$$\tag{3-5}$$

2. A_1/O 工艺流程

A_1/O 法脱氮是于 20 世纪 80 年代初期开创的工艺流程，又称为"前置式反硝化生物脱氮系统"，这是目前采用较为广泛的一种脱氮工艺。工艺流程框图如图 3-4 所示。

图 3-4　缺氧—好氧活性污泥法脱氮系统

A_1/O 法脱氮工艺流程的反硝化反应器在前，BOD 去除、硝化二项反应的综合反应器在后。反硝化反应是以原污水中的有机物为碳源的。在硝化反应器内的含有大量硝酸盐的硝化液回流到反硝化反应器，进行反硝化脱氮反应。

3. 结构特点

A_1/O 工艺由缺氧段与好氧段两部分组成，两段可分建，也可合建于一个反应器中，但中间用隔板隔开。其中，缺氧段的水力停留时间为 $0.5 \sim 1h$，溶解氧小于 0.5mg/L。同时，为加强搅拌混合作用，防止污泥沉积，应设置搅拌器或水下推流器，功率一般为 $10W/m^3$。而好氧段的结构同普通活性污泥法相同，水力停留时间为 $2.5 \sim 6h$，溶解氧为 $1 \sim 2mg/L$。

另外，缺氧段与好氧段可建成生物膜处理构筑物，组成生物膜 A/O 脱氮系统。在生物膜脱氮系统中，应进行混合液回流以提供缺氧反应器反硝化所需的 $NO_3^- \text{-N}$，但污泥不需要回流。

4. 设计参数

A_1/O 工艺的设计参数见表 3-2。

A_1/O 工艺设计参数表　　　　　　　　　　　　表 3-2

名　　称	数　　值
污泥负荷 Ns（$kgBOD_5/$（$kgMLSS \cdot d$））	$0.1 \sim 0.17$
水力停留时间 T（h）	A 段 $0.5 \sim 1.0$（$\leqslant 2$），O 段 $2.5 \sim 6$；A：O $= 1$：（$3 \sim 4$）
污泥龄 θ_c（d）	>10
污泥回流比 R（%）	$200 \sim 500$
混合液回流比 R_N（%）	$50 \sim 100$
溶解氧（mg/L）	O 段 $1 \sim 2$，A 段 <0.2
pH	A 段 $8.0 \sim 8.4$，O 段 $6.5 \sim 8.0$
污泥浓度 X（mg/L）	$2000 \sim 5000$
总氮负荷（kg TN/（kg MLSS·D））	$\leqslant 0.05$
反硝化池 $S - BOD_5$（$NO_x\text{-N}$）	$\geqslant 4$

5. 计算公式

按 BOD_5 污泥负荷计算，A_1/O 工艺设计计算公式见表 3-3。

A_1/O 工艺设计计算公式　　　　　　　　　　　　表 3-3

名　　称	公　　式	符 号 说 明
生化反应池容积比	$\dfrac{V_1}{V_2} = 3 \sim 4$	V_1——好氧段容积，m^3； V_2——缺氧段容积，m^3
生化反应池总容积	$V = V_1 + V_2 = \dfrac{24QL_0}{N_x X}$	Q——污水设计流量，m^3/h； L_0——生物反应池进水 BOD_5 浓度，kg/m^3； N_x——BOD 污泥负荷，$kgBOD_5/$（$kgMLSS \cdot d$）； X——污泥浓度，kg/m^3
水力停留时间	$t = \dfrac{V}{Q}$	t——水力停留时间，h
最大需氧量	$O_2 = a'QL_r + b'N_r - b'N_D - c'X_w$	a'、b'、c'——1、4.6、1.42； N_r——氨氮去除量，kg/m^3； N_D——硝态氮去除量，kg/m^3； W——剩余污泥量，kg/d； X_w——剩余活性污泥量，kg/d

名　　称	公　　式	符 号 说 明
剩余污泥量	$W = aQ_平 L_r - bVX_v + S_r Q_平 \times 50\%$ $X_v = f \cdot X$	W——剩余污泥量，kg/d； a——污泥产率系数［$kg/kgBOD_5$］，一般为 　　0.5～0.7； b——污泥自身氧化速率，d^{-1}，一般为0.05； L_r——生物反应池去除 BOD_5 浓度，kg/m^3； $Q_平$——平均流量，m^3/d； X_v——挥发性悬浮固体浓度，kg/m^3； S_r——反应器去除的 SS 浓度，kg/m^3，$S_r =$ 　　$S_0 - S_e$； S_0、S_e——分别为反应器进出水的 SS 浓度，kg/m^3； 50%——不可降解和惰性悬浮物量（NVSS）占 　　总悬浮物量（TSS）的百分数； f——系数，取0.75
剩余活性污泥量	$X_w = aQ_平 L_r - bVX_v$	X_w——剩余活性污泥量，kg/d
湿污泥量	$Q_s = \dfrac{W}{1000\,(1-P)}$	Q_s——湿污泥量，m^3/d； P——污泥含水率，%
污泥龄 θ_c	$\theta_c = \dfrac{VX_v}{X_w}$	θ_c——污泥龄，d
回流污泥浓度	$X_r = \dfrac{10^6}{SVI} \cdot r$	X_r——回流污泥浓度，kg/d； r——与停留时间、池深、污泥浓度有关的系 　　数，一般为1.2
曝气池混合液浓度	$X = \dfrac{R}{R+1} \cdot X_r$	R——污泥回流比，%；
内回流比	$R_N = \dfrac{\eta_{TN}}{1 - \eta_{TN}} \times 100\%$	R_N——内回流比，%； η_{TN}——总氮去除率，%

3.6.2　厌氧—好氧生物除磷工艺（A_2/O 工艺）

城市污水中总磷含量在 4～15mg/L，其中有机磷为 35% 左右，无机磷为 65% 左右，通常都是以有机磷、磷酸盐或聚磷酸盐的形式存在于污水中。

1. 生物除磷原理

生物除磷是依靠回流污泥中聚磷菌的活动进行的，聚磷菌是活性污泥在厌氧、好氧交替过程中大量繁殖的一种好氧菌，虽竞争能力很差，却能在细胞内贮存聚羟基丁酸（PHB）和聚磷酸盐（Poly-p）。在厌氧—好氧过程中，聚磷菌在厌氧池中为优势菌种，构成了活性污泥絮体的主体，它吸收分子的有机物，同时将贮存在细胞中 R 聚磷酸盐（Poly-p）中的磷，通过水解而释放出来，并提供必需的能量。而在随后的好氧池中，聚磷菌所吸收的有机物将被氧化分解并提供能量，同时能从污水中摄取比厌氧条件所释放的更多的磷，在数量上远远超过其细胞合成所需磷量，将磷以聚磷酸盐的形式贮藏在菌体内，而形成高磷污泥，通过剩余污泥系统排出，因而可获得较好的除磷效果。

由于生物除磷系统的除磷效果与排放的剩余污泥量直接相关，剩余污泥量又取决于系统的泥龄。据有关数据显示，当泥龄为30d时，除磷率为40%；泥龄为17d时，除磷率为50%；泥龄降至5d时，除磷率可提高到87%。所以，一般认为泥龄在5~10d时，除磷效果是比较好的。

2. A₂/O工艺流程

A₂/O工艺由前段厌氧池和后段好氧池串联组成，如图3-5所示。

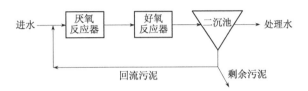

图3-5 A₂/O除磷工艺流程图

在A₂/O工艺系统中，微生物在厌氧条件下将细胞中的磷释放，然后进入好氧状态，并在好氧条件下能够摄取比在厌氧条件下所释放的更多的磷，即利用其对磷的过量摄取能力将含磷污泥以剩余污泥的方式排出处理系统之外，从而降低处理出水中磷的含量。尤其对于进水磷与BOD比值很低的情况下，能取得很好的处理效果。但在磷与BOD比值较高的情况下，由于BOD负荷较低，剩余污泥量很少，因而比较难以达到稳定的运行效果。

3. 结构特点

A₂/O工艺由厌氧段和好氧段组成，两段可分建，也可合建，合建时两段应以隔板隔开。厌氧池中必须严格控制厌氧条件，使其既无分子态氧，也无NO_3^-等化合态氧，厌氧段水力停留时间为1~2h。好氧段结构型式与普通活性污泥法相同，且要保证溶解氧不低于2mg/L，水力停留时间2~4h。

4. 设计参数

A₂/O法设计参数见表3-4。

A₂/O工艺设计参数表 表3-4

名　称	数　值
污泥负荷 Ns（kgBOD₅/（kgMLSS·d））	≥ 0.1
TN污泥负荷 Ns（kgTN/（kgMLSS·d））	0.05
水力停留时间 T（h）	3~6（A段1~2；O段2~4） A：O=1：(2~3)
污泥龄 θ_c（d）	3.5~7（5~10）
污泥指数 SVI	≤ 100
污泥回流比 R（%）	40 ~ 100
混合液浓度 MLSS（mg/L）	2000 ~ 4000

续表

名　称	数　值
溶解氧（mg/L）	O 段 = 2，A 段 < 0.2
pH	6 ~ 8
BOD_5 / TP	20 ~ 30
COD / TN	≥ 10

注：括号中数值仅供参考。

5. 计算公式

按 BOD_5 污泥负荷计算，A_2/O 工艺设计计算公式见表 3-5。

A₂/O 工艺设计计算公式　　　　　　　　表 3-5

名　称	公　式	符号说明
生化反应池容积比	$\dfrac{V_1}{V_2} = 2.5 \sim 3$	V_1——好氧段容积，m^3； V_2——厌氧段容积，m^3
生化反应池总容积	$V = V_1 + V_2 = \dfrac{24QL_0}{N_x X}$	Q——污水设计流量，m^3/h； L_0——生物反应池进水 BOD_5 浓度，kg/m^3； N_x——BOD 污泥负荷，$kgBOD_5 /（kgMLSS \cdot d）$； X——污泥浓度，kg/m^3
水力停留时间	$t = \dfrac{V}{Q}$	t——水力停留时间，h
最大需氧量	$O_2 = a'QL_r - b'X_w$	a'、b'——1.4、1.42
剩余污泥量	$W = aQ_平 L_r - bVX_v + S_r Q_平 \times 50\%$ $X_v = fX$	W——剩余污泥量，kg/d； a——污泥产率系数，$kg/kgBOD_5$，一般为 0.5 ~ 0.7； b——污泥自身氧化速率，d^{-1}，一般为 0.05； L_r——生物反应池去除 BOD_5 浓度，kg/m^3； $Q_平$——平均流量，m^3/d； X_v——挥发性悬浮固体浓度，kg/m^3； S_r——反应器去除的 SS 浓度，kg/m^3； $S_r = S_o - S_e$，S_o、S_e——反应器进水、出水的 SS 浓度，kg/m^3； 50%——不可降解和惰性悬浮物量（NVSS）占总悬浮物量（TSS）的百分数； f——系数，取 0.75
剩余活性污泥量	$X_w = aQ_平 L_r - bVX_v$	X_w——剩余活性污泥量，kg/d
湿污泥量	$Q_s = \dfrac{W}{1000（1 - P）}$	Q_s——湿污泥量，m^3/d； P——污泥含水率，%
污泥龄 θ_c	$\theta_c = \dfrac{VX_v}{X_w}$	θ_c——污泥龄，d

名　　称	公　　式	符号说明
回流污泥浓度	$X_r = \dfrac{10^6}{SVI} \cdot r$	X_r——回流污泥浓度，kg/d； r——与停留时间、池深、污泥浓度有关的系数，一般为 1.2
曝气池混合液浓度	$X = \dfrac{R}{R+1} \cdot X_r$	R——污泥回流比，%

3.6.3　厌氧—缺氧—好氧生物脱氮除磷工艺（A^2/O 工艺）

A^2/O 工艺是厌氧-缺氧-好氧生物脱氮除磷工艺的简称，该工艺可具有同时脱氮除磷之功能。

1. 生物脱氮除磷原理

生物脱氮除磷是将生物脱氮和生物除磷组合在一个流程中，污水首先进入首段厌氧池，与同步进入的从二沉池回流的含磷污泥混合，本池主要功能为释放磷，使污水中磷的浓度升高，溶解性有机物被微生物细胞吸收而使污水中 BOD 浓度下降。另外，NH_3-N 因细胞的合成而被去除一部分，使污水中 NH_3-N 浓度下降，但 NH_3-N 含量没有变化。

在缺氧池中，反硝化菌利用污水中的有机物做碳源，将回流混合液中带入的大量 NO_3^--N 和 NO_2^--N 还原为 N_2 释放至空气中。因此，BOD_5 浓度下降，NH_3-N 浓度大幅度下降，而磷的变化很小。

在好氧池中，有机物被微生物生化降解而继续下降。有机氮被氨化继而被硝化，使 NH_3-N 浓度显著下降，但随着硝化过程，NO_3^--N 的浓度却增加，磷随着聚磷菌的过量摄取，也以比较快的速度下降。所以 A^2/O 工艺可以同时完成有机物的去除、硝化脱氮、磷的过量摄取而被去除等功能，脱氮的前提是 NH_3-N 应完全硝化，好氧池能完成这一功能，缺氧池则完成脱氮功能。厌氧池和好氧池联合完成除磷功能。

2. A^2/O 工艺流程

A^2/O 工艺流程图如图 3-6 所示。

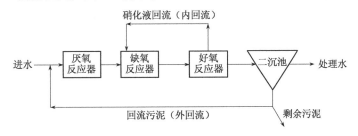

图 3-6　A^2/O 脱氮除磷工艺流程图

如图所示，A^2/O 工艺是通过厌氧、缺氧、好氧三种不同的环境条件和不同种类微生物菌群的有机配合，达到去除有机物、脱氮和除磷的功能。

3. 构造特点

A^2/O 工艺由厌氧段、缺氧段、好氧段三部分组成，三部分可以是独立的构筑物，也可以建在一起，用隔板互相隔开。厌氧区和缺氧区缓速搅拌，防止污泥沉降，并避免搅拌过度造成氧的溶入。厌氧区溶解氧 <0.2mg/L，水力停留时间约1h；缺氧区溶解氧 <0.5mg/L，水力停留时间1h。好氧段结构型式与传统活性污泥相同，水力停留时间 3~4h，溶解氧浓度 >2mg/L。

4. A^2/O 工艺的设计参数

A^2/O 法设计参数见表3-6。

A^2/O 工艺设计参数表　　　　　　　　　　　　　　表 3-6

名　称	数　值
污泥负荷 Ns （kgBOD$_5$/（kgMLSS·d））	0.15~0.2
TN 污泥负荷 （kgTN/（kgMLSS·d））	<0.05
TP 污泥负荷 （kgTP/（kgMLSS·d））	0.003~0.006
污泥浓度 MLSS（mg/L）	2000~4000
水力停留时间 T（h）	6~8；缺氧：厌氧：好氧=1:1:（3~4）
污泥龄 θ_c（d）	15~20
污泥回流比（%）	25~100
混合液回流比（%）	≥200
混合液浓度 MLSS（mg/L）	2000~4000
溶解氧（mg/L）	O 段 =2，A1 段 <0.2，A2 段 <0.5
pH	6~8
BOD$_5$/TP	≥20
COD/TN	≥8
反硝化 BOD$_5$/NO$_3^-$	≥4

3.6.4　氧化沟工艺

氧化沟也称氧化渠，又称循环曝气池，是活性污泥法的改良与发展，是20世纪50年代荷兰卫生工程研究所首先研究开发的。

1. 工艺原理

氧化沟工艺的曝气池呈封闭的沟渠形，池体狭长，可达数十甚至百米以上，曝气装置多采用表面曝气器，污水和活性污泥的混合液在其中不停地循环流动，有机物质被混合液中的微生物分解。该工艺对水温、水质和水量的变动有较强的适应性，BOD 负荷低，污泥龄长，反应器内可存活硝化细菌，发生硝化反应。在流态上，氧化沟介于完全混合与推流之间，氧化沟内流态是完全混合式的，但又具有某些推流式的特性，如在曝气装置的下游，溶解氧浓度从高向低变动，甚至可能出现缺氧段。氧化沟这种独特的水流状态，有利于活性污泥的生物凝聚作用，而且可以将其区分为富氧区、缺氧区，用以进行硝化和反硝化，达到脱氮的目的。

2. 工艺流程

图 3-7 为以氧化沟为生物处理单元的废水处理流程。

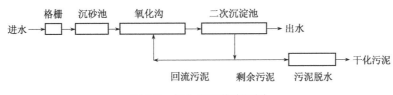

图 3-7　氧化沟工艺流程图

如图 3-7 可见，氧化沟的工艺流程比一般生物处理流程简化，这是由于氧化沟水力停留时间和污泥龄长，悬浮物和可溶解有机物可同时得到较彻底去除，排除的剩余污泥已得到高度稳定，因此氧化沟不设初沉池，污泥不需要进行厌氧消化。根据构造特征及运行方式，氧化沟又很多不同类型，如 Carrousel 式、Orbal 型、交替工作式及曝气—沉淀——一体化氧化沟等。

3. 构造特点

氧化沟工艺设施由氧化沟沟体、曝气设备、进出口设施、系统设施等组成。

（1）沟体

氧化沟沟体主要分两种布置形式，即单沟式和多沟式。一般呈环状沟渠形，也可呈长方形、椭圆形、马蹄形、同心圆形等，以及平行多渠道和以侧渠做二沉池的合建形等。其四周池壁可以用钢筋混凝土建造，也可以原土挖沟衬素混凝土或三合土砌成，断面形式有梯形和矩形等。

（2）曝气设备

有供氧、充分混合、推动混合液不断循环流动和防止活性污泥沉淀的功能，常用的有水平轴曝气转刷和垂直轴表面曝气器。

（3）进出水装置

进水装置简单，只有一根进水管，出水处应设可升降的出水溢流堰。

（4）配水井

两个以上氧化沟并行工作时，应设配水井以保证均匀配水。

（5）导流墙

氧化沟转折处设置薄壁结构导流墙。

4. 设计参数

氧化沟工艺的设计参数见表 3-7。

氧化沟工艺设计参数表 表 3-7

名　　称		数　　值
污泥负荷 N_s（kgBOD$_5$/（kgMLSS·d））		0.05 ~ 0.15
水力停留时间 T（h）		10 ~ 24
污泥龄 θ_c（d）		去除 BOD$_5$时，5 ~ 8；去除 BOD$_5$并硝化时，10 ~ 20；去除 BOD$_5$并硝化 30
污泥回流比 R（%）		50 ~ 100
污泥浓度 X（mg/L）		2000 ~ 6000
容积负荷（kgBOD$_5$/（m^3·d））		0.2 ~ 0.4
出水水质（mg/L）	BOD$_5$	10 ~ 15
	SS	10 ~ 20
	NH$_3$ - N	1 ~ 3

5. 计算公式

氧化沟工艺的计算公式见表3-8。

氧化沟工艺计算公式表 表 3-8

名　　称	公　　式	符　号　说　明
碳氧化氮硝化容积	$V_1 = \dfrac{YQ(L_o - L_e)\theta_c}{X(1 + K_d\theta_c)}$ $= \dfrac{YQL_r\theta_c}{(1 + K_d\theta_c)}$	V_1——碳氧化氮硝化容积，m^3； Q——污水设计流量，m^3/d； X——污泥浓度，kg/m^3； L_o，L_e——进水、出水 BOD$_5$浓度，mg/L； 　　　　$L_r = L_o - L_e$，去除的 BOD$_5$浓度，mg/L； θ_c——污泥龄，d； Y——污泥净产率系数，kgMLSS/kgBOD$_5$； K_d——污泥自身氧化率，d^{-1}，对于城市污水，一般为 0.05 ~ 0.1d^{-1}
最大需氧量	$O_2 = a'QL_r + b'N_r - b'N_D - c'X_w$	O_2——需氧量，kg/d；$a' = 1.47$，$b' = 4.6$，$c' = 1.42$； N_r——氨氮的去除量，kg/m^3； N_D——硝态氮去除量，kg/m^3； X_w——剩余活性污泥量，kg/d
剩余活性污泥量	$X_w = \dfrac{Q_平 L_r}{1 + K_d\theta_c}$	$Q_平$——污水平均日流量，m^3/d；
水力停留时间	$t = \dfrac{24V}{Q}$	V——氧化沟容积，m^3； t——水力停留时间，h
污泥回流比	$R = \dfrac{X}{X_R - X} \times 100\%$	R——污泥回流比，%； X_R——二沉池底污泥浓度，mg/L
污泥负荷	$N_s = \dfrac{Q(L_o - L_e)}{VX_V}$	N_s——污泥负荷，kgBOD$_5$/（kgMLSS·d）； X_V——MLVSS 浓度，mg/L

名　　称	公　　式	符　号　说　明
反硝化区脱氮量	$W = Q_{平} N_{L_r} - 0.124 Y Q_{平} L_r$ $= Q_{平}(N_o - N_e) - 0.124 Y Q_{平} L_r$	W——反硝化区脱氮量，kg/d; N_{L_r}——去除的总氮浓度，mg/L; N_o——进水总氮浓度，mg/L; N_e——出水总氮浓度，mg/L
反硝化区所需污泥量	$G = \dfrac{W}{V_{DN}}$	G——反硝化区所需污泥量，kg; V_{DN}——反硝化速率，$kgNO_3^- \text{-}N/(kgMLSS \cdot d)$
反硝化区容积	$V_2 = \dfrac{G}{X}$	V_2——反硝化容积，m^3
氧化沟容积	$V = \dfrac{V_1 + V_2}{K}$	K——具有活性作用的污泥占总污泥量的比例，$K = 0.55$

3.6.5　SBR 活性污泥法工艺

序批式活性污泥法，又称间歇式活性污泥法，简称为 SBR 法，是间歇运行的污水生物处理工艺。该工艺型式最早应用于活性污泥法，近年来，该工艺的研究与应用日益广泛。

1. 工艺原理

SBR 法的工艺设施是由曝气装置、上清液排出装置（滗水器）以及其他附属设备组成的反应器。SBR 对有机物的去除机理为：在反应器内预先培养驯化一定量的活性微生物（活性污泥），当废水进入反应器与活性污泥混合接触并有氧存在时，微生物利用废水中的有机物进行新陈代谢，将有机污染物转化成二氧化碳和水等无机物，同时微生物细胞增殖，最后将微生物细胞物质（活性污泥）与水沉淀分离，废水得以处理。

SBR 法不同于传统活性污泥法的流态及有机物降解是空间上的推流，该工艺在流态上属于完全混合型；而在有机物降解方面，有机基质含量随着时间的进展而逐渐降解。该工艺是由一个或多个 SBR 反应器—曝气池组成的，曝气池的运行操作是由流入、反应、沉淀、排放、待机（闲置）等 5 个工序组成的。

2. 工艺流程

SBR 法工艺流程如图 3-8 所示：

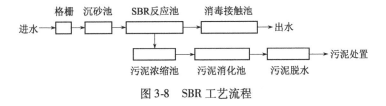

图 3-8　SBR 工艺流程

SBR 按进水方式分为间歇运行和连续进水，按有机物负荷分为高负荷运行和低负荷运行。该工艺系统组成简单，一般不需要设置调节池，可省去初次沉淀池，无二沉池和污泥回流系统，基建费用低且运行维护管理方便。该工艺耐冲击负荷能力强，一般不会产生污泥膨胀且运行方式灵活，可具有同时去除有机物和脱氮除磷功能。近年来，各种新型工艺如 ICEAS 工艺、CASS 工艺、IDEA 工艺等陆续得到了开发和应用。

3. SBR 工艺的主要设备

（1）鼓风设备

SBR 工艺多采用鼓风曝气系统提供微生物生长所需空气。

（2）曝气装置

SBR 工艺常用的曝气设备为微孔曝气器，微孔曝气器可以分为固定式和提升式两大类。

（3）滗水器

SBR 工艺最根本的特点是单个反应器的排水形式均采用静止沉淀，集中排水的方式运行，为了保证排水时不会扰动池中各个水层，使排出的上清液始终位于最上层，要求使用一种能随水位变化而可调节的出水堰，又称为滗水器或撇水器。滗水器有多种类型，其组成为集水装置、排水装置及传动装置。

（4）水下推进器

水下推进器的作用是搅拌和推流，一方面使混合液搅拌均匀；另一方面，在曝气供氧停止，系统转至兼氧状态下运行时，能使池中活性污泥处于悬浮状态。

（5）自动控制系统

SBR 采用自动控制技术，把用人工操作难以实现的控制通过计算机、软件、仪器设备的有机结合自动完成，并创造满足微生物生存的最佳环境。

4. 设计参数

SBR 法工艺设计参数如表 3-9 所示。

SBR 法工艺设计参数表　　　　　　表 3-9

名　　称	高负荷运行	低负荷运行
	间歇进水	间歇进水或连续进水
BOD—污泥负荷（kgBOD/（kgMLSS·d））	0.1~0.4	0.03~0.1
MLSS（mg/L）	1500~5000	
周期数	3~4	2~3
排除比（每一周期的排水量与反应池容积之比）	1/4~1/2	1/6~1/3
安全高度（活性污泥界面以上最小水深）（cm）	50 以上	
需氧量（kgO$_2$/（kgBOD））	0.5~1.5	1.5~2.5

续表

名　称			高负荷运行	低负荷运行
			间歇进水	间歇进水或连续进水
污泥产量（kgMLSS/kgSS）			≈1	≈0.75
溶解氧（mg/L）	好氧工序		≥2.5	
	缺氧工序	进水	0.3～0.5	
		沉淀、排水	<0.7	
反应池池数			≥2（$Q<500\mathrm{m}^3/\mathrm{d}$ 时可取 1）	

5. 设计计算公式

SBR 法工艺的设计计算公式如表 3-10 所示。

SBR 工艺设计计算公式　　　　表 3-10

名　称	公　式	符号说明
BOD—污泥负荷	$L_s = \dfrac{Q_s \cdot C_s}{e \cdot C_A \cdot V}$	L_s——BOD—污泥负荷，$\mathrm{kgBOD_5}/(\mathrm{kgMLSS} \cdot \mathrm{d})$； Q_s——污水进水量，m^3/d； C_s——进水的平均 $\mathrm{BOD_5}$，mg/L； C_A——曝气池内 MLSS 浓度，mg/L； V——曝气池容积，m^3； e——曝气时间比，$e = n \cdot T_A/24$； n——周期数，周期
曝气时间	$T_A = \dfrac{24 \cdot C_s}{L_s \cdot m \cdot C_A}$	T_A——一个周期的曝气时间，h； $1/m$——排出比
沉淀时间	$T_s = \dfrac{H \cdot (1/m) + \varepsilon}{V_{\max}}$	T_s——沉淀时间，h； H——反应池内水深，m； ε——安全高度，m； $V_{\max}$——活性污泥界面的初期沉降速度，m/h； $V_{\max}$——$7.4 \times 10^4 \times t \times C_A^{-1.7}$，MLSS≤3000mg/L； $V_{\max}$——$4.6 \times 10^4 \times t \times C_A^{-1.26}$，MLSS＞3000mg/L； t——水温，℃
一个周期所需时间	$T_c = T_A + T_s + T_D$	T_c——一个周期所需时间，h； T_D——一个周期所需时间，h
周期数	$n = \dfrac{24}{T_c}$	n——周期数，周期
曝气池容积	$V = \dfrac{m}{n \cdot N} \cdot Q_s$	N——池的个数，个

41

名　称	公　式	符　号　说　明
超过曝气池容量的污水进水量	$\Delta Q = \dfrac{r-1}{m} \cdot V$	ΔQ——超过曝气池容量的污水进水量，m^3； r——一个周期的最大进水量变化比，一般采用 1.2～1.8
曝气池的必须安全容量	$\Delta V = \Delta Q - \Delta Q'$ 或 $\Delta V = m\ (\Delta Q - \Delta Q')$	ΔV——曝气池的必需安全容量，m^3； $\Delta Q'$——在沉淀和排水期中可接纳的污水量，m^3
修正后的曝气池容量	$V' = V\ (\Delta V \leqslant 0\ 时)$ $V' = V + \Delta V\ (\Delta V > 0\ 时)$	V'——修正后的曝气池容量，m^3

3.6.6　LINPOR 工艺

LINPOR 工艺是一种传统活性污泥法的改进工艺，是通过在传统工艺曝气池中投加一定数量的多孔泡沫塑料颗粒作为活性微生物的载体材料而实现的。LINPOR 工艺有 3 种不同的方式：LINPOR—C 工艺、LINPOR—C/N 工艺、LINPOR—N 工艺。

1. LINPOR—C 工艺

图 3-9 所示为 LINPOR—C 工艺流程图，由曝气池、二沉池、污泥回流系统和剩余污泥排放系统等组成。该工艺中的微生物由两部分组成，一部分附着生长于多孔塑料泡沫上，另外一部分则悬浮于混合液中呈游离状。在运行过程中，附着的生物体被设置在曝气池末端的特制格栅所截留，而处于悬浮态的活性污泥则可穿过格栅而随出水流出曝气池，在二沉池进行泥水分离并进行污泥回流。

LINPOR—C 反应器几乎适用于所有形式的曝气池，因而特别适用于对超负荷运行的城市污水和工业废水活性污泥法处理厂的改造。

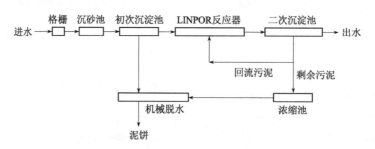

图 3-9　LINPOR—C 工艺流程图

2. LINPOR—C/N 工艺

图 3-10 所示为 LINPOR—C/N 工艺具有同时去除废水中 C 和 N 的双重功能，

与LINPOR—C工艺之差别在于有机负荷。在LINPOR—C/N工艺中，由于存在较大数量的附着生长型硝化细菌，可获得良好的硝化效果。此外，LINPOR—C/N工艺可获得良好的反硝化效果，脱氮效率可达50%以上，这是因为附着在载体填料表面的微生物在运行过程中其内部存在良好的缺氧区（环境），而塑料泡沫的多孔性，使得在载体填料的内部形成无数个微型的反硝化反应器，达到在同一个反应器中同时发生碳化、硝化和反硝化的作用。图3-10所示为LINPOR—C/N工艺的一种工艺组成及运行方式。

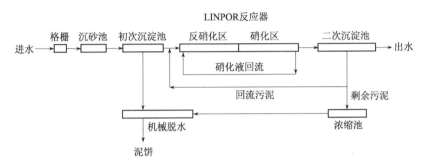

图3-10 LINPOR—C/N工艺流程图

3. LINPOR—N工艺

LINPOR—N工艺十分简单，可在有机底物极低甚至不存在的情况下对废水实现良好的氨氮去除，常用于对经二级处理后的工业废水和城市污水的深度处理。传统工艺中二沉池的出水中所含有的有机物通常是比较低的，具有适合于硝化菌生长的良好环境条件，不存在异养菌和硝化菌的竞争作用，所以在LINPOR—N工艺中，处于悬浮生长的生物量几乎不存在，而只有那些附着生长于载体表面的生物才能生长繁殖。该工艺有时也被称为"清水反应器"，运行过程中无需污泥的沉淀分离和污泥的回流，从而可节省污泥沉淀分离及污泥回流设备，是一种经济的深度处理工艺。

4. 设计参数

LINPOR工艺设计参数如表3-11所示。

LINPOR 工艺设计参数表 表3-11

名　　称	参　　数	
	LINPOR—C 和 LINPOR—C/N	LINPOR—N
填料投加体积百分数（N）	10%～30%	
载体表面生物量（x_1）	10～18 g/L，最大可达30g/L	10%～30%
悬浮状态的生物浓度（x_2）	4～7 g/L	

43

5. 设计计算公式

LINPOR 工艺设计计算公式如表3-12所示。

LINPOR 工艺计算公式 表 3-12

名　称	公　式	符 号 说 明
处理效率	$\eta = \dfrac{L_o - L_e}{L_o} \times 100\%$	η——处理效率，%； L_o——进水 BOD 浓度，mg/L； L_e——出水 BOD 浓度，mg/L
反应器中平均污泥浓度 x	$x = Nx_1 + (1-N)\,x_2$	x——平均污泥浓度，mg/L； x_1——附着污泥浓度，mg/L； x_2——悬浮污泥浓度，mg/L； N——填料投加体积百分数，%
污泥负荷	$N_s = \dfrac{QL_o}{V\left[Nx_1 + (1-N)\,x_2\right]}$	V——曝气池容积，m³； Q——设计流量，m³/h； N_s——污泥负荷，kgBOD₅／（kgMLSS·d）
容积负荷	$N_{sv} = \dfrac{QL_o}{V}$	N_{sv}——容积负荷，kgBOD₅／（m³·d）
总氮负荷	$N_{TN} = \dfrac{QL_N}{V\left[Nx_1 + (1-N)\,x_2\right]}$	N_{TN}——总氮负荷，kgTN／（kgMLSS·d）； L_N——进水总氮浓度，mg/L

3.6.7 其他主要污水处理工艺

1. UCT 工艺

在普通 A²/O 工艺中，进入厌氧池的回流污泥含有硝态氮，它们势必优先利用原污水中的易降解碳源，影响聚磷菌对碳源的利用，降低生物除磷效率。为此，对普通 A²/O 工艺加以改进，将污泥回流到缺氧池，经过脱氮后再从缺氧池末端回流到厌氧池，即可消除硝态氮对除磷的不利影响。改进后的工艺叫 UCT 工艺，其流程见图3-11。

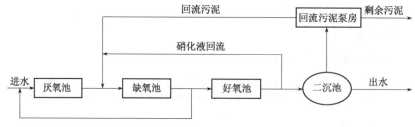

图 3-11　UCT 工艺流程框图

对于 C/N、C/P 比不是特别高的污水，UCT 工艺除磷效率明显高于普通 A²/O工艺，脱氮效率不受影响。当 C/N、C/P 比很高时，碳源充足，回流到厌氧池的污泥中的硝态氮即使优先利用部分易降解碳源，也不会影响聚磷菌对碳源的需求，这时采用 UCT 工艺显示不出优越性。

2. UNITANK

UNITANK 工艺是在三沟式氧化沟的基础上开发出来的，其流程见图 3-12。

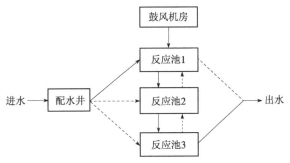

图 3-12 UNITANK 工艺流程框图

UNITANK 有以下几点改进：

（1）改氧化沟为矩形池，改转刷为鼓风曝气或其他形式曝气，反应池之间的隔墙相连，多个反应池可连成一片，水深也不受曝气转刷限制，有的可深达 8m，因而占地面积大大减小，是目前占地面积最小的城镇污水处理工艺之一。

（2）出水改可调堰为固定堰，节省大量设备费用。

UNITANK 保留了三沟式氧化沟连续进水、连续出水、常水位运行、具有脱氮功能、流程十分简化等优点，同时也还存在容积利用率低、设备闲置率高、除磷功能差等不足，要求除磷时需采用化学除磷。

规模 $10 \times 10^4 \mathrm{m}^3/\mathrm{d}$ 的石家庄高新区污水处理厂、规模 $40 \times 10^4 \mathrm{m}^3/\mathrm{d}$ 的上海石洞口污水处理厂是国内目前已建成的 UNITANK 污水处理厂。

3. ICEAS

传统 SBR 是间歇进水，切换频繁，并且至少需要 2 池以上来回倒换，很不方便，于是出现了连续进水的 ICEAS 工艺，其流程见图 3-13。

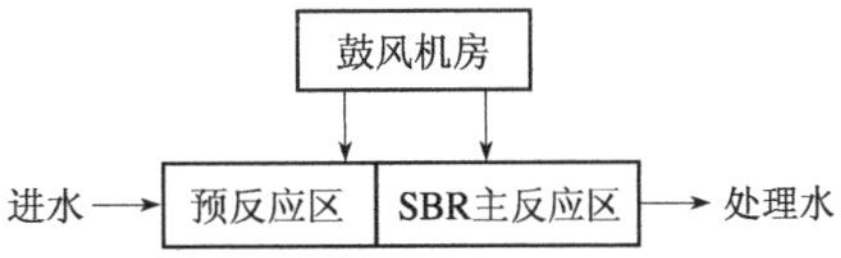

图 3-13 ICEAS 工艺流程框图

ICEAS 工艺的主要改进是在反应池中增加一道隔墙，将反应池分割为小体积的预反应区和大体积的主反应区，污水连续流入预反应区，然后通过隔墙下端的小孔以层流速度进入主反应区。当主反应区沉淀滗水时，来自预反应区的水流沿池底扩散，对原有的池液基本上不造成搅动，因此主反应区仍可按反应、沉淀、滗水的程序运行。ICEAS 在保持传统的 SBR 工艺特点的同时省去了间歇进水的麻烦。规模 15 万 m^3/d 的昆明第三污水处理厂是我国第一个 ICEAS 污水处理厂，也是我国最早采用 SBR 工艺的污水处理厂之一，其去除有机物和脱氮除磷的效率同 A^2/O 工艺、氧化沟工艺相当。

4. DAT-IAT

ICEAS 工艺的容积利用率不够高，一般不超过 60%，反应池没有得到充分利用，相当一段时间曝气设备闲置。为了提高反应池和设备的利用率，开发出 DAT-IAT 工艺，其流程见图 3-14。

这种工艺用隔墙将反应池分为大小相同的两个池，污水连续进入 DAT，在池中连续曝气，然后通过隔墙以层流速度进入 IAT，在此池中按曝气、沉淀、排水周期运行，整个反应池容积利用率可达到 66.7%，减小了池容和建设费用。规模 10 万 m^3/d 的天津经济技术开发区污水处理厂是我国采用这种工艺的第一个污水处理厂。

这种工艺的不足之处是脱氮不如 ICEAS 方便，除磷功能较差。

5.　CAST（CASS）

CAST 工艺是 SBR 工艺中脱氮除磷的一种，是专门为脱氮除磷开发的，其工艺流程见图 3-15。

图 3-14　DAT-IAT 工艺流程框图　　图 3-15　CAST（CASS）工艺流程框图

CAST 的最大改进是在反应池前段增加一个选择段，污水首先进入选择段，与来自主反应区的回流混合液（约 20% ~ 30%）混合，在厌氧条件下，选择段相当于前置厌氧池，为高效除磷创造条件。

CAST 的另一个特点是利用同步硝化反硝化原理脱氮，在主反应区，反应时段前期控制溶解氧不大于 0.5mg/L，处于缺氧工况，利用池中原有的硝态氮反硝化，然后利用同步硝化产生的硝态氮反硝化，到反应时段后期，加大充氧量，使主反应区处于好氧工况，完成生物除磷反应，并保证出水有足够的溶解氧。

CAST 工艺设计和运行管理简单，处理效果稳定，已被多座中小型污水处理厂所采用，规模 8 万 m^3/d 的贵阳市小河污水处理厂已建成运转。

6.　MSBR

SBR 具有流程简单、占地省、处理效率高等优点，但该工艺的间歇进水、间歇排水、变水位运行、设备和池容利用率不高等缺陷影响了推广使用，而且多数 SBR 工艺的除磷效果不够理想，于是开发出 MSBR 工艺，其流程见图 3-16。

MSBR 工艺是一个组合式一体化结构，在这个结构中有功能不同的分区，分别完成好氧、缺氧、厌氧、沉淀、排水、污泥浓缩、回流等功能，实现生物氧化、脱氮除磷，特别对含氮、磷高的污水有较好的脱氮除磷效果，克服了一般 SBR 工艺的不足，具有连续进水、连续出水、常水位运行、池容和设备利用率高等优点，是 SBR 工艺发展中的新尝试，已在深圳市盐田污水处理厂应用。

从图 3-16 还可以看出，MSBR 的结构复杂，各种设备较多，操作管理也比较麻烦，有待进一步优化改进。

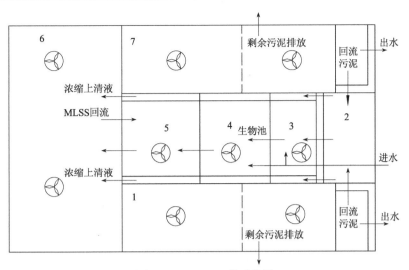

图 3-16　MSBR 工艺系统图

1、7——SBR 池；2——污泥浓缩池；3、5——缺氧池；4——厌氧池；6——好氧池

7. BIOLAK 工艺

这是一种可以采用土池结构的工艺。BIOLAK 工艺使用 HDPE（高密度聚乙烯）防渗层铺底，隔绝污水和地下水，曝气头悬挂在浮于水面的浮动链上，不需在池底、池壁穿孔安装，水下没有固定部件，维修时不必排空池子，只需将曝气器提上来就行，浮动链被松弛地固定在曝气池两侧，每条浮动链可在池内一定区域蛇行运动，其示意图见图 3-17。

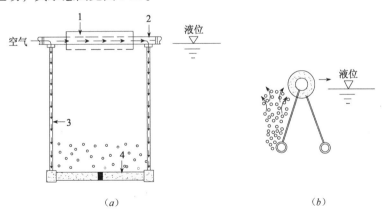

图 3-17　BIOLAK 工艺系统图

（a）曝气管悬挂示意图；（b）浮动链和曝气管摆动示意图

1——浮子；2——空气管；3——空气支管；4——曝气管

这种池型能因地制宜，很好地适应现场地形，特别在地震多发地区和土质疏松地区具有优势。一般 BIOLAK 工艺是延时曝气，这种工艺可以脱氮，其布置形式见图 3-18。

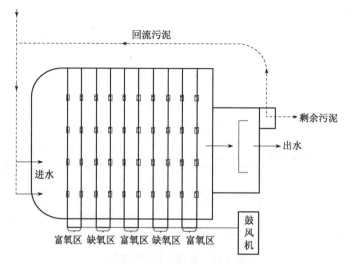

图 3-18 BIOLAK 布置示意图

BIOLAK 池深 3 ~ 6m，泥龄长达 30 ~ 70d，污泥好氧稳定，不需再进行消化。二沉池可与曝气池合建，用隔墙隔开，回流污泥和剩余污泥从池底抽出，澄清水通过溢流器排出。从图 3-18 中可以看出，在 BIOLAK 池中形成多重缺氧区和好氧区，池中溶解氧呈波浪形变化，所以也叫波浪式氧化工艺。

BIOLAK 工艺是德国一家工程技术公司的专利技术，国外已有数百座污水处理厂在运行，国内山东辛安河污水处理厂采用这种工艺，至今已运行近 10 年。

8. BIOFOR

BIOFOR 工艺全称 DENSANDEG + BIOFOR 工艺，是物化法与生化法相结合的工艺，物化法作为预处理，生化法是深度处理，出水水质优于一般二级出水，可以达到低质回用水标准。其工艺流程示意图见图 3-19（a）。

DENSANDEG 是化学强化一级处理装置，将旋流沉砂、快速混凝、慢速反应及斜板沉淀等多项功能集于一体，SS 和 BOD 去除率可分别达到 85% 和 60%，为后续深度处理创造了条件。其流程示意见图 3-19（b）。

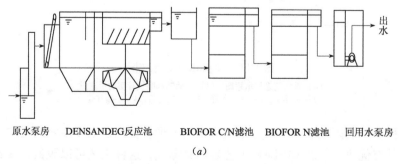

原水泵房　　DENSANDEG反应池　　BIOFOR C/N 滤池　　BIOFOR N 滤池　　回用水泵房

（a）

图 3-19 DENSANDEG + BIOFOR 工艺流程框图（一）

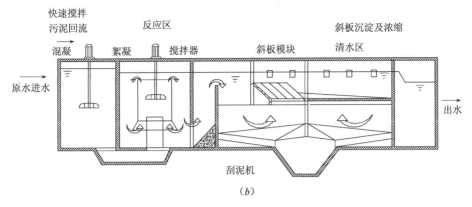

图 3-19 DENSANDEG + BIOFOR 工艺流程框图（二）

BIOFOR 是工艺的技术核心，构造见图 3-20。

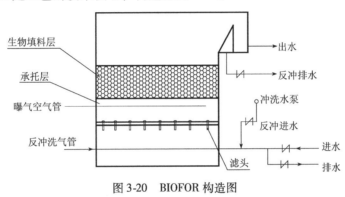

图 3-20 BIOFOR 构造图

BIOFOR 起反应池和滤池的双重作用，既降解了有机物，又截留了悬浮固体，比二沉池的固液分离效果更好，出水直接达标排放，相当于一体化处理构筑物：

（1）可以生物脱氮，图 3-19（a）中后一个滤池是好氧池，发生硝化反应，前一个滤池是缺氧池，发生反硝化反应，相当于前置缺氧脱氮工艺，但一般需外加碳源。

（2）必须定时进行反冲洗，以去除脱落的生物膜和残留固体杂质，避免滤池系统堵塞，这是对传统接触氧化法的重大改进。

（3）滤料是用火山灰烧结制成，具有很大的空隙率和比表面积，适宜的相对密度，良好的机械性能，耐腐蚀，可以附着大量生物膜，使滤池有很高的生物量，从而实现高速过滤。

该工艺是得利满一个子公司的专利技术，规模 $12 \times 10^4 \, m^3/d$ 的大连马栏河污水处理厂采用该工艺，已建成投产多年。

9. BIOSTYR

BIOSTYR 也是曝气生物滤池，是威望迪一个子公司的专利技术。其基本原理与 BIOFOR 相同，整个流程由预处理和生物滤池两个单元组成，这两个单元都是成套的组合设备，布置非常紧凑，非常节省占地、出水水质很好，可满足低质回用水的要求。

BIOSTYR 的预处理单元称为 Multiflo，其构造和作用与 BIOFOR 的 DEN-SANDEG 相似，见图 3-21。

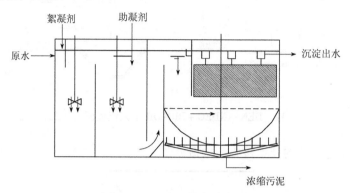

图 3-21　Multiflo 构造示意图

生物滤池单元称为 BIOSTYR，其构造见图 3-22。

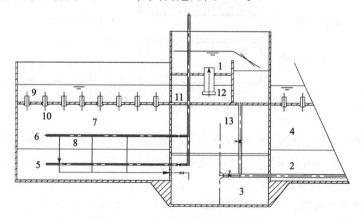

图 3-22　BIOSTYR 滤池结构示意图

1——配水廊道；2——滤池进水和排泥管；3——反冲洗循环闸门；4——填料；5——反冲洗气管；
6——工艺空气管；7——好氧区；8——缺氧区；9——挡板；10——出水滤头；
11——处理后水的储存和排出；12——回流泵；13——进水管

BIOSTYR 与 BIOFOR 在结构、滤料和过滤方式上都有一些明显的不同，体现出不同的专利技术，主要有：

（1）BIOFOR 是从下向上过滤和反冲洗，两者同向。而 BIOSTYR 是从下向上过滤，但反冲洗时，水洗是从上向下，利用连通的出水渠中其他滤池的出水在重力作用下反向冲洗，省去了反冲洗泵，气反冲则是利用曝气鼓风机，不需另外设置鼓风机。

（2）滤池的设计可以在一个池子中同时实现硝化反硝化。这种滤池的曝气管放置在滤料层中部，曝气管以上的生物膜处于好氧状态，发生硝化，曝气管下部的生物膜处于缺氧状态，发生反硝化，所需硝酸盐则从上部出流液回流到下部。与此同时滤料上不同部位出现不同的微环境，生物膜外层好氧，发生硝化反应，内层缺氧，发生反硝化反应，存在着同步硝化反硝化机制。

（3）滤料是特制的，名叫 BIOSTYRENE，这是一种均匀、轻质（相对密度 <1）、小粒径的球状颗粒，具有较大的比表面积。为了防止滤料随出水流失，在滤料上部设置滤板阻拦，滤板上安装滤头，处理后的水通过滤头流出，滤料被拦截在池内。

3.7 污水深度处理工艺

污水深度处理不同于污水三级处理。有时候为了达到污水回用或者其他特定的目的，需要对二级出水乃至三级出水进行进一步的处理，以降低悬浮物、有机物、氮磷等无机类物质，这就是污水深度处理工艺。

污水深度处理工艺应根据待处理二级或者三级出水的水质特点以及深度处理后的水质要求而确定。一般来讲，二级或者三级处理的出水含有少量的悬浮物和难以去除的色度、臭味和有机物，这和给水处理中的微污染及低温、低浊原水有相近之处。因此，深度处理的工艺流程和给水处理的工艺流程有共同之处，但又不完全等同于常规的给水处理工艺。目前，污水深度处理技术中最常用的包括混凝、沉淀、过滤、膜分离等工艺，下面逐一加以介绍。

3.7.1 混凝

水质的混凝处理是向水中加入混凝剂，通过混凝剂水解产物来压缩胶体颗粒的扩散层，达到胶粒脱稳而相互聚积的目的；或者通过混凝剂的水解和缩聚反应而形成的高聚物的强烈吸附架桥作用，使得胶粒被吸附粘结。混凝处理的过程包括凝聚和絮凝两个阶段，凝聚阶段形成较小的微粒，再通过絮凝形成较大的颗粒，这种较大的颗粒在一定的沉淀条件下从水体中分离、沉淀出来。

混凝作用设置在固液分离装置之前，与固液分离装置组合起到以下作用：

（1）能够有效地去除原水中的悬浮物和胶体，降低出水浊度和有机物，一般用于去除粒度在 $1nm \sim 100\mu m$ 的分散系物质；

（2）能够有效地去除水中微生物、细菌和病毒；

（3）能有效地去除污水中的乳化油、色度、重金属以及其他污染物；

（4）混凝沉淀可以去除污水中 $90\% \sim 95\%$ 的磷，是最便宜而且高效的除磷方法。

混凝工艺的流程框图如图 3-23 所示。

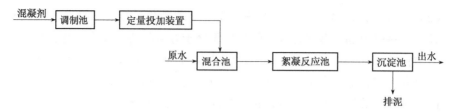

图 3-23　混凝工艺流程图

配制好的混凝剂通过定量投加的方式加入到原水中，并通过一定的方式实现水和药剂的快速均匀混合。然后，在絮凝反应池中通过凝聚和絮凝作用，使得微小的胶体颗粒形成较大的可沉淀的絮体。由于污水的成分复杂多变，为了得到更好的混凝效果，混凝剂的选用、投量以及使用条件等需要通过试验确定。在设计时，应根据确定的混凝剂的种类和用量去选择合适的投加位置和投加方式，调制投加浓度，并选择合适的混合方法和设备。

1. 混合

混合是将待处理水与混凝剂进行充分混合的工艺过程，是进行混凝反应和沉淀分离的重要前提，混合过程应在药剂加入后迅速完成。

混合方式分为两大类：水力混合和机械混合。其中，水力混合包括管式混合、混合池混合和水泵混合。水力混合设备简单，但是对于流量的变化适应性差；机械混合能够适应流量的变化，但是设备较为复杂，维修工作量大。表 3-13 是几种混合方式的比较，在设计中选用何种方式，应根据水质、水量、工艺形式、混凝剂种类和用量等多种因素综合考虑，选择合适的方式。

混合方式比较　　　　　　　　　　　　　表 3-13

混合方式	优　缺　点	适　应　条　件
管式混合	优点：设备简单，不单独占有土地。 缺点：当流量较小或者悬浮物、微生物含量高时可能造成沉淀和堵塞；一般的管式混合效果较差，采用静态混合器效果较好，但是水头损失较大	适用于水量变化不大的处理厂
水力混合池混合	优点：混合效果较好，可以通过调节水头高低以适应流量变化。 缺点：占地面积大，水头损失较大，某些进水方式可能带入大量的气体	适用于大型、中型处理厂
水泵混合	优点：设备简单，混合充分，效果较好，不另外消耗动能。 缺点：管理较复杂，当泵后管道距离过长时不宜使用	适用于各种规模的处理厂
浆板式机械混合	优点：混合效果好，水头损失较小。 缺点：维护管理较复杂，消耗动能	适用于各种规模的处理厂

2. 絮凝反应

与药剂充分混合后的原水，进入到絮凝反应池中进行絮凝反应，絮凝反应池主要起到絮凝的作用。

常用于污水深度处理的絮凝反应池可以分为水力絮凝反应池和机械絮凝反应池。絮凝反应池池型的选择应根据水质、水量、处理工艺，以及与前后构筑物的配合等因素综合考虑。表3-14列举了几种常用的絮凝反应池的比较。

常用反应池比较   表 3-14

混合方式	优缺点	适应条件
平流隔板 絮凝反应池	优点：絮凝反应效果好，构造简单，施工方便。 缺点：容积较大，水头损失较大。	适用于水量变化较小、且水量<1000m³/h 的处理厂
回转式隔板 絮凝反应池	优点：絮凝反应效果好，构造简单，管理方便，水头损失较小。 缺点：池体较深	适用于水量变化较小、且水量>1000m³/h 的处理厂，或者改扩建原有设备
涡流 絮凝反应池	优点：絮凝反应时间短，容积小，造价低。 缺点：池体较深，效果较差	适用于水量 <1000m³/h 的处理厂，在大型处理厂很少使用
机械 絮凝反应池	优点：絮凝反应效果好，水头损失较小，适应水质、水量变化能力强。 缺点：部分设备位于水下，维护较为困难	适用于各种规模的处理厂，并适应水量变化较大的处理厂
网格 絮凝反应池	优点：絮凝时间短，反应效果好，水头损失小。 缺点：末端池底可能积泥，网格上有可能孳生藻类而堵塞孔眼	适用于各种规模的处理厂，一般可以布置成两组并联的形式，单组设计水量一般为 1.0×10³~2.5×10⁴m³/d

3.7.2 沉淀

城市污水处理厂的二级或者三级出水经过混凝反应后进入沉淀池，并在沉淀池中完成固液分离。沉淀池形式主要有平流式沉淀池、辐流式沉淀池、竖流式沉淀池和斜板（管）式沉淀池。各类沉淀池的优缺点及适用条件如表3-15所示。

各类沉淀池比较   表 3-15

混合方式	优缺点	适应条件
平流式沉淀池	优点：沉淀效果好，对冲击负荷和温度的变化有较强的适应能力，易于施工。 缺点：占地面积大，配水不易均匀，易于短路和偏流，排泥机械部件在水下易腐蚀，运行管理较麻烦	适用于地下水位较高和地质条件较差的地区，适用于大型、中型、小型污水处理厂
辐流式沉淀池	优点：对大型污水处理厂比较经济适用；排泥设备定型化。 缺点：排泥设备复杂，要求较高水平的运行管理；对施工质量要求高；池内水流不易均匀，流速不够稳定，沉淀效果较差	适用于地下水位较高的地区，适用于大型污水处理厂

续表

混合方式	优 缺 点	适应条件
竖流式沉淀池	优点：占地面积小；排泥方便，运行管理简单易行。 缺点：池体较深，施工困难；造价较高；对冲击负荷的适应性较差；池径不易过大，否则布水不均	适用于中型、小型污水处理厂。
斜板（管） 沉淀池	优点：沉淀效率高、沉淀效果好、占地面积小。 缺点：斜管（板）上易积泥，运行管理较为不便	适用于小型污水处理厂。

3.7.3　过滤

污水处理厂的二级或者三级出水经过混凝沉淀后，水中的污染物质虽然得到了进一步的去除，但仍然有一部分较为细小的颗粒和其他物质悬浮于水中，为了达到深度处理的目的，在混凝沉淀工艺以后应该设置过滤工艺。经过过滤后可以达到如下水质：SS < 5mg/L、BOD < 8mg/L、COD < 30mg/L、TP < 0.2mg/L、浊度 < 0.5NTU。

滤池的分类方法很多，按滤速可以分为慢滤池、快滤池和高速滤池；按照滤料不同可以分为单层滤料（石英砂）、双层滤料（石英砂＋无烟煤）、三层滤料（石英砂＋无烟煤＋重质矿石）、陶粒滤料和纤维球滤料等；按照阀门数量的不同分为四阀滤池、双阀滤池、单阀滤池、无阀滤池、虹吸滤池等；按照过滤的驱动力不同可以分为重力流滤池和压力滤池。不同类型的滤池性能比较如表 3-16所示。

几种滤池的特点比较　　　　　　　　表 3-16

名　称		主 要 特 点
快滤池	1. 普通快滤池	（1）单层石英砂滤料，滤速 4.8~20m/h； （2）细粒石英砂滤料适用于较清洁的污水；粗粒石英砂滤料适用于二级处理出水，特别适用于生物膜和脱氮处理系统出水； （3）优点：运转经验成熟，可以采用降速过滤，出水水质较好； （4）缺点：阀门多，易损坏，单池面积大，需要全套的反冲设备
	2. 双层滤料滤池	（1）滤层可采用无烟煤＋石英砂、陶粒＋石英砂、纤维球＋石英砂、活性炭＋石英砂等组合，滤速 4.8~24m/h； （2）适用于大型、中型污水处理厂的二级出水； （3）优点：采用降速过滤，出水水质较好； （4）缺点：对滤料要求高，冲洗困难，易积泥，易流失
	3. 三层滤料滤池	（1）滤料为无烟煤＋石英砂＋重质矿石，滤速 4.8~24m/h； （2）适用于中型污水处理厂的二级出水； （3）优点：截污能力强，降速过滤，出水水质好
	4. 无阀滤池	（1）以单层石英砂为滤料，滤速 4.8~24m/h； （2）适用于小型污水处理厂； （3）优点：没有阀门，自动反冲，小阻力配水系统，变水头过滤； （4）缺点：清砂不便，浪费部分冲洗水

续表

名 称		主 要 特 点
快滤池	5. 虹吸滤池	(1) 采用单层滤料； (2) 不适用于污水处理工程； (3) 优点：没有阀门，自动反冲；小阻力配水系统，恒速过滤、滤层无负水头现象； (4) 缺点：滤料粒径、厚度及反冲洗强调受到限制
其他 滤池	1. 压力滤池	(1) 滤层可采用单层、双层或者三层滤料； (2) 适用于小型的污水处理工程； (3) 优点：允许水头损失达 6~7m，每个单元出水联通可以互为反冲用水，省去专门的反冲设备； (4) 缺点：立式压力滤池滤层较深，清砂不便
	2. 上向流滤池	(1) 采用单层石英砂滤料，顶部设置拦截格栅，以防滤层膨胀； (2) 适用于中型、小型的污水处理工程； (3) 优点：采用反粒度过滤，可以充分利用滤料间空隙； (4) 缺点：悬浮物多截留在滤层下部，不易冲洗干净
	3. 硅藻土滤池	(1) 用硅藻土作为滤料； (2) 适用于各种规模的污水处理工程； (3) 优点：滤后水质量高，BOD、SS 可达较低含量； (4) 缺点：费用高、不宜用于处理悬浮固体浓度变化大的污水
	4. 纤维球滤池	(1) 用 5~10mm 的纤维球作为滤料； (2) 适用于各种规模的污水处理工程； (3) 优点：滤速高，可达 20~30m/h；截污量大，可达 4~5kg/m³，采用气水反冲洗，能充分发挥过滤效果

3.7.4 膜分离技术

膜分离技术是利用一种半透膜作为分离介质，以压力差或浓度差作为推动力，在液体通过膜的同时，将其中的某些成分截留而达到固液分离的一种工艺。在水处理工艺中，通常是水流通过膜时得到处理过的水，而将其他成分截留在膜后的浓缩液中。不同的膜分离技术可以去除非溶解性物质和胶体状的成分，粒径从 0.001~0.1μm 不等。污水处理中常用的膜分离技术包括超滤和微滤。可以选用的膜种类有醋酸纤维素膜、聚砜膜、聚砜酰胺膜和芳香聚酰胺膜。

1. 超滤

超滤膜通常是由一层极薄（0.1~1.0μm）的致密表皮层和一层较厚（160~220μm）的具有海绵结构的多孔层组成的不对称膜，膜的开孔率为 60%，孔径为 5nm~0.1μm，主要去除粒径在 0.005~10μm 间的（相对分子量 500 以上）大分子、细菌、病毒和胶体状物质。超滤膜的分离机理是粒径大于膜孔径的颗粒物质被膜面机械截留，粒径略小于膜孔径的物质在孔中被截留而去除，部分溶质在膜表面和微孔内被吸附。

常用的超滤膜有醋酸纤维素膜（CA、CTA）、聚砜膜（PS、PSA）、聚砜纤维膜和芳香聚酰胺膜等。超滤装置有板框式、管式、卷式和中空纤维式。

超滤膜的水透过率为 $0.5 \sim 5.0 m^3/(m^2 \cdot d)$，所要求的操作压力为 $0.1 \sim 0.5 MPa$。

目前，在污水处理系统中引入超滤膜组件而形成的膜生物反应器已越来越为人们所关注。膜生物反应器的结构示意图如图 3-24 所示。膜生物反应器的主要特点是：

（1）固液分离效果好。用超滤代替了以往的沉淀池，不但设备小而且分离效果好，处理后水质稳定，出水可以直接回用。

（2）有机物分解率高。生物反应器中维持较高的污泥浓度，因此有利于生长较慢的降解难降解有机物的微生物生存，使得通常系统中难以生物代谢的物质也有可能被分解。同时，可使分解慢的有机物在反应器中的停留时间更长，有利于难降解物质的分解。

（3）剩余污泥产生量少。

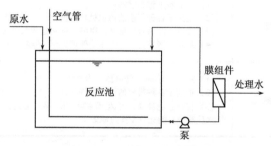

图 3-24　膜生物反应器系统图

2. 微滤

微滤膜属于深层过滤技术，通常采用对称膜结构，这种膜具有整齐、均匀的特点，且为多孔结构，膜孔径为 $0.03 \sim 15 \mu m$。

微滤技术主要是依靠静压差的作用去除水中的微粒，以及细小的颗粒状物质。在 $0.7 \sim 7 kPa$ 的操作压力下，小于膜孔径的粒子通过滤膜，比膜孔径大的粒子截留在膜表面。其作用机理有滤膜的机械截留作用、物理作用或吸附截留作用、架桥作用和膜内网格的截留作用。

微滤膜材料有醋酸纤维素膜（CA、CTA）、聚砜膜（PS、PSA）、尼龙等。微滤装置有小型吸滤机、板框式过滤器、微孔 PE 管过滤机等。

3.8　污水处理厂提标改造

环境保护部环发［2005］110 号"关于严格执行《城镇污水处理厂污染物排放标准》的通知"中第一次提出，"为防止水域发生富营养化，城镇生活污水处理厂出水排入国家和省确定的重点流域及湖泊、水库等封闭式、半封闭水域时，应执行《标准》中一级标准的 A 标准"。2006 年第 21 号公告提出再次重申了这个问题，这实际上在法规层面上将 GB18918－2002 一级标准 A 标准的适用范围直接扩大到绝大多数城镇污水处理厂。由于我国大量污水处理厂是在"九五"、"十五"期间建成的，排放标准要求较低，一般多执行一级 B 排放标准。现在这些污水处理厂面临着从一级 B 排放标准向一级 A 标准升级的任务。

城镇污水处理厂提标前，应首先对其服务范围内的污水水质、产生量进行核定。提标工程的原处理构筑物和新建构筑物的设计水质、水量应以核定后的污水水质、产生量为准。当核定后偏差大时，应在核实已建污水处理厂服务范围内的污水水质、产生量、偏差原因和已建处理构筑物的能力之后，再判断提标改造的必要性。

进水水质水量特性分析和出水水质标准要求是污水处理工艺方案选择的关键环节，也是我国当前污水处理工程设计中存在的薄弱环节之一。研究表明，不同的城镇污水处理厂进水 $SCOD_{cr}/COD_{cr}$、BOD_5/COD_{cr}、BOD_5/TN、BOD_5/SS、TN 中可氨化和溶解性不可氨化有机氮成分、水温等水质特性都不相同。在技术改造方案确定前进行调研测试，提出有针对性的达标技术措施。

对比一级 B 与一级 A 标准，发现主要差别在于 COD、BOD、SS、NH_3-N、TN。这五个指标在一级 B 与一级 A 中分别为 60 mg/L、20 mg/L、20 mg/L、5（8）mg/L、25 mg/L；50 mg/L、10 mg/L、10 mg/L、3（5）mg/L、15mg/L。提标改造需要针对性地解决这几个指标的达标问题：

（1）COD、BOD：将出水 COD、BOD 分别由 60 mg/L、20 mg/L 降低至 50mg/L、10 mg/L。通过强化预处理与生物处理措施，提高对有机物的去除率。一般情况下，按照一级 B 出水标准设计的污水厂的出水有机物都能够达到一级 A 的出水水质，特殊情况下，可以采用投加粉末活性炭作为应急或补充措施；

（2）SS：将出水 SS 由 20 mg/L 降低至 10 mg/L，需要对现有的二沉池出水进行进一步的处理，需要增加混凝＋沉淀＋过滤措施；通过高效沉淀或过滤措施，能够将出水 SS 控制在 10mg/L 以内。

（3）NH_3-N：将出水由 5（8）mg/L 降低至 3（5）mg/L，需要强化现有预处理和生物处理措施，如在生化池中加入膜组件构建膜生物反应器系统提供系统的硝化能力，或者通过增加曝气生物滤池（BAF）设施提高出水硝化效果。

（4）TN：将出水由 25 mg/L 降低至 15mg/L，需要强化现有预处理和生物处理措施，必要时外加碳源提高反硝化效率。如果强化措施依然不能使 TN 达标的话，则需要考虑增加反硝化生物滤池。

综合上述分析，污水处理厂提标首先要立足于挖掘现有处理设施的潜力，在此基础上再针对难以达标的水质指标，增加相应的处理设施，经济合理地使出水达标后排放。

第4章 污水处理单体构筑物设计

污水处理厂的生产性建（构）筑物可以分为污水处理构筑物和污泥处理构筑物两大类。污水处理单体构筑物包括格栅、沉砂池、初沉池、生化池、二沉池等，而污泥处理单体构筑物主要包括污泥浓缩池、污泥消化池、污泥脱水机房等。此外，污水处理厂中还应包括鼓风机房、污水污泥提升泵房、加氯消毒间、投药间等生产辅助类建（构）筑物，现分别加以介绍。

4.1 格　　栅

格栅是由一组平行的金属栅条或筛网制成，安装在污水渠道上、泵房集水井的进口处或污水处理厂前端部，用以截流较大悬浮物或漂浮物，如纤维、碎皮、毛发、果皮、蔬菜、塑料制品等。根据栅条间距不同分为细格栅（<10mm）、中格栅（10~20mm）和粗格栅（>20mm）。

在设计污水处理系统时，一般情况下设粗、细2道格栅。粗格栅设于进水泵房前，其作用是拦截较大的悬浮物或漂浮物，以保护水泵，防止堵塞管件和阀门，保证后续处理构筑物的正常运行。细格栅设在沉砂池前，用于拦截粗格栅未截流的悬浮物或漂浮物，保证后续处理构筑物的正常运行。

截留的栅渣可采用人工清除或机械清除，目前多采用机械清渣。栅渣经螺旋压榨机压缩后由人工外运，而压缩过程产生的污水则输送至污水处理系统前端，和厂内生活污水一起与原污水混合处理。格栅栅条的断面形状有圆形、矩形和方形，目前多采用矩形栅条，常见宽度为10mm。

格栅的设计包括尺寸计算、水力计算、栅渣量计算以及清渣机械的选用等。格栅构造示意图如图4-1所示。

栅槽宽度计算见公式（4-1）。

$$B = S(n-1) + en \qquad (4-1)$$

$$n = \frac{Q_{max}\sqrt{\sin\alpha}}{ehv}$$

式中　B——栅槽宽度，m；

　　　S——栅条宽度，m；

　　　e——栅条间隙，粗格栅 $e = 50~100$mm，中格栅 $e = 10~40$mm，细格栅 $e = 3~10$mm；

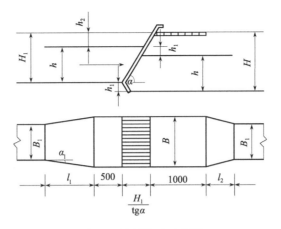

图 4-1 格栅构造示意图

n——格栅间隙数;

$Q_{\max}$——最大设计流量,m^3/s;

α——格栅倾角,度;

h——栅前水深,m;

v——过栅流速,m/s,最大设计流量时为 $0.8 \sim 1.0 m/s$;

$\sqrt{\sin\alpha}$——经验系数。

过栅水头损失见公式(4-2):

$$h_1 = kh_0 \tag{4-2}$$

$$h_0 = \xi \frac{v^2}{2g} \sin\alpha$$

式中 h_1——过栅水头损失,m;

h_0——计算水头损失,m;

g——重力加速度,$9.81 m/s^2$;

k——系数,格栅受污垢堵塞后,水头损失增大的倍数,一般 $k=3$;

ξ——阻力系数,与栅条断面形状有关,$\xi = \beta \left(\dfrac{S}{e}\right)^{4/3}$,当为矩形断面时,

$\beta = 2.42$。

为避免造成栅前雍水,故将栅后槽降低 h_1 作为补偿,见图 4-1。

栅槽总高度见公式(4-3):

$$H = h + h_1 + h_2 \tag{4-3}$$

式中 H——栅槽总高度,m;

h——栅前水深,m;

h_2——栅前渠道超高,m,一般取 0.3m。

59

栅槽总长度见公式（4-4）：

$$L = l_1 + l_2 + 1.0 + 0.5 + \frac{H_1}{\text{tg}\alpha} \tag{4-4}$$

$$l_1 = \frac{B - B_1}{2\text{tg}\alpha_1}$$

$$l_2 = \frac{l_1}{2}$$

$$H_1 = h + h_2$$

式中　L——栅槽总长度，m；

　　H_1——栅前槽高，m；

　　l_1——进水渠渐宽部分长度，m；

　　l_2——栅槽与出水渠连接的渐缩长度，m；

　　B_1——进水渠道宽度，m；

　　α_1——进水渠展开角，一般用 20°。

每日栅渣量计算见公式（4-5）：

$$W = \frac{Q_{\max} W_1 \times 86400}{K_{总} \times 1000} \tag{4-5}$$

式中　W——每日栅渣量，m^3/d，当栅渣量大于 $0.2\ \text{m}^3/\text{d}$ 时都应采用机械清渣；

　　W_1——栅渣量，$\text{m}^3/10^3\text{m}^3$，取 $0.1 \sim 0.01$，粗格栅用小值，细格栅用大值，中格栅用中值；

　　$K_{总}$——生活污水流量总变化系数。

【例】　已知某城市污水处理厂的最大设计污水量 $Q_{\max} = 0.25\text{m}^3/\text{s}$，总变化系数 $K_z = 1.50$，求格栅各部分尺寸。

【解】　栅条的间隙数：设栅前水深 $h = 0.4\text{m}$，过栅流速 $v = 0.8\text{m/s}$，栅条间隙宽度为 $e = 0.03\text{m}$，格栅倾角 $\alpha = 60°$

$$n = \frac{Q_{\max}\sqrt{\sin\alpha}}{ehv} = \frac{0.25 \times \sqrt{\sin 60°}}{0.03 \times 0.4 \times 0.8} = 25\ \text{个}$$

（1）栅槽宽度：设栅条宽度 $S = 0.01\text{m}$

$$B = S(n-1) + bn = 0.01\text{m} \times (25-1) + 0.03\text{m} \times 25 = 0.99\text{m} \approx 1\text{m}$$

（2）进水渠道渐宽部分的长度：设进水渠道宽 $B_1 = 0.65\text{m}$，其渐宽部分展开角度 $\alpha_1 = 20°$（进水渠道内的流速为 0.77m/s）

$$l_1 = \frac{B - B_1}{2\text{tg}\alpha_1} = \frac{1 - 0.65}{2\text{tg}20°}\text{m} = 0.48\text{m}$$

（3）栅槽与出水渠道连接处的渐窄部分长度：

$$l_2 = \frac{l_1}{2} = \frac{0.48}{2}\text{m} = 0.24\text{m}$$

（4）通过格栅的水头损失：设栅条断面是锐边矩形断面

$$h = \beta \left(\frac{S}{b}\right)^{\frac{4}{3}} \frac{v^2}{2g} \sin\alpha k = 2.42 \times \left(\frac{0.01}{0.03}\right)^{\frac{4}{3}} \times \frac{0.8^2}{2 \times 9.8} \times \sin 60° \times 3\text{m} = 0.047\text{m}$$

（5）栅后槽总高度：设栅前渠道超高 $h_2 = 0.3\text{m}$

$$H = h + h_1 + h_2 = 0.4\text{m} + 0.047\text{m} + 0.3\text{m} = 0.75\text{m}$$

（6）栅槽总长度：

$$L = l_1 + l_2 + 0.5 + 1.0 + \frac{H_1}{tg\alpha} = 0.48\text{m} + 0.24\text{m} + 0.5\text{m} + 1.0\text{m} + \frac{0.4 + 0.3}{tg60°}\text{m}$$

$$= 2.62\text{m}$$

（7）每日栅渣量：在格栅间隙 30mm 的情况下，设栅渣量为每 1000m^3 污水产 0.07m^3，$W = \dfrac{Q_{max} W_1 \times 86400}{K_z \times 1000} = \dfrac{0.25 \times 0.07 \times 86400}{1.5 \times 1000}\text{m}^3/\text{d} = 1.008\text{m}^3/\text{d} > 0.2\text{m}^3/\text{d}$ 宜采用机械清渣。

4.2 污水提升泵房

泵房根据构造形式有干式和湿式两种。干式泵房机器间和集水池由隔墙分开，机器间可以经常保持干燥，有利于对水泵的检修和保养，又可避免污水对管件的腐蚀，本书主要介绍干式泵房。

4.2.1 设计原则

污水提升泵房的设计原则是：

（1）应根据远近期污水量，确定潜水泵站的规模。泵站设计流量应与进水管设计流量相同。应明确泵站是一次性建成，还是分期建设，是永久性还是半永久性，以决定其标准和设施。并根据污水经泵站抽升后，出水是入河渠，还是进污水处理厂来选定合适的泵站位置。

（2）在分流制排水系统中，雨水泵房与污水泵房可分建在泵站院内不同的位置，也可以合建在一座构筑物里面，但水泵、集水池和管道应自成系统。

（3）污水泵站的集水池与机器间全建在同一构筑物内时，集水池和机器间须用防水隔墙分开，不允许渗漏，作法按结构设计规范要求；集水池与机器间分建时要保持一定的施工距离，避免不均匀沉降，其中集水池采用圆形，机器间多采用方形。

（4）泵站地下构筑物不允许地下水渗入，应设有高出地下水位 0.5m 的防水措施，作法见《给水排水工程结构设计规范》GBJ 69-84。

（5）注意减少对周围环境的影响，结合当地条件，使泵站与居住房屋和公共建筑保持一定的距离，院内须加强绿化，尽量做到庭院园林化，四周建隔

61

离带。

4.2.2 集水池

集水池与机器间合建时应做成封闭式，池内设通气管，通向池外，并将管口做成弯头或加罩，高出室外地面至少 0.5m，以防雨水或杂物入内。有条件时，可在通气管上加生物填料的防臭措施。

集水池的设计：

（1）全日制运行的污水泵房，集水池容积是根据工作水泵机组停车时启动备用机组所需的时间来计算的，也就是由水泵开停次数决定的。当水泵机组为人工管理时，每小时水泵开停次数不宜多于 3 次，当水泵机组为自动控制时，每小时开启次数由电机性能决定。由于现阶段还不能排除人工管理，所以污水泵站的集水池有效容积一般按不小于 1 台泵的 5min 提升出水量计算。

（2）小型污水泵房，由于夜间流量很小，通常在夜间停止运行，在这种情况下，集水池的容积必须能容纳夜间的流量。

（3）集水池的容积在满足安装格栅、吸水管的要求、保证水泵工作时的水力条件及能够及时将流入污水抽走的前提下，应尽量小些，以降低造价，减轻污染物的沉积腐化。

（4）集水池清池排空设施：集水池一般设有污泥斗，池底做成不小于 0.01 的斜坡，坡向泥斗。从平台到池底，应设供上下用的扶梯。平台上应有供吊泥用的梁勾、滑车。

4.2.3 选泵过程

污水泵房设计流量按最大日最大时流量计算，并应以进水管最大充满度的设计流量为准。

1. 水泵扬程估算

水泵全扬程 H 计算公式见式（4-6）：

$$H \geqslant H_1 + H_2 + h_1 + h_2 + h_3 \tag{4-6}$$

$$h_1 = \xi_1 \frac{v_1^2}{2g}$$

$$h_2 = \xi_2 \frac{v_2^2}{2g}$$

式中　H——水泵全扬程，m；

H_1——吸水地形高度，m，为集水池经常水位与水泵轴线标高之差；其中经常水位是集水池运行中经常保持的水位，在最高与最低水位之间，由泵站管理单位根据具体情况决定；一般可采用平均水位；

H_2——压水地形高度，m，为水泵轴线与经常提升水位之间高差；其中经常提升水位一般用出水正常高水位；

h_1——吸水管水头损失，m，一般包括吸水喇叭口、90°弯头、直线段、闸门、渐缩管等；

h_2——出水管水头损失，m，一般包括渐扩管、止回阀、闸门、短管、90度弯头（或三通）、直线段等；

ξ_1、ξ_2——局部阻力系数；

v_1——吸水管流速，m/s；

v_2——出水管流速，m/s；

h_3——安全水头，m，估算扬程时可按 0.5～1.0m 计，详细计算时应慎用，以免工况点偏移，见图 4-2。

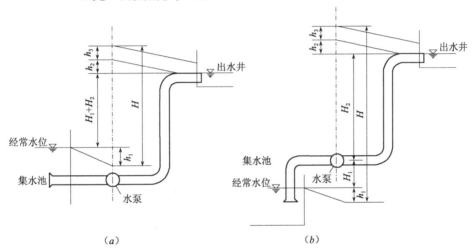

图 4-2　水泵扬程示意图
（a）自灌式；（b）非自灌式

2. 选泵考虑的因素

选泵时考虑的因素主要有：

（1）设计水量、水泵全扬程的工况点应靠近水泵的最高效率点。

（2）由于水泵在运行过程中，集水池中的水位是变化的，所选水泵在这个变化范围内应处于高效区。

（3）当泵站内设有多台水泵时，选择水泵应当注意不但在联合运行时，而且在单泵运行时都应在高效区。

（4）尽量选用同型号水泵，方便维护管理；水量变化大时，水泵台数较多时，采用大小水泵搭配较为合适。

（5）远期污水量发展的泵站，水泵要有足够的适应能力。

（6）污水泵站尽量采用污水泵，并且根据来水水质，采用不同的材质。

3. 常用污水泵

常用的污水泵如下：

（1）WL、WTL 型立式污水泵（又称无堵塞立式污水泵）。

（2）MN、MR 型立、卧式污水泵。

（3）PW、PWL 型卧、立式污水泵。

（4）WQ 型潜水污泵。

（5）F 型耐腐蚀污水泵。

其中，无堵塞污水泵及潜水污水泵均为无堵塞、防缠绕叶轮采用单流道、双流道结构，污物通过能力好；MN 及 MF 系列污水泵的优点是能输送含固体颗粒及纤维材料的污水；PW 及 PWL 型是传统污水泵。各种水泵均有较宽的性能范围。

4. 污水泵站的调速运行

在污水泵站中，使用微机控制变速与定速水泵组合运行，可以保持进水水位稳定，降低能耗、提高自动化程度，是一项节能的有效方法。

在定速泵站、水泵按额定转速运行，工况点随着进出水水位的变化，只能沿着一条流量—扬程曲线推移，流量调节的范围很窄，无法保证高效；水泵的变速运行是利用调节转速的手段，扩展水泵特性曲线，增加工况点，使一台定速水泵发挥出符合比例定律的一组大小不同水泵的作用。

调速电动机的数量可根据水泵的总台数，来水量变化曲线及水泵压力管路的特性曲线选用，一般常用一台调速电动机配一台水泵，与一台或多台常速电动机配备的水泵同时运转较宜。常速电动机所配水泵每台的容量应小于变速电动机所配水泵最高速率运转时的容量，两者配合运行可较稳定。

5. 水泵启动方式

（1）自灌式

污水泵站为常年运转，采用自灌式较多，启动及时，管理简便，尤其对开停比较频繁的泵站，使用自灌式较好。

（2）非自灌式

在泵站深度大、地下水位高的情况下，可采用非自灌式污水泵站。大中型泵站可采用真空泵启动，为减少真空泵的开停次数，亦可采用加真空罐的办法。中小型泵站可采用密闭水箱、泵前水柜引水，或"鸭管式"无底阀引水。

4.2.4 泵房形式选择

1. 泵房形式选择的条件

（1）由于污水泵站一般为常年运转，大型泵站多为连续开泵，小型泵站除连续开泵运转外，亦有定期开泵间断性运转，故选用自灌式泵房较方便。只有在特殊情况下才选用非自灌式泵房。

（2）流量＜2m³/s时，常选用下圆上方形泵房，其设计和施工均有一定经验，故被广泛选用。

（3）大流量的永久性污水泵房，一般选用矩形（或组合形）泵房，由于工艺布置合理，所以管理方便。

（4）分建与合建式泵房的选用，一般自灌启动时应采用合建式泵房；非自灌启动或因地形地物受到一定限制时，可采用分建式泵房。

（5）日污水量在500m³以下时，如某些仓库、铁路车站或人数不多的单位、宿舍，可选用较简便的小型泵站。

2. 小型污水泵站组成

（1）沉渣井

沉渣井直径为1m，沉渣部分深度0.5～1.0m，有效沉渣容积可达0.7m³，清掏工作可在地面进行。与集水池连通之进水管处设铁箅子。

（2）集水池

集水池直径为3m；容积为10m³，比规范一般规定较大，主要考虑平时可不设值班人员，定期开泵。集水池有效深度为1.5m，为满足水泵吸程，要求集水池自最低水位至泵轴不超过5.5m。池内设通风孔，通至室外。上下设人孔、爬梯。

（3）水泵间

水泵间设在集水池上，采用2台50WL-12型或65WL-12型液下立式污水泵$\left(或采用2\frac{1}{2}PWL型立式污水泵\right)$，其中1台工作1台备用。水泵间顶部装有起吊用钢梁，墙壁设通气孔、烟道孔。

（4）出水井：出水井在寒冷地区为了便于养护，出水井可设成以门与泵房连通的防冻井。

（5）值班室、配电间，可根据需要设置，操作分手动、电动2种。

【例】 已知：

（1）设计流量取$Q=450L/s$，进水管管底标高为39.575m；

（2）出水管提升后排入灌渠，灌渠水面52.00m；

（3）进水管管径为DN700，充满度$\frac{H}{DN}=0.75$，坡度$i=0.0015$，流速为$v=0.98m/s$；

（4）泵房位置不受洪水淹没，原地面标高为44.50m；

（5）地质条件为砂黏土，地下水位高程为40.00m～38.00m，土壤冰冻深度为0.7m；

（6）供电电源为单电源。设有溢流口，在停电或者发生故障时，可溢流至附近的排洪沟，沟底标高为40.10m（如图4-3）。

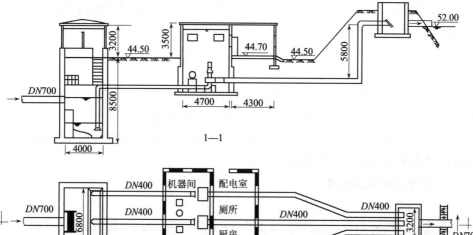

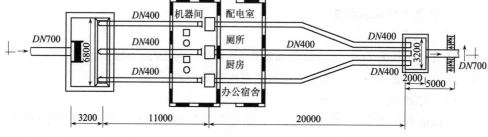

图4-3 污水泵房示意图（单位：mm）

【解】

（1）按进水管设计流量：$Q = 450L/s$，考虑4台水泵（3用1备），每台水泵的容量为$\frac{450}{3}L/s = 150L/s$。

（2）集水池与机器间合建式的方形泵站，集水池容积，采用相当于1台泵6min的容量：

$$W = \frac{150 \times 60 \times 6}{1000}m^3 = 54m^3$$

有效水深采用$H = 2m$，则集水池面积为$F = \frac{54}{2.0}m^2 = 27m^2$。

集水池尺寸：宽度采用4m，长度为27/4m = 6.8m。

经过格栅的水头损失为0.1m。

集水池正常工作水位与所需提升经常高水位之间的高差为：

$$52m - (39.575 + 0.7 \times 0.75 - 0.1 - 2.0/2)m = 13m$$

出水管管线水头损失：按照每台泵$Q = 150L/s$，选用管径$DN400$的铸铁管。已知DN和Q，查得：$1000i = 5.04$，$v = 1.19m/s$。

出水管的水头损失：沿程损失为$(5.8 + 20) \times 0.00504m = 0.13m$；局部损失按沿程损失的30%计，为$0.13 \times 0.3m = 0.039m$。

吸水管的水头损失为：沿程损失为$(4.5 + 11) \times 0.00504m = 0.078m$；局部损失按沿程损失的30%计，为$0.078 \times 0.3m = 0.023m$。

吸水管吸程按5.2m计。

则泵轴高程为：38.00m + 5.2m − 0.078m − 0.023m = 43.1m。

吸水管水平段高程为：43.1m − 0.41m − 0.4m = 42.30m。其中，0.41m 为泵轴至压水管中心高差，0.40m 为压水管至吸水管中心高差。

总扬程：52.00m + 0.7m − 0.2m − 38.00m − 1m + 0.078m + 0.023m + 0.13m + 0.039m = 13.80m。

选泵：选用 8PWL 型立式泵，流量为 $Q = 150L/s$，扬程为 $H = 15.5m$，真空度为 $Hs = 6m$。

水泵进口 $DN250$，水泵出口 $DN200$；功率为 40kW。

对水泵总扬程及吸程进行核算，核算过程如下：

（3）吸水高度如公式（4-7）所示：

$$H_s = H'_s + (H_q - 10) - h_1 - \frac{v_1^2}{2g} + (0.24 - H_z) \tag{4-7}$$

式中　H_s——吸水高度，m；

H'_s——泵样本吸水真空高度，m；

H_q——大气压力水头，m；

H_z——饱和蒸汽压力水头，m；

g——重力加速度 9.81，m/s²；

v_1——水泵吸入口的流速，m/s；

h_1——吸水管路全部水头损失，m。

$$h_1 = il + \sum \xi \frac{v_1^2}{2g}$$

i——水力坡降，无量纲；

l——管道长度，m；

$\sum \xi$——局部阻力系数之和。

$\sum \xi_{吸}$ 统计：

1 个吸水喇叭口 $DN400$，$\xi = 3$；

2 个 90°弯头 $DN400$，$\xi = 0.6$；

偏心渐缩管 $DN400 \times DN250$，$\xi = 0.19$；

$$h_1 = 0.00504 \times (4.5 + 11)m + (3 + 2 \times 0.6 + 0.19) \times \frac{1.19^2}{2 \times 9.81}m = 0.39m$$

$$H_s = H'_s + (H_q - 10) - h_1 - \frac{v_1^2}{2g} + (0.24 - H_z)$$

$$= 6m + (10.25 - 10)m - 0.39m - \frac{1.19^2}{19.62}m + (0.24 - 0.24)m$$

$$= 5.79m < H_s = 6m$$

故所选水泵满足吸水安装高度。

（4）总扬程如公式（4-8）所示：

$$H = h_1 + h_2 + h_3'$$ 　　　　　　　　　　（4-8）

式中　h_2——出水管路全部水头损失，m；

　　　h_3'——集水池最低水位与灌渠水位差。

$\sum \xi_{出}$：

偏心渐扩管 $DN250 \times DN400$，$\xi = 0.24$

2 个 90°弯头 $DN400$，$\xi = 0.48$；2 个 45°弯头 $DN400$，$\xi = 0.30$；1 个拍门，$\xi = 1.7$

$$h_2 = 0.0046 \times (20 + 5.8)\,\text{m} + (0.24 + 0.48 \times 2$$
$$+ 1.7 + 0.3 \times 2) \times \frac{1.19^2}{19.62}\,\text{m} = 0.378\,\text{m}$$

$$h_3' = h_3 + D = (52 - 38)\,\text{m} + (0.7 - 0.2)\,\text{m} = 14.5\,\text{m}$$

$$H = 0.39 + 0.378 + 14.5 = 15.268\,\text{m} < 15.5\,\text{m}$$

故所选水泵满足提升要求。

4.3　沉砂池

沉砂池通常设置在细格栅后，以去除进水中的砂子、煤渣等比重较大的无机颗粒；保护水泵叶轮和管道不被磨损；避免砂粒占据处理构筑物的有效容积；保证后续处理构筑物及设备的正常运行。

沉砂池的工作原理是重力分离，控制进水的流速使比重较大的无机颗粒下沉，而比重较小的无机颗粒以及有机悬浮颗粒则被水流带走。

沉砂池可分为平流式、竖流式和曝气沉砂池三种主要形式。竖流式沉砂池是污水自下而上由中心管进入池内，无机颗粒借助重力沉于池底，处理效果较差，很少在污水厂中使用。目前国内外普遍采用的是平流式沉砂池、曝气沉砂池、旋流式沉砂池（钟氏及比氏）等。传统的平流式沉砂池越来越多地被曝气沉砂池所代替；而旋流式沉砂池则越来越多地在城市污水处理厂中得到应用。

4.3.1　平流式沉砂池

平流式沉砂池采用分散性颗粒的沉淀理论设计，只有当污水在沉砂池中的停留时间大于等于砂粒沉降时间，才能够实现砂粒的截留。因此，沉砂池的池长按照水流的水平流速和砂粒在污水中的停留时间来确定。

平流式沉砂池的上部实际是加宽的明渠，池体的前后两端各设有闸门以控制水流进出；池子底部设有 1～2 个砂斗，砂斗下接排砂管。如图 4-4 是典型的平流式沉砂池构型。

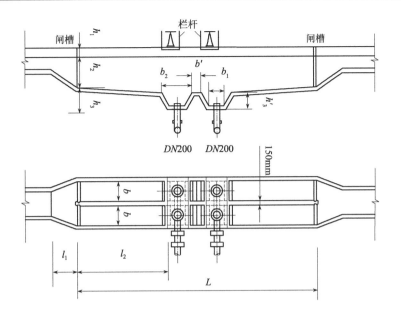

图 4-4 平流式沉砂池示意图

4.3.2 曝气沉砂池

曝气沉砂池的常见构造如图 4-5 所示。

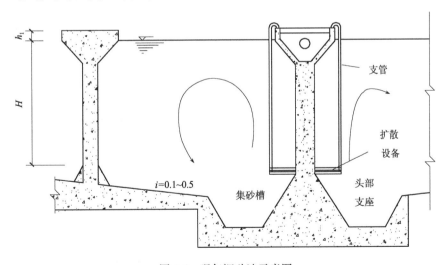

图 4-5 曝气沉砂池示意图

曝气沉砂池是在一个长形廊道的一侧安装曝气装置，池底设有沉砂斗，并有 0.1~0.5 的坡度以利于砂粒滑入砂斗。必要时可在曝气的一侧安装挡板来形成旋流作用。

污水经过沉砂池存在两种运动形式,一是水流原来的水平流动,同时由于曝气作用,水流在横断面上形成旋转运动,因此水流整体上产生螺旋前进的运动形式。由于曝气及水流的旋转作用,污水中的悬浮颗粒相互碰撞、摩擦,并受到上升气泡的冲刷作用,使粘附在砂粒上的有机物得以分离并被水流带走,减少了对污水中有机物含量的损失。最终沉于池底的砂粒较为纯净,有机物的含量只有5%左右,长期搁置也不会发生腐败。

实际运行中,可以通过调节空气供给量来调节曝气强度,从而控制池中污水的旋流速度。曝气沉砂池的这一特点,使其具有良好的耐冲击性,对于流量波动较大的污水处理厂较为适用。

4.3.3　旋流沉砂池

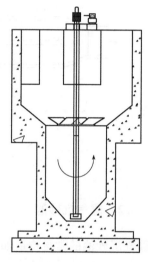

图 4-6　旋流沉砂池示意图

近年来新建的污水处理厂中,旋流式沉砂池得到了越来越多的应用。

旋流式沉砂池是通过旋流式水流的剪切力将无机颗粒表面的有机物去除,实现砂粒与粘附其上的有机污染物的分离,沉砂中有机物含量较低。

沉砂由砂泵经砂抽吸管和排砂管清洗后排除,清洗水回流至沉砂区,净砂卸入汽车外运。图4-6所示是一种比较典型的旋流沉砂池。

平流式沉砂池、曝气沉砂池和旋流式沉砂池的特点及适用场合如表4-1所示。

目前常用沉砂池的特点及适用场合　　　　　　　　　表 4-1

池型	优　　点	缺　　点	适用场合
平流式	截留效果好,工作稳定,构造简单	当进水波动较大时,对砂粒的去除效果很难保证。同时由于不具备分离砂粒上有机物的能力,对于脱除的砂粒必须进行专门的砂洗	一般的城市污水处理厂
曝气沉砂池	可以通过调节曝气量来控制污水的旋流速度,有良好的耐冲击性,除砂效果受流量变化的影响较小;通过曝气形成水的旋流产生洗砂作用,有利于实现砂粒与粘附其上的有机物的分离,避免脱除的沉砂发生腐败,利于沉砂的干燥脱水;对污水起到预曝气、脱臭、防止污水发生厌氧分解	实际运行中曝气量的调节难以掌握,气量过大虽能将砂粒冲洗干净,却会降低细小砂粒的去除率;过小又无法保证足够的旋流速度,起不到曝气沉砂的作用。实际运行中往往会存在过度曝气的问题,浪费能量。另外,曝气沉砂池的操作环境较差,特别是夏季对空气的污染较大。此外,如果不设消泡设施,可能会有泡沫产生溢出池体污染环境	当主体生物处理工艺对有机物的含量有要求时(如厌氧法、生物脱氮除磷等);水量变化较大的污水处理厂,目前较常用

续表

池型	优　点	缺　点	适用场合
旋流式沉砂池	占地省、操作环境好、设备运行可靠、除砂效率高，有利于实现砂粒与有机物分离	对进水流速有一个范围要求，对于水量的变化有较严格的适用范围，以保证砂粒不沉积。对细格栅的运行效果要求较高，如果格栅运行不正常，带入的布条、树枝等易导致搅拌桨的损坏、排砂设备及管路的堵塞，导致设备无法正常运行。由于目前国内采用的旋流沉砂池多为国外产品，造价较高	目前较常用，尤其适用于主体工艺对有机物的含量有要求的场合（如厌氧法、生物脱氮除磷等）

4.3.4 沉砂池的设计计算

1. 设计原则

（1）城市污水处理厂一般均应设沉砂池。

（2）沉砂池的设计流量：

1）当污水自流进入时，应按最大设计流量计算；

2）当污水由泵房提升进入时，应按水泵的最大组合流量计算。

（3）沉砂池的个数或分格数不应少于2个，并应按并联方式设计。当污水量较小时，可一格工作，一格备用。

（4）城市污水的沉砂量可按 $30m^3$ 沉砂/（$10^4 m^3$ 污水）计算，含水率为 60%，密度为 $1500kg/m^3$。

（5）砂斗容积应按不大于 2d 的沉砂量计算，斗壁与水平面的倾角不宜小于55°。

（6）除砂一般采用机械方法，排砂管直径不应小于200mm。

（7）沉砂池的超高不宜小于 0.3m。

2. 平流式沉砂池设计计算

（1）设计参数

1）最大流速为 0.3m/s，最小流速为 0.15m/s；

2）最大流量时停留时间不小于 30s，一般采用 30~60s；

3）有效水深不应大于 1.2m，一般采用 0.25~1m，每格宽度不宜小于 0.6m；

4）进水头部都应采取消能和整流措施；

5）池底坡度一般为 0.01~0.02，当设置除砂设备时，可根据设备要求考虑池底形状。

（2）设计计算

当有砂粒沉降资料时，可按砂粒平均沉降速度计算。而在一般情况下没有砂粒沉降资料时，按照以下方法进行计算，各符号参见图4-4：

1）池长 L

$$L = vt \qquad (4\text{-}9)$$

式中　v——最大设计流量时的流速，m/s；

　　　t——最大设计流量时的停留时间，s。

2）水流断面积 A

$$A = Q_{\max}/v \qquad (4\text{-}10)$$

式中　$Q_{\max}$——最大设计流量，m^3/s。

3）池宽 B

$$B = A/h_2 \qquad (4\text{-}11)$$

式中　h_2——设计有效水深，m。

4）贮砂斗所需容积 V

$$V = \frac{Q_{\max} XT \cdot 86400}{K_z \cdot 10^6} \qquad (4\text{-}12)$$

式中　X——城市污水的沉砂量，一般采用 $30m^3/(10^6 m^3 \text{污水})$；

　　　T——排除沉砂的间隔时间，d；

　　　K_z——生活污水流量的总变化系数。

5）贮砂斗尺寸计算

可以通过关于 h'_3 和 b_2 的方程组来求解。

设贮砂斗底宽 $b_1 = 0.5m$，斗壁和水平面的夹角为 60°，则贮砂斗的上口宽 b_2 为：

$$b_2 = \frac{2h'_3}{\text{tg}60°} + b_1 \qquad (4\text{-}13)$$

贮砂斗的高度 h'_3：

$$h'_3 = \frac{3V}{S_1 + S_2 + \sqrt{S_1 S_2}} \qquad (4\text{-}14)$$

式中　S_1，S_2——分别为贮砂斗上口和下口的面积，m^2。

6）贮砂室的高度 h_3

设采用重力排砂，池底坡度为 6% 坡向砂斗，则：

$$h_3 = h'_3 + 0.06 l_2 = h'_3 + 0.06(L - 2b_2 - b')/2$$

7）池总高度 h

$$h = h_1 + h_2 + h_3$$

式中　h_1——超高，m。

8）验算最小流速 $v_{\min}$

$$v_{\min} = \frac{Q_{\min}}{n_1 A_{\min}} \qquad (4\text{-}15)$$

式中　$Q_{\min}$——最小设计流量，m^3/s；

n_1——最小流量时工作的沉砂池数目，个；

A_{min}——最小流量时沉砂池的水流断面面积，m^2。

【例】 已知某城市污水处理厂的最大设计流量为 $Q_{max} = 0.25 m^3/s$，最小设计流量为 $Q_{min} = 0.10 m^3/s$，总变化系数 $K_z = 1.50$，求平流沉砂池（见图4-4）各部分尺寸。

【解】 设 $v = 0.25 m/s$，$t = 40s$

池体长度：
$$L = vt = 0.25 \times 40 m = 10 m$$

（1）水流断面积：
$$A = \frac{Q_{max}}{v} = \frac{0.25}{0.25} m^2 = 1 m^2$$

（2）池总宽度：设 $n = 2$ 格，每个格宽 $b = 0.6 m$
$$B = nb = 2 \times 0.6 m = 1.2 m$$

（3）有效水深：
$$h_2 = \frac{A}{B} = \frac{1.0}{1.2} m = 0.84 m$$

（4）沉砂室所需容积：设 $T = 2d$，
$$V = \frac{Q_{max} XT \times 86400}{K_z \times 10^6} = \frac{0.25 \times 30 \times 2 \times 86400}{1.5 \times 10^6} m^3 = 0.87 m^3$$

（5）每个沉砂斗容积：设每一分格有 2 个沉砂斗，
$$V_0 = \frac{0.87}{2 \times 2} m^3 = 0.22 m^3$$

（6）沉砂斗各个部分尺寸：设斗宽 $b_1 = 0.5 m$，斗壁与水平面的倾角为 55°，斗高 $h_3' = 0.35 m$。

沉砂斗上口宽：
$$b_2 = \frac{2h_3'}{tg55°} + \alpha_1 = \frac{2 \times 0.35 m}{tg55°} + 0.5 m = 1.0 m$$

沉砂斗容积：
$$V_0 = \frac{h_3'}{6}(2b_2^2 + 2b_1 b_2 + 2b_1^2) = \frac{0.35}{6}(2 \times 1^2 + 2 \times 1 \times 0.5 + 2 \times 0.5^2) m^3 = 0.2 m^3$$

（7）沉砂室高度：采用重力排砂，设池底坡度为 0.06，坡向砂斗，
$$h_3 = h_3' + 0.06 l_2 = 0.35 m + 0.06 \times 2.65 m = 0.51 m$$

（8）池总高度：设超高 $h_1 = 0.3 m$，
$$H = h_1 + h_2 + h_3 = 0.3 m + 0.84 m + 0.51 m = 1.65 m$$

（9）验算最小流速：在最小流量时，只用一格工作（$n_1 = 1$）
$$v_{min} = \frac{Q_{min}}{n_1 \omega_{min}} = \frac{0.125}{1 \times 0.6 \times 0.84} m/s = 0.25 m/s > 0.15 m/s$$

3. 曝气沉砂池

（1）设计参数

1）旋流速度应保持 0.25 ~ 0.30 m/s；

2）水平流速为 0.1m/s；

3）最大流量时停留时间为 1～3min；

4）有效水深为 2～3m，宽深比一般采用 1～1.5；

5）长宽比可达 5，当池长比池宽大得多时，应考虑设置横向挡板；

6）每 1m³ 污水的曝气量为 0.2m³ 空气；

7）空气扩散装置设在池的一侧，距池底约 0.6～0.9m，送气管应设置调节气量的闸门；

8）池子的形状应尽可能不产生偏流或死角，在集砂槽附近可安装纵向挡板；

9）池子的进口和出口布置，应防止发生短路，进水方向应与池中旋流方向一致，出水方向应与进水方向垂直，并宜考虑设置挡板；

10）池内应考虑设消泡装置。

（2）设计计算

1）池子总的有效容积 V

$$V = Q_{max}t \tag{4-16}$$

式中　Q_{max}——最大设计流量，m^3/s；

　　　t——最大设计流量时的停留时间，s。

2）水流断面积 A

$$A = Q_{max}/v_1 \tag{4-17}$$

式中　v_1——最大设计流量时的水平流速，一般采用 0.08～0.12m/s。

3）池总宽度 B

$$B = A/h_2 \tag{4-18}$$

式中　h_2——设计有效水深，m。

4）池长 L

$$L = V/A \tag{4-19}$$

5）每小时所需空气量 q

$$q = dQ_{max} \cdot 3600 \tag{4-20}$$

式中　d——每 1m³ 污水所需空气量，一般采用 0.2 m³/（m³ 污水）。

【例】　已知某城市污水处理厂的最大设计流量为 $Q_{max} = 1.5m^3/s$，求曝气沉砂池各部分尺寸（见图4-7）。

【解】

（1）池子总有效容积：设 $t = 2min$，

$$V = Q_{max}t \times 60 = 1.5 \times 2 \times 60 = 180m^3$$

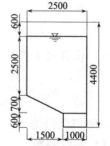

图 4-7　曝气沉砂池示意图
（单位：mm）

（2）水流断面积：$A = \dfrac{Q_{max}}{v} = \dfrac{1.5}{0.1} = 15\text{m}^2$

（3）沉砂池设 2 个格，每格断面尺寸如图 4-7 所示，池宽为 2.5m，池底坡度为 0.5，超高为 0.6m，全池总高为 4.4m。

（4）池长：$L = \dfrac{V}{A} = \dfrac{180}{15} = 12\text{m}$

（5）每格沉砂池沉砂斗容量：$V_0 = 0.6 \times 1.0 \times 12 = 7.2\text{m}^3$

（6）每格沉砂池实际沉砂量：设含砂量为 $20\text{m}^3/10^6\text{m}^3$ 污水，每 2 天排砂 1 次，

$$V_0' = \dfrac{20 \times 0.6}{10^6} \times 86400 \times 2\text{m}^3 = 2.1\text{m}^3 < 7.2\text{m}^3$$

（7）每小时所需的空气量：设曝气管浸水深度为 3.0m，单位池长所需空气量为 $28\text{m}^3/(\text{h}\cdot\text{m})$，

$$q = 28 \times 12 \times (1 + 15\%) \times 2\text{m}^3 = 772.8\text{m}^3$$

式中（1 + 15%）为考虑到进出口条件而增加的池长。

4. 旋流沉砂池

（1）设计参数

1）最大流速为 0.10m/s，最小流速为 0.02m/s；

2）最大流量时，停留时间不小于 20s，一般采用 30~60s；

3）进水管最大流速为 0.3m/s。

（2）设计计算

1）进水管直径 d

$$d = \sqrt{\dfrac{4Q_{max}}{\pi v_1}} \tag{4-21}$$

式中　d——进水管直径，m；

　　　v_1——污水在中心管内的流速，m/s；

　　Q_{max}——最大设计流量，m^3/s。

2）沉砂池直径 D

$$D = \sqrt{\dfrac{4Q_{max}(v_1 + v_2)}{\pi v_1 v_2}} \tag{4-22}$$

式中　D——沉砂池直径，m；

　　　v_1——污水在中心管内的流速，m/s；

　　　v_2——池内水流上升流速，m/s。

3）水流部分高度 h_2

$$h_2 = v_2 t \tag{4-23}$$

4）沉砂部分所需容积 V

$$V = \frac{Q_{max} X T 86400}{K_z 10^6}$$　　　　　　　　　　（4-24）

式中　V——沉砂部分所需容积，m^3；

　　　X——城市污水沉砂量；

　　　T——2 次清除沉砂相隔的时间，d；

　　　K_z——生活污水流量总变化系数。

　5）圆截锥部分实际容积 V_1

$$V_1 = \frac{\pi h_4}{3}(R^2 + Rr + r^2)$$　　　　　　　　　（4-25）

式中　V_1——圆锥部分容积，m^3；

　　　h_4——沉砂池锥底部分高度，m；

　　　R——锥底上口半径，m；

　　　r——锥底下口半径，m。

　6）池总高度 H

$$H = h_1 + h_2 + h_3 + h_4$$　　　　　　　　　　（4-26）

式中　H——池总高度，m；

　　　h_1——超高，m；

　　　h_3——中心管底至沉砂砂面的距离，一般采用 0.25m。

设计手册中提供了旋流沉砂池的设计参数表（见表4-2），供参考。

旋流沉砂池规格参数表						表 4-2
设计水量（$\times 10^4 m^3/d$）	0.38	0.95	1.50	2.65	4.5	7.6
沉砂池直径（m）	1.83	2.13	2.44	3.05	3.66	4.88
沉砂池深度（m）	1.12	1.12	1.22	1.45	1.52	1.68
砂斗直径（m）	0.91	0.91	0.91	1.52	1.52	1.52
砂斗深度（m）	1.52	1.52	1.52	1.68	2.03	2.08
驱动机构（W）	0.56	0.86	0.86	0.75	0.75	1.5
桨板转速（r/min）	20	20	20	14	14	13

4.4　初次沉淀池

　　初次沉淀池简称初沉池，用于生物处理法中作预处理，去除比重较大的有机悬浮固体。对于一般的城市污水，初沉池可以去除大约30%的有机物和55%的悬浮物。

　　初沉池有五个部分组成，即进水区、出水区、沉淀区、贮泥区和缓冲区。进水区和出水区的功能是使水流的进入与流出保持均匀平稳，以提高沉淀效率。贮泥区起贮存、浓缩、排放污泥的作用。缓冲区介于沉淀区和贮泥区之间，作用是避免水流带走沉在池底的污泥。

初沉池按水流方向来区分有平流式、竖流式和辐流式 3 种，其结构剖面如图 4-8～图 4-10 所示。

各种初沉池的特点和适用场合见表 4-3。

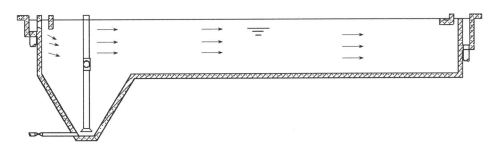

图 4-8　平流沉淀池

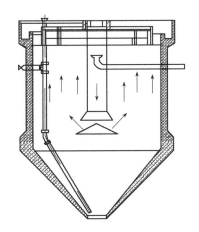

图 4-9　竖流沉淀池

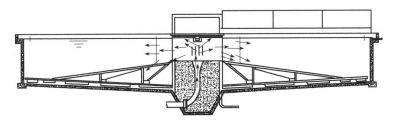

图 4-10　辐流沉淀池

77

各种初沉池的特点和适用条件　　　　　　表4-3

池型	优　点	缺　点	适用场合
平流式	沉淀效果好；对水量变化适应能力强；施工简单，造价较低	池子配水不易均匀；采用多斗排泥时，每个泥斗单设排泥管和排泥泵，操作量大	适用于地下水位较高的地区；适用于大型、中型、小型污水处理厂
竖流式	排泥方便，管理简单，占地面积较小	池子深度大，施工困难；对水量变化适应能力较差；造价较高；池径不宜过大	适用于处理水量不大的小型污水处理厂
辐流式	多为机械排泥，运行较好，管理较简单，排泥设备已趋定型	沉淀效果不如平流式好，机械排泥设备复杂，对施工质量要求高	适用于地下水位较高的地区；适用于大型、中型污水处理厂

4.4.1　初沉池的设计原则

（1）初沉池的设计流量：

1）当污水自流进入时，应按最大设计流量计算；

2）当污水由泵房提升进入时，应按水泵的最大组合流量计算。

（2）初沉池的个数或分格数不应少于2个，并应按并联方式设计。

（3）当无实测资料时，城市污水初沉池的设计数据可参照表4-4选用。

初沉池的设计参数　　　　　　表4-4

沉淀池类型	沉淀时间 （h）	表面水力负荷 （$m^3/(m^2 \cdot h)$）	污泥量（干物质） （g/(人·d)）	污泥含水率 （%）
初沉池	1.0～2.0	1.5～3.0	14～25	95～97
二沉池	1.5～2.5	1.0～1.5	7～19	99.2～99.6

（4）初沉池的超高至少采用0.3m。

（5）当表面负荷一定时，有效水深和沉淀时间之比也是定值，即 $H/t = q'$。一般而言沉淀时间不小于1h，有效水深采用2～4m。对辐流式初沉池，有效水深指池边水深。

初沉池的有效水深（H）、沉淀时间（t）与表面负荷（q'）的关系见表4-5。

有效水深、沉淀时间与表面负荷的关系　　　　　　表4-5

表面负荷 q' （$m^3/(m^2 \cdot h)$）	沉淀时间 t（h）				
	$H=2.0m$	$H=2.5m$	$H=3.0m$	$H=3.5m$	$H=4.0m$
2.0	1.0	1.25	1.5	1.75	2.0
1.5	1.33	1.67	2.0	2.33	2.67
1.0	2.0	2.5	3.0	3.5	4.0

（6）初沉池的缓冲层高度，一般采用 0.3~0.5m。

（7）污泥斗的斜壁与水平面的倾角，方斗不宜小于 60°，圆斗不宜小于 55°。

（8）初沉池的污泥区容积一般按不大于 2 日的污泥量计算，采用机械排泥时，可按 4h 污泥量计算。

（9）排泥管直径不应小于 200mm。

（10）初沉池的污泥一般采用静水压力排除，静水头不应小于 1.5m。

（11）初沉池应设置撇渣设施。

（12）初沉池的入口和出口均应采取整流措施。

（13）初沉池出水堰最大负荷不宜大于 2.9L/（s·m）。

（14）当每组初沉池有 2 个池以上时，为使每个池的入流量均等，应设置调节阀门，以调整流量。

（15）排泥管一般采用铸铁管，在水面以下 1.5~2.0m 处接水平排出管，污泥由静水压力排出池外。

（16）对一般的城市污水，初沉池的常见设计尺寸如表 4-6 所示。

矩形和圆形初沉池的常见尺寸 表 4-6

池　　型	尺　　　　寸	
	范　　围	常　　见
矩形池		
池深（m）	3.0~5.0	3.6
池长（m）	15~90	25~40
池宽（m）	3~24	6~10
圆形池		
池深（m）	3.5~5.0	4.5
直径（m）	3.6~60	12~45
底坡（1‰）	60~160	80

4.4.2 初沉池的设计计算

1. 平流式初沉池

池型呈长方形，废水从池的一端流入，水平方向流过池子，从池的另一端流出。在池的进口处底部设储泥斗，其他部位池底有坡度，倾向储泥斗，见图 4-4。

（1）设计参数

1）池子的长宽比不小于 4，以 4~5 为宜。当长宽比过小时，池内水流的均匀性差，容积效率低，影响沉降效果。大型沉淀池可考虑设导流墙。

2）采用机械排泥时，池子宽度根据排泥设备确定。

3）池子的长深比一般采用 8~12。

4）池底坡度：采用机械刮泥时，不小于 0.005，一般采用 0.01~0.02。

5）进出口处应设置挡板，高出池内水面0.1~0.15m。挡板淹没深度，在入口处不小于0.25m，一般为0.5~1.0m；出口处一般为0.3~0.4m。挡板位置距离进水口为0.5~1.0m，距出水口0.25~0.5m。

6）入口的整流措施：如图4-11所示，可采用溢流式入流装置，并设置多孔整流墙（穿孔墙）；底孔式入流装置，底部设有挡流板；淹没孔与挡流板的组合；淹没孔与有孔整流墙的组合。有孔整流墙的开孔面积为池断面面积的6%~20%。

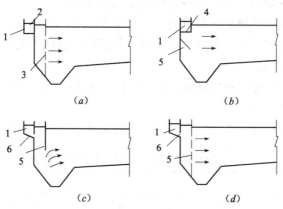

图4-11 平流式初沉池入口的整流措施

1——进水槽；2——溢渣堰；3——有孔整流墙；4——底孔；5——挡流板；6——潜孔

7）出口的整流措施可采用溢流式集水槽。其中锯齿形三角堰应用最普遍，水面宜位于齿高的1/2处。为适应水流的变化或构筑物的不同沉降，在堰上处需设置使堰板能上下移动的调整装置。

8）在出水堰前应设置收集与排除浮渣的设施（如可移动的排渣管，浮渣槽等）。当采用机械排泥时可以一并结合考虑，见图4-12、图4-13。

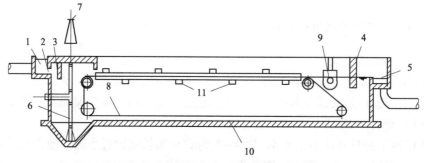

图4-12 设有链带式刮泥机的平流式初沉池

1——进水槽；2——进水孔；3——进水挡板；4——出水挡板；5——出水槽；6——排泥管；
7——排泥闸门；8——链带；9——排渣管槽（能够转动）；10——导轨；11——支撑

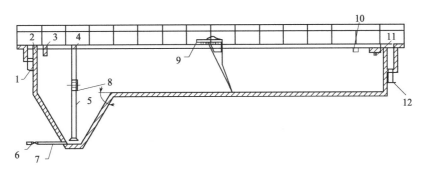

图 4-13　设有行车刮泥机的平流式初沉池

1——进水管；2——穿孔墙；3——挡流板；4——通气管；5——排泥管；6——阀门
7——排空管；8——三通；9——刮泥车；10——浮渣槽；11——出水挡板；12——出水管

（2）设计计算

1）池子总表面积 A

$$A = \frac{Q_{\max} \cdot 3600}{q'} \tag{4-27}$$

式中　$Q_{\max}$——最大设计流量，m^3/s；

　　　　q'——表面负荷，$m^3/(m^2 \cdot h)$，初沉池一般采用 $1.5 \sim 3$，二沉池一般采用 $1 \sim 2$。

2）沉淀部分有效水深 h_2

$$h_2 = q't \tag{4-28}$$

式中　t——沉淀时间，h，初沉池一般采用 $1 \sim 2h$，二沉池一般采用 $1.5 \sim 2h$。

3）沉淀部分有效容积 V'

$$V' = Q_{\max}t \cdot 3600 \text{ 或 } V' = Ah_2 \tag{4-29}$$

4）池长 L

$$L' = vt \cdot 3.6 \tag{4-30}$$

式中　v——最大设计流量的水平流速，mm/s，一般不大于 $5mm/s$。

5）池宽 B

$$B = A/L \tag{4-31}$$

6）池子个数或分格数 n

$$n = B/b \tag{4-32}$$

式中　b——每个池子（或分格）的宽度，m。

7）污泥部分所需的总容积 V

对于生活污水，污泥区的总容积

$$V = SNT/1000 \tag{4-33}$$

式中　S——每人每日的污泥量，$L/(d \cdot 人)$，可参考表4-4，注意单位转换，一般取 $0.5 \sim 0.8$；

N——设计人口数，人；

T——污泥贮存的时间，即 2 次清除污泥的相隔时间，d。

8）池子总高度 H

$$H = h_1 + h_2 + h_3 + h_4 = h_1 + h_2 + h_3 + h_4' + h_4'' \qquad (4\text{-}34)$$

式中　h_1——沉淀池超高，m，一般取 0.3m；

　　　　h_2——沉淀区有效深度，m；

　　　　h_3——缓冲层高度，m，一般取有机械刮泥设备时，池子上缘应高出刮板 0.3m；

　　　　h_4——污泥区高度，m；

　　　　h_4'——泥斗高度，m；

　　　　h_4''——梯形的高度，m。

9）污泥斗的容积 V_1

$$V_1 = \frac{1}{3} h_4' (S_1 + S_2 + \sqrt{S_1 S_2}) \qquad (4\text{-}35)$$

式中　S_1——污泥斗的上口面积，m^2；

　　　　S_2——污泥斗的下口面积，m^2。

10）污泥斗以上梯形部分污泥容积 V_2

$$V_2 = \frac{L_1 + L_2}{2} h_4' b \qquad (4\text{-}36)$$

式中　L_1，L_2——污泥上下底边长，m。

2. 竖流式初沉池

池型多为圆形，废水从设在池中央的中心管由上向下流入，经中心管下端的反射板后均匀缓慢地分布在池的横断面上。由于出水口设置在池面或池墙四周，所以水在池中的流向为由下向上。污泥贮积在底部的污泥斗，见图 4-14。

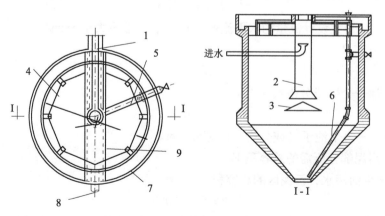

图 4-14　竖流式初沉池结构图

1——进水槽；2——中心管；3——反射板；4——挡板；5——排泥管；6——缓冲管；
7——集水槽；8——出水管；9——过桥

（1）设计参数

1）池子直径与有效水深之比一般不大于 3。池径不宜大于 8m，一般为 4~7m。

2）中心管内水流速度应不大于 0.03m/s。

3）中心管下端应为喇叭口形，其下方设反射板（见图 4-15）。喇叭口的直径和高度均为中心管直径的 1.35 倍；反射板的直径为喇叭口直径的 1.3 倍；反射板表面倾角为 17°；反射板底距泥面至少 0.3m；中心管喇叭口下缘至反射板表面的垂直距离为 0.25~0.5m。

4）排泥管下端距池底距离应不大于 0.2m，管上端敞口，高出水面不小于 0.4m。

5）在距周边集水槽 0.25~0.5m 处设置浮渣挡板，挡板应高出水面 0.1~0.15m，淹没深度 0.3~0.4m，参见竖流式沉淀池结构图（图 4-15）。

6）集水槽每 1m 出水堰的过水负荷应不大于 2.9L/s，否则出水堰长度应另行加长，如设辐射状集水支槽等。

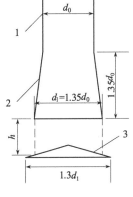

图 4-15　竖流式初沉池中心管下部构造
1——中心管；2——喇叭口；3——反射板

（2）设计计算

1）中心管面积 A_0

$$A_0 = \frac{q_{max}}{v_0} \qquad (4-37)$$

式中　q_{max}——每池最大设计流量，m^3/s；

　　　v_0——中心管内流速，m/s。

2）中心管直径 d_0

$$d_0 = \sqrt{\frac{4A_0}{\pi}} \qquad (4-38)$$

3）中心管与喇叭口之间的缝隙高度 h_3

$$h_3 = \frac{q_{max}}{v_1 \pi d_1} \qquad (4-39)$$

式中　v_1——污水由中心管喇叭口与反射板之间的缝隙流出速度，m/s；

　　　d_1——喇叭口直径，m。

4）沉淀部分有效断面积 A

$$A = \frac{q_{max}}{v} \qquad (4-40)$$

式中　v——污水在沉淀池中流速，m/s。

5）沉淀池直径 D

$$D = \sqrt{\frac{4(A + A_0)}{\pi}} \qquad (4-41)$$

6）沉淀部分有效水深 h_2

$$h_2 = vt \cdot 3600 \qquad (4-42)$$

式中　t——沉淀时间，h。

7）校核池径水深比 D/h_2

$$\frac{D}{h_2} < 3 \qquad (4-43)$$

8）校核集水槽每米出水堰的过水负荷 q_0

$$q_0 = \frac{q_{max}}{\pi D} < 2.9 \mathrm{L/s} \qquad (4-44)$$

9）沉淀部分所需总容积 V

$$V = \frac{SNT}{1000} \qquad (4-44)$$

式中　S——每人每日的污泥量，L/(d·人)，可参考表 4-4，注意单位转换，一般取 $0.5 \sim 0.8 \mathrm{L/(d \cdot 人)}$；

　　N——设计人口数，人；

　　T——污泥贮存的时间，即 2 次清除污泥的相隔时间，d。

10）每池污泥区体积

$$V_1 = \frac{V}{n} \qquad (4-45)$$

式中　n——沉淀池个数，个。

11）污泥室圆截锥部分的高度 h_5

$$h_5 = \left(\frac{D}{2} - \frac{d'}{2} \right) \mathrm{tg}\alpha \qquad (4-46)$$

式中　d'——圆截锥底部直径，m，一般可以取 0.5m 左右；

　　α——截锥侧壁倾角，圆斗不应小于 55°。

12）圆截锥部分容积 V_2

$$V_2 = \frac{\pi h_5}{3}(R^2 + r^2 + Rr) \qquad (4-47)$$

式中　R——圆截锥上部半径，m；

　　r——圆截锥下部半径，m。

13）沉淀池总高度 H

$$H = h_1 + h_2 + h_3 + h_4 + h_5 \qquad (4-48)$$

式中　h_1——沉淀池超高，m，一般取 0.3m；

　　h_4——缓冲层高度，m。

【例】　某城市污水处理厂的最大设计流量为 $Q_{max} = 0.064 \mathrm{m^3/s}$，$N = 40000$ 人，

求竖流式沉淀池（见图4-16）各部分尺寸。

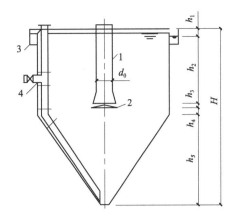

图 4-16 竖流式沉淀池计算示意图

1——中心管；2——反射管；3——集水槽；4——排泥管

【解】

（1）中心管面积

设 $v_0 = 0.03 \text{m/s}$，采用 4 个竖流式沉淀池，每池的最大的设计流量为：

$$q_{max} = \frac{Q_{max}}{n} = \frac{0.064}{4} \text{m}^3/\text{s} = 0.016 \text{m}^3/\text{s}$$

$$f = \frac{q_{max}}{v_0} = \frac{0.016}{0.03} \text{m}^2 = 0.54 \text{m}^2$$

（2）中心管直径

$$d_0 = \sqrt{\frac{4f}{\pi}} = \sqrt{\frac{4 \times 0.54}{\pi}} \text{m} = 0.82 \text{m}, \text{取} \ d_0 = 0.9 \text{m}$$

（3）中心管喇叭口与反射板之间的缝隙高度

设 $v_1 = 0.02 \text{m/s}$，$d_1 = 1.35 \text{m}$，$d_0 = 1.35 \times 1 \text{m} = 1.35 \text{m}$

$$h_3 = \frac{q_{max}}{v_1 \pi a_1} = \frac{0.016}{0.02 \times \pi \times 1.35} \text{m} = 0.19 \text{m}$$

（4）沉淀部分有效断面积

设表面负荷 $q' = 1.5 \text{m}^3/(\text{m}^2 \cdot \text{h})$，则 $v = \frac{1.5}{3600} \times 1000 \text{mm/s} = 4 \text{mm/s}$

$$F = \frac{q_{max}}{k_z v} = \frac{0.016}{1.65 \times 0.0004} \text{m} = 24.3 \text{m}$$

（5）沉淀池直径

$$D = \sqrt{\frac{4(F+f)}{\pi}} = \sqrt{\frac{4 \times (24.3 + 0.54)}{\pi}} \text{m} = 5.64 \text{m}, \text{采用 6m}。$$

（6）沉淀部分有效水深

设 $t = 2\text{h}$，$\quad h_2 = vt \times 3600 = 0.0004 \times 2 \times 3600 \text{m} = 2.9 \text{m}$，取 $h_2 = 3\text{m}$。

$$3h_2 = 3 \times 3 \text{m} = 9 \text{m} > 7 \text{m} \ (D) \ (\text{符合要求})$$

（7）校核集水槽出水堰负荷

集水槽每米出水堰负荷为：$\dfrac{q_{max}}{\pi D} = \dfrac{16}{\pi \times 6} \text{L/(s} \cdot \text{m)} = 0.85 \text{L/(s} \cdot \text{m)} < 2.9 \text{L/}$

$(\text{s} \cdot \text{m}) \ (\text{符合要求})$

（8）沉淀部分所需总容积

设 $T = 2$，$S = 0.5 \text{L/(人} \times \text{d)}$，$V = \dfrac{SNT}{1000} = \dfrac{0.5 \times 40000 \times 2}{1000} \text{m}^3 = 40 \text{m}^3$

每个池子所需污泥室容积为：$\dfrac{40}{4}\text{m}^3 = 10\text{m}^3$

（9）圆截锥部分容积

设圆截锥体下底直径为 0.4m，则：

$$h_5 = (R - r)\text{tg}55^\circ = (3 - 0.2) \times \text{tg}55^\circ\text{m} = 4\text{m}$$

$$V_1 = \frac{\pi h_5}{3}(R^2 + Rr + r^2) = \frac{\pi \times 4}{3}(3^2 + 3 \times 0.2 + 0.2^2)\text{m}^3 = 40.38\text{m}^3 > 12.5\text{m}^3$$

（10）沉淀池总高度

设超高及缓冲层各为 0.3m，$\qquad H = h_1 + h_2 + h_3 + h_4 + h_5 = 0.3\text{m} + 3\text{m}$

$$+ 0.2\text{m} + 0.3\text{m} + 4\text{m} = 7.8\text{m}$$

3. 辐流式初沉池

辐流式沉淀池池型多呈圆形。池的进、出口布置基本上与竖流池相同，进口在中央，出口在周围。但池径与池深之比，辐流池比竖流池大许多倍。水流在池中呈水平方向向四周辐射。泥斗设在池中央，池底向中心倾斜，污泥通常用机械排出，见图 4-17。

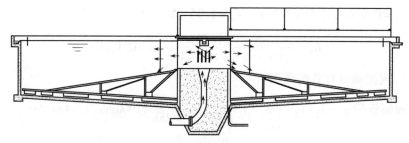

图 4-17　辐流式初沉池

（1）设计参数

1）池子直径与有效水深之比一般采用 6～12。

2）池径不宜小于 16m。

3）池底坡度一般采用 0.05。

4）一般采用机械刮泥，也可附有气力提升或静水头排泥设施。

5）当池径较小（<20m）时，也可采用多斗排泥，见图 4-18。

6）进出水的布置方式可分为：

① 中心进水周边出水；周边进水中心出水；周边进水周边出水。

② 池径 <20m，一般采用中心传动的刮泥机；池径 >20m 时，一般采用周边传动的刮泥机，其驱动装置设在支架的外缘。

③ 在进水口的周围设置整流板，整流板的开口面积为池断面积的 10%～20%。

④ 浮渣用刮渣板收集，刮渣板装在刮泥桁架的一侧，在出水堰前应设置浮

渣挡板。

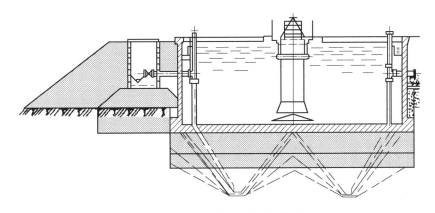

图 4-18 辐流式初沉池下部构造

（2）设计计算

辐流式初沉池的计算草图见图 4-19。

1）沉淀部分水面面积 A

$$A = \frac{Q_{max}}{nq'} \qquad (4-49)$$

式中　Q_{max}——最大设计流量，$\mathrm{m^3/h}$；

　　　n——池数，个；

　　　q'——表面负荷，$\mathrm{m^3/(m^2 \cdot h)}$，

　　　　一般采用 $2 \sim 3$。

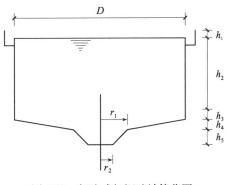

图 4-19　辐流式初沉池计算草图

2）池子直径 D

$$D = \sqrt{\frac{4A}{\pi}} \qquad (4-50)$$

3）沉淀部分有效水深 h_2

$$h_2 = q't \qquad (4-51)$$

式中　t——沉淀时间，h，一般采用 $1 \sim 2\mathrm{h}$。

4）校核径深比 D/h_2

$$\frac{D}{h_2} = 6 \sim 12 \qquad (4-52)$$

5）沉淀部分有效容积 V'

$$V' = \frac{q_{max}t}{n} \text{或} \ V' = Ah_2$$

6）污泥部分所需容积 V

$$V = \frac{SNT}{1000n} \qquad (4-53)$$

式中　S——每人每日的污泥量，$L/(d \cdot 人)$，可参考表4-4，注意单位转换，一般取 $0.5 \sim 0.8 L/(d \cdot 人)$；

　　　N——设计人口数，人；

　　　T——污泥贮存的时间，即2次清除污泥的相隔时间，d。

7）泥斗高度 h_5

$$h_5 = (r_1 - r_2) tg\alpha \tag{4-54}$$

式中　r_1——泥斗上口半径，m，一般可以取2m左右；

　　　r_2——泥斗底部半径，m，一般可以取1m左右。

8）污泥斗容积 V_1

$$V_1 = \frac{\pi h_5}{3}(r_1^2 + r_2^2 + r_1 r_2) \tag{4-55}$$

9）泥斗以上池底积泥厚度 h_4

$$h_4 = (R - r_1)i \tag{4-56}$$

式中　R——池子半径，m；

　　　i——池底坡度，一般取0.05左右。

10）泥斗以上池底污泥容积 V_2

$$V_2 = \frac{\pi h_4}{3}(R^2 + r_1^2 + Rr_1) \tag{4-57}$$

11）沉淀池容纳污泥的总能力 V_0

$$V_0 = V_1 + V_2 > V \tag{4-58}$$

12）沉淀池总高度 H

$$H = h_1 + h_2 + h_3 + h_4 + h_5 \tag{4-59}$$

式中　h_1——沉淀池超高，m；一般取0.3m；

　　　h_3——缓冲层高度，m。

【例】　某城市污水处理厂的日平均流量 $Q = 2000 m^3/h$，设计人口 $N = 30$ 万人，采用机械刮泥，求辐流式沉淀池（见图4-20）各个部分的尺寸。

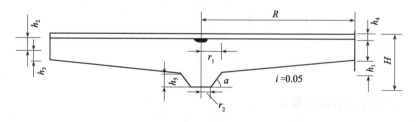

图 4-20　辐流式沉淀池计算示意图

【解】　计算示意

（1）沉淀部分水面面积 F

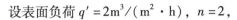

设表面负荷 $q' = 2\text{m}^3/(\text{m}^2 \cdot \text{h})$，$n = 2$，

$$F = \frac{Q}{nq'} = \frac{2000}{2 \times 2}\text{m}^2 = 500\text{m}^2$$

（2）池子直径 D

$$D = \sqrt{\frac{4F}{\pi}} = \sqrt{\frac{4 \times 500}{\pi}}\text{m} = 25.2\text{m}，\ 取 D = 26\text{m}。$$

（3）沉淀部分有效水深 h_2

设 $t = 1.5\text{h}$，　　$h_2 = q't = 2\text{m}^3/(\text{m}^2 \cdot \text{h}) \times 1.5\text{h} = 3\text{m}$

（4）沉淀部分有效容积 V'

$$V' = \frac{Q}{n}t = \frac{2000}{2} \times 1.5\text{m}^3 = 1500\text{m}^3$$

（5）污泥部分所需的容积 V

设 $S = 0.5\text{L}/(\text{人} \cdot \text{d})$，$T = 4\text{h}$，$V = \dfrac{SNT}{1000n \times 24} = \dfrac{0.5 \times 300000 \times 4}{1000 \times 2 \times 24}\text{m}^3$

$= 12.5\text{m}^3$，

T——排泥周期，h；n——沉淀池个数，个。

（6）污泥斗容积 V_1

设 $r_1 = 2\text{m}$，$r_2 = 1\text{m}$，$\alpha = 60°$，则：

$$h_5 = (r_1 - r_2)\text{tg}\alpha = (2 - 1)\text{tg}60°\text{m} = 1.73\text{m}$$

$$V_1 = \frac{\pi h_5}{3}(r_1^2 + r_1 r_2 + r_2^2) = \frac{\pi \times 1.73}{3}(2^2 + 2 \times 1 + 1^2)\text{m}^3 = 12.7\text{m}^3$$

（7）污泥斗以上圆锥体部分污泥容积 V_2

设池底径向坡度为 0.05，则：

$$h_4 = (R - r) \times 0.05 = (13 - 2) \times 0.05\text{m} = 0.55\text{m}$$

$$V_2 = \frac{\pi h_4}{3}(R^2 + Rr_1 + r_1^2) = \frac{\pi \times 0.55}{3}(13^2 + 13 \times 2 + 2^2)\text{m}^3 = 114.7\text{m}^3$$

（8）污泥总容积

$$V_1 + V_2 = 12.7\text{m}^3 + 114.7\text{m}^3 = 127.4\text{m}^3 > 12.5\text{m}^3$$

（9）沉淀池总高度 H

设 $h_1 = 0.3\text{m}$，$h_3 = 0.5\text{m}$，

$$H = h_1 + h_2 + h_3 + h_4 + h_5 = 0.3\text{m} + 3\text{m} + 0.5\text{m} + 0.55\text{m} + 1.73\text{m} = 6.08\text{m}$$

（10）沉淀池池边高度 H'

$$H' = h_1 + h_2 + h_3 = 0.3\text{m} + 3\text{m} + 0.5\text{m} = 3.8\text{m}$$

径深比：$D/h_2 = 26/3 = 8.6$，（符合要求）

4. 斜板、斜管沉淀池

斜板（管）沉淀池是根据"浅层沉淀"理论，在沉淀池中加设斜板或蜂

窝斜管，以提高沉淀效率的一种新型沉淀池，它具有沉淀效率高、停留时间短、占地少等优点。斜板（管）沉淀池应用于城市污水的初次沉淀池中，其处理效果稳定，维护管理工作量也不大；斜板（管）沉淀池应用于城市污水的二次沉淀池中，当固体负荷过大时，其处理效果不太稳定，耐冲击负荷的能力较差。

按水流与沉泥的相对运动方向，斜板（管）沉淀池可分为异向流、同向流和侧向流3种形式，在城市污水处理中主要采用升流式异向流斜板（管）沉淀池。

（1）设计参数

1）为提高沉淀池的沉淀效率，或减小沉淀池占地面积，可采用斜板（管）沉淀池。

2）斜板垂直净距一般采用80～100mm，斜管孔径一般采用50～80mm。

3）斜板（管）长度一般采用1.0～1.2m，倾角一般采用60°。

4）斜板（管）区底部缓冲层高度一般采用0.5～1.0m。

5）斜板（管）区上部水深一般采用0.5～1.0m。

6）在池壁与斜板的间隙处应装设阻流板，以防止水流短路。斜板上缘宜向池子进水端倾斜安装（见图4-21）。

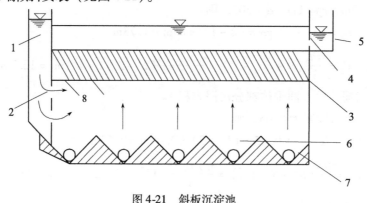

图4-21 斜板沉淀池

1——排水槽；2——穿孔墙；3——斜管或斜板；4——淹没孔口；
5——集水槽；6——集泥斗；7——排泥管；8——阻流板

1）进水方式一般采用穿孔墙整流布水，出水方式一般采用多槽出水，在池面上增设几条平行的出水堰和集水槽，以改善出水水质，加大出水量。

2）斜板（管）沉淀池一般采用重力排泥，每日排泥次数至少1～2次，或连续排泥。

3）池内停留时间：初沉池不超过30min，二沉池不超过60min。

4）斜板（管）沉淀池的设计表面负荷，比普通沉淀池的设计表面负荷提高1倍左右，即斜板（管）初沉池表面负荷采用3.0～6.0m³/（m²·h），斜板

（管）二沉池表面负荷采用 $2.0 \sim 3.0 \mathrm{m}^3/(\mathrm{m}^2 \cdot \mathrm{h})$。

（2）设计计算

1）池子水面面积 A

$$A = \frac{Q_{\max}}{0.91nq'} \tag{4-60}$$

式中　$Q_{\max}$——最大设计流量，m^3/h；

　　　n——池子个数，个；

　　　q'——设计表面负荷，$\mathrm{m}^3/(\mathrm{m}^2 \cdot \mathrm{h})$，一般采用 $4 \sim 6$；

　　0.91——斜板面积利用系数。

2）池子平面尺寸

圆形池直径 D

$$D = \sqrt{\frac{4A}{\pi}} \tag{4-61a}$$

方形池边长 a

$$a = \sqrt{A} \tag{4-61b}$$

3）池内停留时间 t

$$t = \frac{(h_2 + h_3) \cdot 60}{q'} \tag{4-62}$$

式中　h_2——斜板（管）区上部水深，m，一般采用 $0.5 \sim 1.0$；

　　　h_3——斜板（管）高度，m，一般为 $0.866 \sim 1$。

4）污泥部分所需容积 V

$$V = \frac{SNT}{1000} \tag{4-63}$$

式中　S——每人每日的污泥量，$\mathrm{L}/(\mathrm{d} \cdot 人)$，可参考表4-4，注意单位转换；一般取 $0.5 \sim 0.8\mathrm{L}/(\mathrm{d} \cdot 人)$；

　　　N——设计人口数，人；

　　　T——污泥贮存的时间，即 2 次清除污泥的相隔时间，d。

5）污泥斗高度 h_5

圆锥体污泥斗高度 h_5

$$h_5 = \left(\frac{D}{2} - \frac{d'}{2}\right)\mathrm{tg}\alpha \tag{4-64a}$$

式中　D——圆形池直径，m；

　　　d'——圆截锥底部直径，m，一般可以取 $0.5\mathrm{m}$ 左右；

　　　α——截锥侧壁倾角，圆斗不应小于 $55°$。

方锥体污泥斗高度 h_5

$$h_5 = \left(\frac{a}{2} - \frac{a_1}{2}\right)\mathrm{tg}\alpha \tag{4-64b}$$

式中　　a——方形池边长，m；

　　　　a_1——方截锥底部边长，m，一般可以取 0.5m 左右；

　　　　α——截锥侧壁倾角，方斗不应小于 60°。

6）污泥斗容积 V_1

圆锥形污泥斗容积 V_1

$$V_1 = \frac{\pi h_5}{3}(R^2 + r^2 + Rr) \qquad (4\text{-}65a)$$

式中　　R——圆形池半径，m；

　　　　r——泥斗下部半径，m。

方锥形污泥斗容积 V_1

$$V_1 = \frac{\pi h_5}{3}(2a^2 + 2aa_1^2 + 2a_1^2) \qquad (4\text{-}65b)$$

7）沉淀池总高度 H

$$H = h_1 + h_2 + h_3 + h_4 + h_5 \qquad (4\text{-}66)$$

式中　　h_1——沉淀池超高，m；一般取 0.3m；

　　　　h_4——斜板（管）区底部缓冲层高度，m；一般采用 0.6～1.2。

【例】　某城市污水处理厂的日平均流量 $Q = 600\text{m}^3/\text{h}$，初次沉淀池采用升流式异向流斜管沉淀池，斜管斜长为 1m，斜管倾角为 60°，设计表面负荷 $q' = 4\text{m}^3/(\text{m}^2 \cdot \text{h})$，进水悬浮物浓度 $C_1 = 300\text{mg/L}$，$C_2 = 150\text{mg/L}$，污泥含水率平均为 96%，求斜管沉淀池格部分尺寸（见图 4-22）。

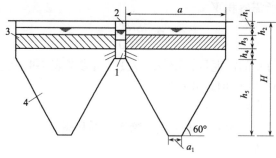

图 4-22　斜管沉淀池计算示意图

1——集水槽；2——出水槽；3——斜管；4——污泥斗

【解】　池子水面面积：设 $n = 4$，$F = \dfrac{Q}{nq' \times 0.91} = \dfrac{600}{4 \times 4 \times 0.91}\text{m}^2 = 41.2\text{m}^2$

（1）池子边长：$a = \sqrt{F} = \sqrt{41.2}\text{m} = 6.5\text{m}$

（2）池内停留时间：设 $h_2 = 0.7\text{m}$，$h_3 = 1\text{m} \times \sin 60° = 0.866\text{m}$，

$$t = \frac{(h_2 + h_3)60}{q'} = \frac{(0.7 + 0.866) \times 60}{4}\text{min} = 23.5\text{min}$$

（3）污泥部分所需容积：设 $T = 2\text{d}$，则：

$$V = \frac{Q(C_1 - C_2)24 \times 100 \times T}{\gamma(100 - \rho_0)n} = \frac{600 \times (0.0003 - 0.00015) \times 24 \times 100 \times 2}{1 \times (100 - 96) \times 4}\text{m}^3 = 27\text{m}^3$$

（4）污泥斗容积：设 $a_1 = 0.8\text{m}$，$h_5 = \left(\dfrac{a}{2} - \dfrac{a_1}{2}\right)\text{tg}60° = \left(\dfrac{7}{2} - \dfrac{0.8}{2}\right)\text{tg}60°\,\text{m} =$

5.37m，则：

$$V_1 = \frac{h_5}{6}(2a^2 + 2aa_1 + 2a_1^2) = \frac{5.73}{6}(2 \times 7^2 + 2 \times 7$$
$$\times 0.8 + 2 \times 0.8^2)\text{m}^3 = 98.3\text{m}^3 > 27\text{m}^3$$

（5）沉淀池总高度：$h_1 = 0.3\text{m}$，$h_4 = 0.764\text{m}$

$H = h_1 + h_2 + h_3 + h_4 + h_5 = 0.3\text{m} + 0.7\text{m} + 0.866\text{m} + 0.764\text{m} + 5.37\text{m} = 8\text{m}$

4.5　生 化 池

生化池即生物化学反应池，在好氧活性污泥法中也指曝气池。在城市废水中，含有大量的有机物和氮磷等营养物质，它们是好氧生物处理的主要去除对象，所采用的工艺多为活性污泥及其变形工艺。

活性污泥是利用悬浮生长的微生物絮体来去除废水中有机物的一种生物化学处理方法。活性污泥法有多种运行方式，各种运行方式与设计参数见表4-7。

各种运行方式与设计参数表　　　　　表4-7

类　　别	污泥负荷 L_s （kg/(kg·d))	污泥浓度 X （g/L）	容积负荷 L_v （kg/(m³·d))	污泥回流比 R （%）	总处理效率 E （%）
传统曝气	0.2~0.4	1.5~2.5	0.4~0.9	25~75	90~95
阶段曝气	0.2~0.4	1.5~3.0	0.4~1.2	25~75	85~95
吸附再生曝气	0.2~0.4	2.5~6.0	0.9~1.8	50~100	80~90
完全混合曝气	0.25~0.5	2.0~4.0	0.5~1.8	100~400	80~90
延时曝气	0.05~0.1	2.5~5.0	0.15~0.3	60~200	>95
高负荷曝气	1.5~3.0	0.5~1.5	1.5~3	10~30	65~75

4.5.1　传统活性污泥法

1. 工艺流程

传统活性污泥法，又称普通活性污泥法，是早期开始使用并一直沿用至今的运行方式。其工艺系统如图4-23所示。

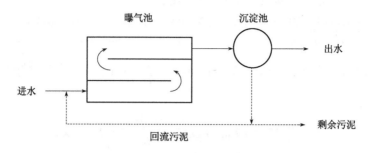

图 4-23　活性污泥法工艺系统图

2. 设计计算

（1）处理效率 E

$$E = \frac{L_0 - L_1}{L_0} \times 100\% = \frac{L_r}{L_0} \times 100\% \qquad (4-67)$$

式中　L_0——进水 BOD 浓度，g/L；

　　　L_1——出水 BOD 浓度，g/L；

　　　L_r——去除的 BOD 浓度，g/L。

（2）曝气池容积 V

$$V = \frac{QL_r}{N'_w F_w} \qquad (4-68)$$

$$N'_w = f N_w$$

式中　Q——进水设计流量，m³/d；

　　　N'_w——混合液挥发性悬浮物（MLVSS）浓度，kg/m³；

　　　f——系数，一般 0.7～0.8；

　　　N_w——混合液悬浮物（MLSS）浓度，kg/m³；

　　　F_w——污泥负荷，kgBOD/（kgMLVSS·d）。

（3）名义水力停留时间（曝气时间）t_m 和实际水力停留时间 t_s

$$t_m = \frac{V}{Q} \qquad (4-69a)$$

$$t_s = \frac{V}{(1+R)Q} \qquad (4-69b)$$

式中　R——污泥回流比。

（4）污泥产量 Y

$$Y = aQL_r - bVN'_w \qquad (4-70)$$

$$y = aF_w - b$$

$$x = a - \frac{b}{F_w}$$

94

式中　Y——系统每日排除剩余污泥量，kg/d；

　　　a——污泥增殖系数，一般取 0.5~0.7；

　　　b——污泥自身氧化率，d^{-1}；一般取 0.04~0.1；

　　　y——每 1kg 污泥每日产泥量，kg/(kgMLVSS·d)；

　　　x——去除每 1kgBOD$_5$ 产泥量，kg/kgBOD$_5$。

（5）剩余污泥排放流量 q

当剩余污泥由曝气池排出时：

$$q = \frac{V}{t_w} \tag{4-71a}$$

当剩余污泥由二沉池排出时：

$$q = \frac{V}{(1+R)t_w} \tag{4-71b}$$

（6）泥龄 t_w

$$t_w = \frac{1}{y} = \frac{1}{aF_w - b} \tag{4-72}$$

（7）曝气池需氧量 O_2

$$O_2 = a'QL_r + b'VN'_w \tag{4-73}$$

$$\Delta O_2 = a'F_w + b'$$

$$\Delta O_2' = a' + \frac{b'}{F_w}$$

式中　O_2——混合液每日需氧量，kgO$_2$/d；

　　　a'——氧化每 1kgBOD 需氧千克数，kgO$_2$/kgBOD，一般为 0.42~0.53；

　　　b'——污泥自身氧化需氧率，kgO$_2$/(kgMLSS·d)，一般为 0.11~0.188；

　　　ΔO_2——每公斤污泥每天需氧量，kgO$_2$/(kgMLSS·d)；

　　　$\Delta O_2'$——去除每公斤 BOD 需氧量，kgO$_2$/kgBOD。

注意：在各参数计算完毕后，要根据表 4-7 中的值进行校核。

【例】　设城市污水一级出水 BOD$_5$=260mg/L（0.26kg/m^3），曝气池设计流量为 Q=12000m^3/d，要求二级出水 BOD$_5$=20mg/L，求曝气池的有关数据。

【解】

（1）根据要求，处理效率：

$$E = \frac{0.26 - 0.02}{0.26} \times 100\% = 92.3\%$$

（2）设 N_w=3g/L（kg/m^3），f=0.7，则 N'_w=0.7×3=2.1kg/m^3，采用 F_w=0.4，曝气池容积为：

$$V = \frac{12000 \times 0.24}{2.1 \times 0.4}\text{m}^3 = 3429\text{m}^3$$

故：　　　　$F_r = 2.1 \times 0.4\text{kgBOD}/(\text{m}^3 \cdot \text{d}) = 0.84\text{kgBOD}/(\text{m}^3 \cdot \text{d})$

（3）名义水力停留时间

$$t_m = \frac{3429}{12000}d = 0.286d = 6.9h$$

取 $R = 0.5$

$$t_s = \frac{3429}{(1+0.5) \times 12000}d = 0.19d = 4.6h$$

（4）污泥产量

设 $Y = 0.6$，$K_d = 0.08$，则系统每日排出剩余污泥量为：

$$\Delta = 0.6 \times 12000 \times 0.24kg/d - 0.08 \times 3429 \times 2.1kg/d = 1152kg/d$$

去除每 1kgBOD₅ 产泥量为：

$$x = \left(0.6 - \frac{0.08}{0.4}\right)kg/kgBOD_5 = 0.4kg/kgBOD_5$$

污泥龄为：

$$\theta_c = \frac{1}{0.6 \times 0.4 - 0.08}d = 6.25d$$

（5）如由曝气池排出剩余污泥，则排泥量为：

$$q = \frac{3429}{6.25}m^3/d = 548.64m^3/d$$

（6）如由二次沉淀池底流排出剩余污泥，则排泥量为：

$$q = \frac{3429 \times 0.5}{(1+0.5) \times 6.25}m^3/d = 182.88m^3/d$$

（7）设 $a = 0.5$，$b = 0.16$，则曝气池每日需氧量为：

$$O = (0.5 \times 12000 \times 0.24 + 0.16 \times 3429 \times 2.1)kgO_2/d = 2593kgO_2/d$$

去除 1kgBOD₅ 需氧量为：

$$\Delta O_b = \frac{2593}{12000 \times 10^{-3} \times (260 - 20)}kgO_2/kgBOD_5 = 0.9kgO_2/kgBOD_5$$

4.5.2 阶段曝气式活性污泥法

1. 工艺流程

阶段曝气式活性污泥是传统活性污泥系统的改进，工艺流程如图 4-24 所示。与传统活性污泥法主要的区别是进水沿曝气池的长度通过多个进水口进入曝气池，调节 F/M 比，降低高峰需氧量。

2. 主要设计参数

阶段曝气活性污泥法的设计运行参数为：SRT = 3 ~ 15d，$F/M = 0.2$ ~ 0.4kgBOD/（kgMLVSS·d），$N_v = 0.7$ ~ 1.0kgBOD/（m³·d），MLSS = 1500 ~ 4000mg/L，HRT = 3 ~ 5h，回流比 $R = 25\%$ ~ 75%。

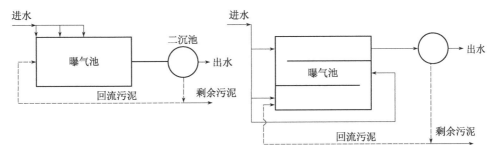

图 4-24　阶段曝气式活性污泥法工艺系统图

3. 设计计算

（1）反应器容积 V

$$S_2 = \frac{YQ(S_0 - S_e)}{3X_a\left(\dfrac{1}{\theta_c} + K_d\right)} \tag{4-74}$$

式中　V——反应器容积，m^3；

　　　Y——产率系数，微生物降解 1kgBOD 所合成的 MLVSS（kg）数，kg/kg；

　　　S_0——进水 BOD_5 值，mg/L；

　　　Q——进水设计流量，m^3/d；

　　　S_e——出水 BOD_5 值，mg/L；

　　　X_a——反应器平均污泥浓度，mg/L；

　　　θ_c——泥龄，d；

　　　K_d——衰减系数，d^{-1}。

（2）表观产率 Y_{obs}

$$Y_{obs} = \frac{Y}{HK_d\theta_c} \tag{4-75}$$

式中　Y_{obs}——表观产率系数。

（3）回流污泥浓度 X_R

$$X_R = \frac{10^6}{\text{SVI}} \times m \tag{4-76}$$

式中　X_R——回流污泥浓度，mg/L；

　　　SVI——污泥体积指数；

　　　m——沉淀影响因子，一般为 0.7～1.2。

（4）回流比 R

$$R = \frac{Y_0(S_0 - S_e) - X_a}{X_a - X_R} \tag{4-77}$$

（5）第一反应池平均 BOD_5 浓度 S_1

$$S_1 = \frac{QS_0 + RQS_e}{KX_aV + Q\left(\dfrac{1}{3} + R\right)} \tag{4-78}$$

式中 K——速度常数，L/(mg·d)。

（6）第二反应池平均 BOD$_5$ 浓度 S_2

$$S_2 = \frac{QS_0 + Q\left(\frac{1}{3} + R\right)S_1}{KX_aV + Q\left(\frac{2}{3} + R\right)} \qquad (4\text{-}79)$$

4.5.3 吸附再生曝气

1. 工艺流程

吸附再生曝气工艺是利用 2 个独立的反应池或单元处理废水，稳定活性污泥。接触段活性污泥停留时间较短，能够快速地去除溶解性 BOD，捕获胶体及颗粒状有机物，在稳定段，对回流污泥进行曝气，使有机物得到降解。该工艺适宜于处理悬浮和胶体性有机物含量较高的污水。工艺流程如图 4-25 所示。

2. 主要设计参数

吸附再生曝气工艺的设计运行参数为：SRT = 5 ~ 10d；F/M = 0.2 ~ 0.6kgBOD/(kgMLVSS·d)；N_v = 1.0 ~ 1.3kgBOD/(m³·d)；MLSS = 1000 ~ 3000mg/L（吸附池）或 6000 ~ 10000mg/L（再生池）；HRT = 0.5 ~ 1h（吸附池）或 2 ~ 4（再生池）；回流比 R = 50% ~ 150%。

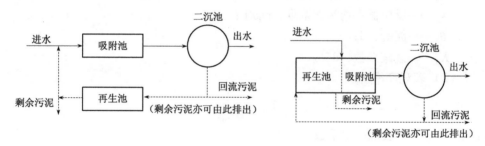

图 4-25 吸附再生曝气工艺流程图

3. 设计计算

目前，吸附再生法还没有适宜的吸附池容积计算方法，吸附池容积一般按停留时间 0.5 ~ 1.0h 计算，有条件的话最好通过进行生产性试验的方法来确定。

再生池容积可根据在稳态条件下对再生池生物量列物料衡算方程求得：

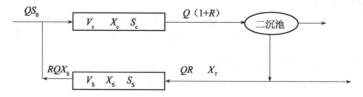

图 4-26 吸附-再生活性污泥法系统工艺设计

$$RQX_r + YQfS_0 + YRQS_e - K_dX_sV_s - RQX_s = 0 \qquad (4-80)$$

再生池容积 V_s：

$$V_s = \frac{RQ(X_r - X_s + YS_e) + YQfS_0}{K_dX_s} \qquad (4-81)$$

式中　V_s——吸附池容积，m^3；

　　　Q——设计流量，m^3/h；

　　　R——污泥回流比；

　　　f——进水中不溶性 BOD_5 比值。

　　　S_0——吸附池进水中溶解性 BOD_5 浓度，mg/L；

　　　S_e——吸附池出水中溶解性 BOD_5 浓度，mg/L；

　　　X_r——回流污泥浓度，mg/L；

　　　X_s——再生池中生物量浓度，mg/L；

$YQfS_0$——再生池中代谢吸附池去除不溶性 BOD_5 而增长的生物量，kg/d；

$YRQS_e$——再生池中代谢溶解性 BOD_5 而增长的生物量，kg/d。

再生池容积也可以根据经验选取曝气时间（一般为 $3\sim6h$）来确定，其他设计方法与传统推流式相同。

4.5.4　完全混合活性污泥法

1. 工艺流程

完全混合活性污泥法的基本组成包括曝气池、二沉池和污泥回流装置等 3 个基本组成部分，工艺流程如图 4-27 所示。完全混合活性污泥法是废水进入曝气池后与池中原有的反应液充分混合，整个池中的有机负荷、底物浓度和需氧量相同，F/M 值比较低，微生物的量和质是完全一致的。此外，应该合理的布置曝气池

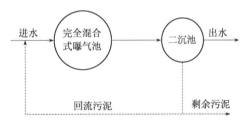

图 4-27　完全混合活性污泥工艺流程图

的进水和出水点，以避免短路流使得未经处理或经部分处理的废水流出。完全混合曝气池有分建式和合建式两种类型，在我国城市污水处理中合建式应用较多。

完全混合式曝气池的特点是：

（1）承受冲击负荷的能力强，池内混合液能对废水起稀释作用，对高峰负荷起削弱作用；

（2）由于全池需氧要求相同，能节省动力；

（3）曝气池和沉淀池可合建，不需单独设置污泥回流系统，便于运行管理。

完全混合式曝气池的缺点是：

（1）连续进水、出水可能造成短路；

（2）易引起污泥膨胀。

2. 主要设计参数

本工艺适于处理工业废水，特别是高浓度的有机废水。用于处理城市废水，完全混合曝气池的各项设计参数为：BOD 负荷（Ns）= 0.2 ~ 0.6kgBODs/（kgMLSS·d）；容积负荷（Nv）= 0.8 ~ 2.0kgBOD$_5$/（m^3·d）；污泥龄（生物固体平均停留时间）（θ_c）= 5 ~ 15d；混合液悬浮固体浓度（MLSS）= 3000 ~ 6000mg/L；混合液挥发性悬浮固体浓度（MLVSS）= 2400 ~ 4800mg/L；污泥回流比（R）= 25% ~ 100%；曝气时间（t）= 3 ~ 5h；BOD$_5$ 去除率 = 85% ~ 90%。

3. 设计计算

（1）出水中溶解性 BOD$_5$ 的浓度 S_{eNS}

$$S_{eNS} = 0.69 C_e \tag{4-82a}$$

$$S_{es} = C_e - S_{eNS} \tag{4-82b}$$

式中　S_{eNS}——出水中 SS 性有机物浓度，mg/L；

$\quad C_e$——出水 SS 浓度，mg/L；

$\quad S_{es}$——出水溶解性 BOD$_5$ 的浓度，mg/L。

（2）BOD$_5$ 去除率

$$Q_W = \frac{VX - QX_e\theta_c}{\theta_c X} \tag{4-83a}$$

$$R = \frac{X}{X_R - X} \tag{4-83b}$$

$$t = \frac{V}{Q} \tag{4-83c}$$

$$F/M = \frac{S_0}{tX} \tag{4-83d}$$

$$N_V = \frac{S_0 Q}{V} \tag{4-83e}$$

$$E = \frac{S_0 - S_{es}}{S_0} \times 100\% \tag{4-83f}$$

式中　S_0——进水 BOD$_5$ 的浓度，mg/L。

$\quad Q_w$——剩余污泥量，m^3/d；

$\quad X_R$——回流污泥浓度，mg/L；

$\quad V$——反应器容积，m^3；

$\quad F/M$——污泥负荷，kgBOD$_5$/（kgMLVSS·d）；

$\quad E$——BOD$_5$ 去除率，%。

$\quad N_v$——容积负荷，kgBOD$_5$/（m^3·d）。

（3）曝气池容积 V

$$V = \frac{\theta_c QY(S_0 - S_{es})}{X(1 + K_d\theta_c)} \tag{4-84}$$

式中　θ_c——污泥龄，d；

　　　Q——设计水量，m^3/d；

　　　Y——合成系数，kg/kg；

　　　X——混合液浓度，mg/L；

　　　K_d——衰减系数，d^{-1}。

（4）剩余活性污泥量 ΔX

$$\Delta X = \frac{YQ(S_0 - S_{es})}{(1 + K_d\theta_c)f} \tag{4-85}$$

式中　f一般为 0.7~0.8。

（5）每日排出污泥体积 Q_w

$$Q_w = \frac{VX - QX_e\theta_c}{\theta_c X} \tag{4-86}$$

式中　X_e——出水中 VSS 含量，一般为 SS 的 80%；

　　　Q_w——排出污泥体积，m^3/d。

（6）污泥回流比 R

$$R = \frac{X}{X_R - X} \tag{4-87}$$

式中　X_R——回流污泥浓度，mg/L。

（7）曝气池水力停留时间 t

$$t = \frac{V}{Q} \tag{4-88}$$

（8）计算污泥负荷 F/M

$$F/M = \frac{S_0}{tX} \tag{4-89}$$

式中　F/M——污泥负荷，kgBOD/(kg·d)。

（9）计算容积负荷 N_V

$$N_V = \frac{S_0 Q}{V} \tag{4-90}$$

式中　N_V——容积负荷，kgBOD/(m^3·d)。

4.6　二　沉　池

　　设置在生物处理构筑物之后的沉淀池称为二次沉淀池，简称二沉池。二沉池具有固液分离和污泥浓缩两项功能。固液分离即泥水分离，使出水澄清；污泥浓

缩使回流污泥含水率降低，体积减小。

二沉池与前面的初沉池一样，可以采用平流式、竖流式和辐流式等形式。二沉池的处理效果对整个活性污泥法系统的处理效能至关重要，直接影响污水处理厂的出水水质。所以二沉池虽然从原理来看与初沉池相同，但二沉池的构造却更为复杂，对沉淀效果的要求更为严格。

4.6.1 二沉池的构造

由于二沉池除了具有泥水分离的功能外，还需要具备污泥浓缩功能，同时，由于进水的水量、水质的变化，还需要暂时贮存污泥。所以，二沉池往往需要的池面积要大于只进行泥水分离所需的池面积。一般的二沉池构造需要 4 个部分：进水装置、沉淀区、出水装置和污泥区。

1. 进水装置

进入二沉池的活性污泥浓度一般为 $2000 \sim 4000 \mathrm{mg/L}$，具有一定的絮凝特点，可以形成成层沉淀，即沉淀的泥水界面清晰，污泥可以形成絮凝体整体下沉。进入二沉池的混合液浓度高于二沉池内澄清液的浓度，所以也导致了二沉池内容易形成二次流现象，进水混合液的相对密度较大，在池下部流动。所以在设计中，常常考虑采用进水堰或者进水孔配水，采用稳流罩均匀进水，达到减少扰动的目的。一般稳流罩伸入水下 $1.0 \sim 1.5 \mathrm{m}$ 左右，开孔面积为 $12\% \sim 20\%$。

2. 沉淀区

进入二沉池的混合液是泥、水、气的三相混合体，为了提高气、水分离及澄清区的分离效果，设计中一般采用的进水中心管流速不应超过 $0.1 \sim 0.3 \mathrm{m/s}$。

二沉池的表面负荷是重要的设计参数，一般取水力负荷 $0.8 \sim 1.5 \ \mathrm{m^3/(m^2 \cdot h)}$，对于出水 SS 要求严格的污水处理工程，表面负荷的取值需要相应降低，最小可取值 $0.5 \mathrm{m^3/(m^2 \cdot h)}$ 左右。在实际工程设计中，表面负荷在设计范围内，出水 SS 就能够达到设计要求。

3. 出水装置

二沉池内的活性污泥比重较轻，易被出水带出，并特别容易产生二次流现象，造成短流，这样会使实际的过流面积远远小于设计的过流断面面积，使出水不能达标。因此，同样是沉淀池在二沉池的设计中，最大允许的水平流速要比初沉池小 1/2。为了避免池壁的影响和降低水流扰动，二沉池的出水溢流堰常常设计在池另一端一定距离的范围内。对于辐流式二次沉淀池也可以采用周边进水周边出水的方式来提高混合液在池内的流动距离，从而提高沉淀效果。另外，增加出水溢流堰的长度也可以降低扰动和提高沉淀效果，在设计中，可以选择采用不同形式的出水溢流堰，例如可采用单侧出水溢流堰、双侧出水溢流堰和三侧出水溢流堰等。由于城市污水处理厂的日平均污水量一般较大，设计的二次沉淀池的出水溢流堰周长较长，运行中常常容易出现出水不均匀的现象。为了避免这一现象，设计中可以采用可调节的三角形出水溢流堰，水深位于三角形出水堰高的1/2处，出水经溢流堰后采用自由跌落0.10～0.15m，出水的水渠宽为0.25～0.6m，流速为0.3～0.5m/s。

为防止一些漂浮物及浮渣等随出水进入出水渠流走，出水堰前一般设计挡渣板，挡渣板高度0.5～0.6m，伸入水下0.25～0.30m。

4. 污泥区

二沉池内的活性污泥比重较轻，而且容易腐烂变质，因此在设计中采用静水压力排泥的二次沉淀池，其静水压头可降至0.9m，污泥斗底坡与水平夹角不应小于50°，以利于污泥及时滑入和排泥。在设计中采用刮吸泥机排泥的二次沉淀池，是靠池中水位与集泥槽内的水位差将污泥虹吸到集泥槽内，然后汇集于排泥井中，应用排泥井中的污泥泵将污泥排走。

大型的二次沉淀池采用刮吸泥机排泥，需要保证池底坡度0.05～0.10，池底不设置污泥斗，靠水位差虹吸排泥，设计的静水压水头为0.3～0.5m。在小型的二次沉淀池采用污泥斗排泥，污泥井的坡度一般为50°～55°，重力排泥，设计静水压水头为0.9～1.2m。

4.6.2 二沉池的设计计算

1. 设计参数

（1）用表面负荷率计算沉淀池面积时，设计流量应该为污水的最大时流量，而不包括回流污泥的流量；进水中心管的设计应包括回流污泥流量。二沉池设计中采用的表面负荷率参见表4-8。

二沉池表面负荷率设计参考值 表4-8

表面负荷率 [m³/(m²·d)]		
平均	高峰	池深（m）
16～32	40～48	3.5～5.0

（2）平流沉淀池最大水平流速为0.007m/s。

（3）辐流式沉淀池环形集水槽的最佳设置位置在距离池中心为池半径的2/3～3/4处，堰口以下水深应不小于3.1～3.7m；出水堰的水力负荷不应超过250m³/(m·d)。

2. 设计计算

（1）池表面积A

$$A = \frac{Q}{q} = \frac{Q}{3.6u} \tag{4-91}$$

式中　A——池表面积，m²；

Q——污水最大时流量，m^3/h；

q——表面负荷，$m^3/(m^2 \cdot h)$；

u——正常生物污泥成层沉淀时的沉速，mm/s。

（2）池直径 D

$$D = \sqrt{\frac{4A}{\pi}} \tag{4-92}$$

式中　D——池直径，m。

（3）沉淀部分有效水深 H

$$H = \frac{Qt}{A} = qt \tag{4-93}$$

式中　H——沉淀池有效水深，m；

　　　t——水力停留时间，h，一般取 $1.0 \sim 1.5h$。

（4）污泥区容积 V

$$V = \frac{4(1+R)QX}{X + X_r} \tag{4-94}$$

式中　　　　V——污泥区容积，m^3；

$(X + X_r)/2$——污泥斗中平均污泥浓度，mg/L；

　　　　　　R——污泥回流比；

　　　　　　X——混合液污泥浓度，mg/L；

　　　　　　X_r——回流污泥浓度，mg/L。

【例】　采用普通辐流式沉淀池，中心进水、周边出水，共2座，污水最大时流量为：$Q_{max} = 850m^3/h$，沉淀池表面负荷 q 取 $1.5m^3/(m^2 \cdot h)$，一般为 $0.8 \sim 1.5m^3/(m^2 \cdot h)$。

【解】

（1）单池表面面积 A

$$A = \frac{Q_{max}}{q} = \frac{850}{2 \times 1.5}m^2 = 283.4m^2$$

（2）池子直径

$$D = \sqrt{\frac{4A}{\pi}} = \sqrt{\frac{4 \times 283.4}{3.14}}m = 18.9m \ \text{取} \ D = 19.0m$$

（3）沉淀池的有效水深

设污水在沉淀池内的沉淀时间 t 为 $1.5h$，

则沉淀池的有效水深 $h_2 = qt = 1.5m^3/h \times 1.5h = 2.25m$（符合要求 $1.5 \sim 3.0$）

径深比 $D/h_2 = 19.0m/2.25m = 8.5$（符合规范要求 $6 \sim 12$）

（4）污泥部分所需容积：按 $4h$ 计算，

$$V = \frac{4 \times (1+R)Qx}{X + X_R} = \frac{4 \times (1+0.5) \times 850 \times 3330}{3330 + 10000}m^3 = 1274.05m^3$$

4.7 污泥泵房

污泥泵房的特点是提升的介质为黏稠度比水大的污泥。设计中应根据抽升污泥的性质、输送的水力特性和密度大小，精心选择适用的污泥泵及配用功率。

4.7.1 污泥泵房的一般规定

1. 布置要求

设置污泥泵站时，应使污泥输送管道尽量缩短。集泥池可与污泥泵房分开。有条件时，污泥泵可与污水泵房合并于同一建筑物中。

2. 格栅

集泥池一般不设格栅，但在采用明槽输送污泥时，则应考虑格栅，栅条间隙可适当加大。

3. 集泥池

在抽升初沉污泥或消化污泥的泵房中，集泥池容积应根据初次沉淀池或消化池的一次排泥量计算，在抽升活性污泥时，集泥池的容积可按不小于一台回流泵5min 抽送能力计算。回流泵的抽升能力，除考虑最大回流量外，尚应考虑剩余污泥的排除量。

当抽升活性污泥时，

集泥池容积（V）计算：

$$V = \frac{Q_0 t \times 60}{1000} \tag{4-95}$$

式中　Q_0——1 台污泥泵的最大抽升能力，L/s；

　　　　t——抽升时间，min，一般不小于 5min。

当抽升沉淀新鲜污泥或消化污泥时，集泥池容积按一次排泥量计算。

4.7.2 污泥泵

1. 污泥泵的选用

污泥抽送范围很广，包括抽送回流活性污泥和生物滤池污泥、排出二沉污泥进一步处置、抽送浓缩的或未经浓缩的初沉污泥去进一步处理、控制浓缩池的底流排放，可能还包括浮渣、循环抽送消化污泥和输送消化污泥去进行调治及脱水、抽送调治剂、抽送脱水泥饼和抽送焚烧炉灰浆等。选择污泥泵时，在任何情况下，主要的考虑是泥液能否顺畅地流入泵内、运行是否可行，然后考虑经济效益、管理养护等。

影响污泥抽送的因素较多，综合起来考虑，主要是黏度的影响。按黏度不同，污泥一般分为以下 4 类，可分别选用不同类型的泵。

（1）低黏度污泥

悬浮固体的密度愈低，泥浆就愈黏。污泥中悬浮固体的密度都与水相似。对于低黏度的污泥，通常用离心污水泵（如 PW 型和 PWL 型）和潜水污泵输送。

（2）高黏度污泥

初沉和初沉加二沉污泥，经重力、浮选或离心法去浓缩的污泥、消化污泥及经过调治的污泥，都属高黏度污泥。高黏度污泥用泵的特点是要求提吸能力高，因污泥不易流入泵内。一般选用单螺杆泵。它适用于输送腐蚀性液体，磨损性液体，含有气体的液体，高黏度或低黏度液体，包括含有纤维物和固体物质的液体。

（3）浮渣和栅渣

沉淀池浮渣的抽送与初沉污泥的抽送有密切关系，初沉污泥泵往往兼作浮渣泵。浮渣的特性与初沉污泥的特性相似，固体浓度可能很高。一般做法是将全部浮渣都抽送到浓缩池进行浓缩，所用的泵与初沉污泥泵以及兼抽浮渣的泵都一样。

在消化池中，撇除表面浮渣，抽取大量污泥循环，可选用大型离心泵。

当栅渣不作单独处置时，可设破碎机磨碎，然后再返回到初沉池之前的污水中，作初沉污泥处置。为便于抽送和破碎，须用水将栅渣冲入破碎机中，从而使总固体浓度下降，达2%以下。

（4）泥饼

含25%以上二沉生物污泥的泥饼具有触变性，在搅动时流动性提高，可用连续式螺旋泵抽送，这种泵也可用以抽送含铁和明矾沉淀物的混合污泥。

初沉和二沉的混合污泥，如果含二沉污泥少，泥饼不是触变性的，就难于抽送。初沉和二沉混合污泥中含有石灰时，当钙的浓度以碳酸钙计在50%以下，且脱水到总固体浓度小于30%时有可能抽送。用石灰除磷时，污泥含碱性磷酸钙，由于这种化合物含水性极高，因此，当碱性磷酸钙含量高时，也可能较易抽送。

2. 污泥泵的数量

污泥泵的数量取决于以下因素：所用泵的作用、处理厂的规模、检修所需时间等，一般不应少于2台，1台工作，1台备用，因初沉和二沉污泥的抽升不能间断。有时也可用1台2用泵作备用。浮渣的抽送一般用初沉污泥泵作备用泵，但消化池的浮渣控制一般不需备用泵。活性污泥的回流必须设备用泵，因为一旦中断就会使出水水质变坏。

4.8 鼓风机房

好氧活性污泥法的曝气设备分为鼓风曝气和机械曝气。

鼓风曝气采用鼓风机供应压缩空气，实现水下曝气。鼓风曝气系统较复杂，基建投资较高，但其动力效率是机械曝气系统的2~3倍，运行费用较低。

机械曝气是表面曝气，用安装于曝气池表面的表面曝气机来实现的。机械曝气系统不需设鼓风机房，一次投资省，设备维护保养方便，但动力效率低。

污水处理厂50%以上的处理成本来源于曝气设备的能耗，因而选用高效率的曝气系统是污水处理厂建设的重要原则。经测算，鼓风曝气系统在5~10年后节省的运行费用就可以相抵机械曝气系统的基建投资，对于一个设计期限较长的污水处理厂而言是很有利的。采用鼓风曝气建议使用微孔曝气管或曝气头曝气。

鼓风曝气系统通常由空气净化器、鼓风机、空气输配管系统和浸没于混合液中的扩散器组成。常用的鼓风机有离心鼓风机和罗茨鼓风机，二者的比较见表4-9。

罗茨鼓风机和离心鼓风机性能表　　　　　　　　　　表4-9

鼓风机类型	罗茨鼓风机	离心鼓风机
风量风压	定容定压	风量和风压可以调节
噪声	噪声大，必须采取消声、隔声措施	噪声小
运行费用	高	较低
优点	经久耐用	效率高
适用场合	中小型污水处理厂	大中型污水处理厂

4.8.1　鼓风机选型

鼓风机供应一定的风量，要满足生化反应所需的溶解氧量和能保持混合液悬浮固体呈悬浮状态；风压则要满足克服管道系统和扩散器（曝气头或曝气管）的阻力损耗及扩散器上部的水压。

4.8.2　风量计算

1. 污水需氧量 O_2

$$O_2 = 0.001aQ(S_o - S_e) - c\Delta X_v + b[0.001Q(N_k - N_{ke}) - 0.12\Delta X_v] \\ - 0.62b[0.001Q(N_t - N_{ke} - N_{oe}) - 0.12\Delta X_v]$$

(4-96)

式中　O_2——污水需氧量，kgO_2/d，即实际氧转移速率；

　　Q——生物反应池的进水流量，m^3/d；

　　S_o——生物反应池进水五日生化需氧量，mg/L；

　　S_e——生物反应池出水五日生化需氧量，mg/L；

　　ΔX_v——排出生物反应池系统的微生物量，kg/d；

　　N_k——生物反应池进水总凯氏氮浓度，mg/L；

　　N_{ke}——生物反应池出水总凯氏氮浓度，mg/L；

　　N_t——生物反应池进水总氮浓度，mg/L；

107

N_{oe}——生物反应池出水硝态氮浓度，mg/L；

$0.12\Delta X_v$——排出生物反应池系统的微生物中含氮量，kg/d；

    a——碳的氧当量，当含碳物质以 BOD_5 计时，取 1.47；

    b——常数，氧化每 1kg 氨氮所需氧量（$kg\ O_2/kg\ N$），取 4.57；

    c——常数，细菌细胞的氧当量，取 1.42。

2. 标准状态下的污水需氧量

$$O_s = \frac{O_2 c_{sm(20)}}{\alpha \times 1.024^{T-20}(\beta c_{sm(T)} - c_L)} \tag{4-97}$$

$$c_{sm} = c_s\left(\frac{O_t}{42} + \frac{p_b}{2.026 \times 10^5}\right)$$

$$O_t = \frac{21(1 - E_A)}{79 + 21(1 - E_A)}$$

$$p_b = p + 9.8 \times 10^3 H$$

$$c_s = \frac{475 - 2.65T}{33.5 + T}$$

式中　O_s——标准状态下生物反应池污水需氧量，kgO_2/h，即标准状态下的氧转移速率；

    O_2——实际状态下生物反应池需氧量，kgO_2/h；

    $c_{sm(t)}$——T℃时生化池中混合液溶解氧饱和度的平均值，mg/L；

    C_L——生化池混合液溶解氧浓度，mg/L；

    α，β——修正系数；

    C_s——大气压力条件下氧的饱和度，mg/L；

    O_t——气泡离开池面时氧的百分比，%；

    p_b——氧气扩散装置出口处的绝对压力，Pa；

    P——大气压力，$P = 1.013 \times 10^5 Pa$。

3. 标准状态下供气量

$$G_s = \frac{O_s}{0.28 E_A} \tag{4-98}$$

式中　G_s——标准状态下供气量，m^3/h；

    0.28——标准状态（0.1MPa、20℃）下的每 $1m^3$ 空气中含氧量，$kg\ O_2/m^3$；

    O_s——标准状态下生物反应池污水需氧量，$kg\ O_2/h$，即标准状态下的氧转移速率；

    E_A——曝气器氧的利用率，%。

4. 最大流量时所需的供气量 G_s'

$$G_s' = K_z G_s \tag{4-99}$$

式中　K_z——污水流量的总变化系数。

需要注意的是，计算标准状态下污水需氧量时，应分别计算夏季平均温度和冬季平均温度下的 O_s，并取其中较大的值进行后续计算。

4.8.3 风压计算

1. 设计参数

（1）风管一般采用焊接钢管。

（2）曝气池的风管宜联成环网。风管接入曝气池（或曝气池）时，管顶应高出水面至少 0.5m，以免回水。

（3）风管中空气流速一般为干、支管：10 ~ 15m/s；竖管、小支管：4 ~ 5m/s。计算温度采用鼓风机的排风温度（参照风机资料《给水排水设计手册》(第 11 册)）。

（4）风管的总阻力 h 可用下式计算：

$$h = h_1 + h_2 \tag{4-100}$$

式中　h_1——风管的沿程阻力，m；

　　　h_2——风管的局部阻力，m。

2. 设计计算

（1）风管的沿程阻力 h_1

$$h_1 = iL\alpha_T\alpha_P \tag{4-101a}$$

$$\alpha_T = \left(\frac{\gamma_T}{\gamma_{20}}\right)^{0.852} \tag{4-101b}$$

$$\alpha_P = P^{0.852} \tag{4-101c}$$

式中　i——单位管长阻力；可通过查空气阻力计算表得到；

　　　L——风管长度，m；

　　　α_T——温度为 T 时，空气容重的修正系数（见表 4-10）；

　　　α_P——大气压力为 P（atm）时的压力修正系数（见表 4-11）；

　　　γ_T——温度为 T 时的空气容重，kg/m^3；

　　　γ_{20}——温度为 20℃ 时的空气容重，kg/m^3。

空气容重温度修正系数表　　　　表 4-10

空气温度 T（℃）	α_T	空气温度 T（℃）	α_T	空气温度 T（℃）	α_T
−20	1.13	0	1.07	20	1.00
−15	1.10	5	1.05	30	0.98
−10	1.09	10	1.03	40	0.95
−5	1.08	15	1.02	50	0.92

空气容重压力修正系数表　　　　表 4-11

大气压 P（atm）	α_T	大气压 P（atm）	α_T	大气压 P（atm）	α_T
1.0	1.0	1.4	1.33	1.8	1.65
1.1	1.085	1.5	1.41	1.9	1.73

续表

大气压 P （atm）	α_T	大气压 P （atm）	α_T	大气压 P （atm）	α_T
1.2	1.17	1.6	1.48	2.0	1.81
1.3	1.25	1.7	1.57		

（2）风管的局部阻力 h_2

$$h_2 = \xi \frac{v^2}{2g\gamma} \qquad (4\text{-}102)$$

式中　ξ——局部阻力系数，可下载风管的局部阻力系数计算软件进行计算；

　　　v——风管中平均空气流速，m/s；

　　　γ——空气重力密度，kg/m³。

当温度为 20℃，标准压力为 760mm 汞柱时，空气密度为 1.205kg/m³；在其他情况下，可用式（4-100）计算：

$$\gamma = \frac{1.293 \times 273 \times P}{1.03(273 + T)} \qquad (4\text{-}103)$$

式中　P——空气绝对压力，atm；

　　　T——空气温度，℃。

（3）压缩空气的绝对压力 P

$$P = \frac{h_1 + h_2 + h_3 + h_4 + h_0}{h_0} \qquad (4\text{-}104)$$

式中　$h_1 + h_2$——供风管道沿程阻力和局部阻力之和，m；

　　　h_3——曝气器淹没水头，即生化池的有效水深，m；

　　　h_4——曝气器阻力，根据有关设备资料确定；

　　　h_0——当地大气压力，m，根据当地地面标高，由表查得。

（4）风机所需压力（相对压力）p

$$p = h_1 + h_2 + h_3 + h_4 + h_5 \qquad (4\text{-}105)$$

式中　h_5——自由水头，m，一般取 0.5。

4.8.4　曝气器设计计算

曝气器即扩散器，是整个鼓风曝气系统的关键部件。根据分散气泡的大小，曝气器可分为小气泡、中气泡、大气泡和微孔曝气器。其中微孔曝气器氧传递速率高，节省曝气池容积，在城市污水处理厂中比较常用。

曝气器通常敷设于池底，曝气器表面距池底 0.25m 左右。

以微孔曝气器为例：

（1）单池曝气盘个数 n

单池曝气盘个数计算见式（4-106）。

$$n = \frac{O_s}{n_1 \cdot 24 q_c} \tag{4-106}$$

式中　n_1——生化池个数，个；

　　　q_c——曝气器标准状态下，与曝气池工作条件相似的供氧量，$m^3 O_2/(h \cdot 个)$。

（2）用曝气器的服务面积 f 进行校核

f 的计算见式（4-107）。

$$f = \frac{A}{n} \tag{4-107}$$

式中　A——单个生化池的表面积，m^2；

　　　n——单池中曝气器个数，个。

曝气器的具体性能参数（q_c、f 等）参看厂商提供的设备选用手册。

4.8.5　鼓风机房设计

鼓风机房设计原则

（1）鼓风机房的设计（建筑、机组布置、起重设备等）应遵守排水规范的有关规定，一般可参照泵房的设计，但机组基础间距不应小于 1.5m。

（2）鼓风机房内、外应采取必要的防噪声措施，使之分别符合《工业企业噪声卫生标准》和《城市区域环境噪声标准》的有关规定。

（3）风机出口与管道连接处应采用软管减振，各种减振接头及必要的减振器可参见相关设计手册。

（4）风管最低点应设油、水的排泄口。

（5）鼓风机房一般应包括值班室、配电室、工具室等。

（6）在同一供气系统中，鼓风机应选同一类型。

（7）鼓风机的备用台数：工作风机≤3 台时，备用 1 台；工作风机 4 台时，备用 2 台。

（8）鼓风机应按产品要求设止回阀，防止回风。

（9）鼓风机的进风应有净化装置。进口应高出地面 2m 左右，可设四面为百叶窗的进风箱。

4.9　投　药　间

4.9.1　投药间的布置

加药间布置的一般要求如下：

（1）加药间宜与药库合并布置。布置原则为：药剂输送、投加流程顺畅，方便操作与管理，力求车间清洁卫生，符合劳动安全要求，高程布置符合投加工艺及设备条件。有些水厂采用加药与加氯设施综合在一起的布置，以有利于水厂的总体布置并减少管理点。

（2）加药间位置应尽量靠近投加点。

（3）当水厂采取分期建设时，加药间的建设规模宜与水厂其他生产性建筑物的规模相协调。一般情况下，可采用土建按总规模设计，设备则分期配置。

1）加药间布置应兼顾电气、仪表自控等专业要求。

2）加药间可布置成各种形状，工程实例中，采用较多的为"一"字形、"L"字形、"T"字形等。

3）靠近和穿过操作通道、运输通道及人员进出区域的各种管道宜布置在管沟内。管沟应设有排水措施，并防止室外管沟积水的倒灌。管沟盖板应耐腐和防滑，可采用加强塑料板、玻璃钢板等。

4）搅拌池边宜设置排水沟，四周地面坡向排水沟。

5）根据药剂品种确定加药管管材，一般混凝剂可采用硬聚氯乙烯管。

6）根据药剂品种考虑地坪的防腐措施。

7）加药间应保持良好的通风。

8）当采用高位溶液池时，操作平台与屋顶的净空高度不宜小于 2.20m。

9）由加药间至加注点的加药管根数不宜少于 2 根，并分别在加药间内和投加点处设置切换阀门，以保证其中 1 根损坏或检修时仍能正常投加药剂。

10）加药间药液池边应设工作台，工作台宽度以 1~1.5m 为宜。

11）药剂仓库和加药间应根据具体情况设置机械搬运设备。

12）加药间室内应设有冲洗设备。

13）对于有水解聚丙烯酰胺溶液池的投药间，因有氨气放出，室内要加强通风设施。

14）冬季使用聚丙烯酰胺的室内温度不低于 2℃。

4.9.2　药库布置

药库布置的一般要求如下：

（1）固体药库和液体药剂储存池的储备量应符合设计规范的规定，固定储备量视当地供应、运输等条件确定，一般可按最大投药量的 15~30d 计算，其周转储备量应根据当地具体条件确定（周转储备量是指药剂消耗与供应时间之间的差值所需的储备量）。

（2）药库宜与加药间合并布置，室外储液池应尽量靠近加药间。

（3）药库外设置汽车运输道路，并有足够的倒车道。药库一般设汽车运输进出的大门，门净宽不小于 3m。

（4）混凝剂堆放高度一般采用 1.5~2.0m，当采用石灰时可为 1.5m，有吊运设备时可适当增加。

（5）药库面积根据储存量和堆高计算确定，并留有 1.5m 左右宽的通道以及卸货的位置。

（6）为搬运方便和减轻劳动强度，药库一般设置电动葫芦或电动单梁悬挂起重机。

（7）药库层高一般不小于4m，当设有起吊设备时应通过计算确定。设计时应注意窗台的高度高于药剂堆放高度。

（8）应有良好的通风条件，并应防止药剂受潮。

（9）根据药剂的腐蚀程度应采取相应的防腐措施。

（10）对于储存量较大的散装药剂，可用隔墙分格。

4.9.3　加氯间

水消毒处理的目的是解决水中的细菌污染问题。城市污水经过二级处理后，水质改善，细菌含量大幅度减少，但细菌的绝对值仍很可观，并存在病原菌的可能，为防止对人类健康产生危害和对生态造成污染，在污水排入水体前应进行消毒。

目前，城市污水处理厂中最常用的消毒剂仍是液氯。氯是一种具有特殊气味的黄绿色有毒气体。很容易压缩成琥珀色透明液体即为液氯，液氯的相对密度约是水的1.5倍，氯气的相对密度约是空气的2.5倍。液氯的消毒效果与水温、pH、接触时间、混合程度、污水浊度、所含干扰物质及有效氯浓度有关。

1. 液氯消毒工艺流程

液氯消毒的工艺流程，如图4-28所示。

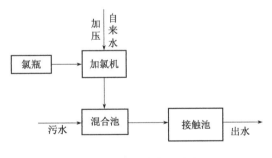

图4-28　液氯消毒工艺流程

2. 设计参数

（1）投加量

对于城市污水，氯投加量一级处理后为15~25mg/L；不完全二级处理后为10~15mg/L，二级处理后为5~10mg/L。加氯量计算如式（4-108）所示：

$$Q = 0.001aQ_1 \tag{4-108}$$

式中　Q——加氯量，kg/h；

a——最大投氯量，mg/L；

Q_1——需消毒的水量，m³/h。

（2）混合池

混合时间为 5 ~ 15s。混合方式可采用机械混合、管道混合、静态混合器混合、跌水混合、鼓风混合、隔板式混合。

（3）消毒时间

氯消毒时间（从混合开始起算）采用 30min，保证余氯量不小于 0.5mg/L。

4.9.4 加氯间、氯库设计要求

加氯间、氯库设计要求如下：

（1）投加氯气装置必须注意安全，不允许水体与氯瓶直接相连必须设置加氯机。

（2）氯瓶中液氯气化时，会吸收热量，一般用自来水喷淋在氯瓶上，以供给热量。

（3）加氯间和氯库可合建，但应有独立向外开的门，方便药剂运输。

（4）氯库的储药量一般按最大日用量的 15 ~ 30d 计算。

（5）加氯机不少于 2 套，间距 0.7m，一般高于地面 1.5m。

（6）加氯间、氯库应设置每小时换气 8 ~ 12 次的通风设备。排风扇安装在低处，进气孔在高处。

（7）漏氯探测器安装位置不宜高于室内地面 35cm。

第5章 污泥处理单体构筑物设计

污泥处理单体构筑物包括污泥浓缩池、污泥消化池、污泥脱水机房等，现分别加以介绍。

5.1 污泥浓缩池

污泥处理系统产生的污泥，含水率很高，体积很大，输送、处理或处置都不方便。污泥浓缩可使污泥初步减容，使其体积减小为原来的几分之一，从而为后续处理或处置带来方便。首先，经浓缩之后，可使污泥管的管径减小，输送泵容量减小。浓缩之后采用消化工艺时，可减小消化池的容积，并降低加热量；浓缩之后直接脱水，可减小脱水机台数，并降低污泥调制所需的絮凝剂投加量。

污泥浓缩主要有重力浓缩，气浮浓缩和离心浓缩3种工艺形式。

5.1.1 重力浓缩池

重力浓缩本质上是一种沉淀工艺，属于压缩沉淀。浓缩前由于污泥浓度较高，颗粒之间彼此接触。浓缩开始以后，在上层颗粒的重力作用下，下层颗粒间隙中的水被挤出界面，颗粒之间相互拥挤得更加紧密。通过这种拥挤和压缩过程，污泥浓度进一步提高，上层的上清液溢流排出，从而实现污泥浓缩。

重力浓缩池按其运转方式分为连续流和间歇流，按其池型分为圆形和矩形。图5-1和图5-2为连续流和间歇流重力浓缩池的工艺图。

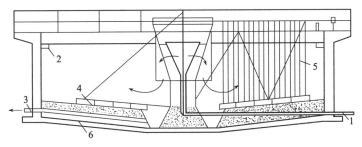

图 5-1　连续流浓缩池

1——中心进泥管；2——上清液溢流堰；3——底流排除管；
4——刮泥机；5——搅动栅；6——钢筋混凝土底板

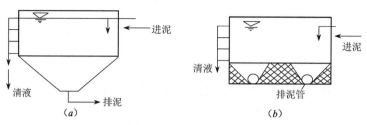

图 5-2　间歇流浓缩池
（a）圆形；（b）矩形

5.1.2　气浮浓缩池

气浮法适用于浓缩活性污泥和生物滤池等的较轻污泥，能把含水率 99.5% 的活性污泥浓缩到 94%~96% 。但运行费用较高。图 5-3 为气浮浓缩系统流程图。

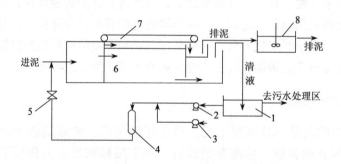

图 5-3　气浮浓缩系统流程图
1——清液池；2——加压泵；3——空压机；4——溶气罐；5——减压阀；
6——气浮池；7——刮泥机；8——脱气池

5.1.3　离心浓缩池

离心浓缩的动力是离心力，由于离心力是重力的 500~3000 倍，因而离心浓缩的效率较高。活性污泥的含固率在 0.5% 左右时，经离心浓缩，可达到 6% 。关于离心机的详细内容，将在离心脱水的章节中加以叙述。

5.1.4　浓缩池的设计计算

1. 重力浓缩池的设计计算

设计原则及参数：

（1）连续流污泥浓缩池可采用沉淀池形式，一般为竖流式或辐流式。

（2）污泥浓缩池面积应按污泥沉淀曲线实验数据决定的污泥固体负荷来进

行计算。当无污泥沉淀曲线实验数据时可根据污泥种类，污泥中有机物的含量，参用以下数据：当为初次沉淀污泥时。其含水率一般为95%~97%，污泥固体负荷采用80~120kg/(m²·d)，浓缩后污泥含水率可到90%~92%；当为活性污泥时，其含水率一般为99.2%~99.6%，污泥固体负荷采用20~30kg/(m²·d)，浓缩后污泥含水率可到97.5%左右；当为混合污泥时，可根据两种污泥比例进行计算。

（3）浓缩池有效水深一般采用4m，当为竖流式污泥浓缩池时，其水深按沉淀部分的上升流速一般不大于0.1mm/s进行核算。浓缩池容积应按浓缩10~16h进行核算，不宜过长，否则将发生氧化分解或反硝化。

（4）连续式污泥浓缩池一般采用圆形竖流或辐流沉淀池形式。污泥室容积应根据排泥方法和两次排泥间隔时间而定，当采用定期排泥时，两次排泥间隔时间一般采用8h。浓缩池较小时采用竖流式浓缩池，一般不设刮泥机，污泥室的锥截体斜壁与水平面所形成的角度，不应小于50°，中心管按污泥流量计算。沉淀区按浓缩分离出来的污水流量进行设计。

（5）辐流式污泥浓缩池的池底坡度，当采用吸泥机时，可采用0.003；当采用刮泥机时，可采用0.01；不设刮泥设备时，池底一般设有泥斗。其泥斗与水平面的倾角，应不小于50°。刮泥机的回转速度为0.75~4r/h，吸泥机的回转速度为1r/h。同时在刮泥机上可安设栅条，以便提高浓缩效果，在水面设除浮渣装置。

（6）当采用湿污泥作为肥料时，污泥的浓缩与储存可采用间歇式污泥池。池型为圆形或矩形，其有效深度一般为1.0~1.5m，池底采用人工基础，坡度一般采用0.01，并在不同深度上设上清液排出管。其容积根据污泥运输等条件决定。

2. 气浮浓缩池的设计计算

池子的形状有矩形和圆形2种，详见图5-4和图5-5。

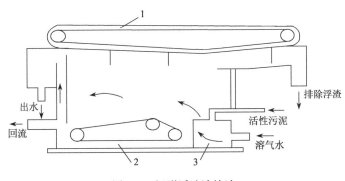

图5-4 矩形浮选浓缩池
1——刮渣机；2——刮泥机；3——进泥室

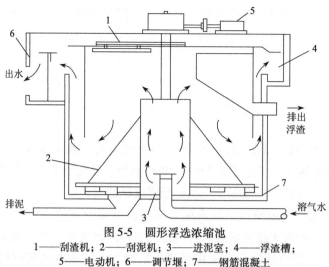

图 5-5 圆形浮选浓缩池
1——刮渣机；2——刮泥机；3——进泥室；4——浮渣槽；
5——电动机；6——调节堰；7——钢筋混凝土

当每座气浮装置的处理能力小于 100m³/h 时，多采用矩形气浮池。长宽比一般为 3∶1~4∶1，深度与宽度之比不小于 0.3，有效水深一般为 3~4m，水平流速一般为 4~10mm/s。当每座气浮装置的处理能力大于 100m³/h 时，多采用圆形气浮池。每座气浮池的处理能力大于 1000m³/h，深度不小于 3m。

系统的进泥量计算见式（5-1）。

$$Q = \frac{q_s A}{c_i} \qquad (5\text{-}1)$$

式中　Q——进泥量；

　　q_s——气浮池的固体表面负荷，kg/（m³·d）；

　　A——气浮池表面积，m²；

　　c_i——入流污泥浓度，kg/m³。

当为活性污泥时，其进泥浓度不应超过 5g/L，即含水率为 99.5%（包括气浮池的回流）；当活性污泥时 q_s 一般在 1.8~5.0kg/（m²·h）范围内，其值与活性污泥 SVI 值等性质有关系。

气浮池所需面积：按水力负荷设计，当不投加化学混凝剂时，设计水力负荷为 1~3.6m³/（m²·h），一般采用最大水力负荷为 1.8m³/（m²·h），固体负荷 1.8~5.0kg/（m²·h）。当活性污泥指数 SVI 为 100 左右时固体负荷采用 5.0kg/（m²·h），气浮后污泥含水率一般在 95%~97%。一般污泥在气浮池内的停留时间 T 应大于 20min。当投加化学混凝剂时，其负荷可提高 50%~100%，浮渣浓度也可提高 1% 左右。投加聚合电解质或无机混凝剂时，其投加量一般为 2%~3%（干污泥重）。混凝剂的反应时间一般不小于 5~10min。池子的容积应按停留 2h 进行核算，当投加化学混凝剂时，应加上反应时间。

污泥颗粒上浮形成的水面以上浮渣层厚度：一般控制在 0.15~0.3m，利用出水设置的堰板进行调节。刮渣机的刮板移动速度，一般用 0.5m/min，并有调节的可能。下沉污泥颗粒的泥量，按进泥量 1/3 计算。

气浮浓缩所需空气量见式（5-2）。

$$Q_a = \frac{Q_i C_i A/S}{\gamma} \tag{5-2}$$

式中　Q_a——气量，m^3/s

　　　Q_i，C_i——分别为入流污泥的流量（m^3/s）和浓度（kg/m^3）；

　　　　　γ——空气密度，kg/m^3，与温度有关见表 5-1；

　　　A/S——气浮浓缩的气固比，系指单位重量的干污泥量在气浮浓缩过程中所需要的空气量。对于活性污泥，一般在 0.01～0.04 之间。

空气在水中的溶解度及密度（在常压下）　　　　表 5-1

温度（℃）	溶解度（m^3/m^3）	密度（kg/m^3）	温度（℃）	溶解度（m^3/m^3）	密度（kg/m^3）
0	0.0288	1.252	30	0.0161	1.127
10	0.0226	1.206	40	0.0142	1.092
20	0.0187	1.164			

溶气罐的容积，一般按加压水停留 1～3min 计算，其绝对压力一般采用 0.3～0.5MPa，罐体高与直径之比，常用 2～4。加压水量计算见式（5-3）。

$$Q_w = \frac{Q_i C_i A/S}{C_s (\eta P - 1)} \tag{5-3}$$

式中　Q_w——加压水量，m^3/d；

　　　Q_i——入流污泥量，m^3/d；

　　　C_i——入流污泥浓度，kg/m^3；

　　　C_s——0.1MPa 下空气在水中的饱和溶解度，kg/m^3；

　　　P——溶气罐的压力，一般控制在 0.3～0.5MPa；

　　　η——溶气效率，即加压水的饱和度与压力的关系，一般在 50%～80%。

【例】　采用加压溶气浮选法浓缩剩余活性污泥。污泥流量为 1500m^3/d，污泥浓度为 6kg/m^3，即含水率为 99.4%；气固比为 A/S 为 3%，污泥温度为 20°C，浮渣含固率要求达到 4%（含水率 96%），加压溶气的绝对压力为 0.5MPa，试计算回流比和气浮浓缩池面积。

【解】　设计为 2 座气浮池，则每座流量 $Q = \frac{1500}{2} = 750m^3/d < 100m^3/h$。采用矩形气浮池，以下均按单座气浮池进行计算，当水温为 20°C 时，空气溶解度为 $C_S = 18.7mL/L$，空气密度 $\gamma = 1.164g/L$，溶气效率 η 采用 0.5，固体负荷率按不加混凝剂考虑 $q_s = 45kg/(m^2 \cdot d)$，采用出水部分回流加压溶气浮选的流程。

（1）溶气水下降到大气压时，理论上释放的空气量如式（5-4）所示：

$$A = \gamma C_S (fP - 1) R \times \frac{1}{1000} \qquad (5\text{-}4)$$

式中　A——0.1MPa 时释放的空气量，kg/d；

　　　γ——空气密度，g/L；

　　　f——实际空气溶解度与理论空气溶解度之比；

　　　P——绝对大气压，0.1MPa；

　　　R——压力水回流量，m^3/d；

　　　C_S——在一定温度下，0.1MPa 时的空气溶解度为，mL/L。

（2）气浮的污泥干重如式（5-5）所示：

$$S = Q S_a \qquad (5\text{-}5)$$

式中　S——污泥干重，kg/d；

　　　Q——气浮的污泥量，m^3/d；

　　　S_a——污泥浓度，kg/m^3。

（3）因此气固比可写成式（5-6）：

$$\frac{A}{S} = \frac{P_t C_S (fP - 1) R}{Q S_a \times 1000} \qquad (5\text{-}6)$$

压力水回流量可按式（5-6）计算：

$$R = \frac{Q S_a \left(\dfrac{A}{S} \right) 1000}{P_t C_S (fP - 1)}$$

则，$R = \dfrac{Q S_a \left(\dfrac{A}{S} \right) 1000}{P_t C_S (fP - 1)} = \dfrac{750 \times 6 \times 0.03 \times 1000}{1.164 \times 18.7 \times (0.5 \times 5 - 1)}\ m^3/d = 4135 m^3/d = $

$173 m^3/h$

总流量为：

$$Q_{总} = Q + R = 750 m^3/d + 4135 m^3/d = 4885 m^3/d = 204 m^3/h$$

所需空气量为：

$A = \gamma C_S (fP - 1) R \times \dfrac{1}{1000} = 1.164 \times 18.7 \times (0.5 \times 5 - 1) 4135 \times \dfrac{1}{1000} kg/d = $

$135 kg/d$

当温度为 0℃ 时，0.1MPa，空气密度为 $1.252 kg/m^3$，则 $A = 135 kg/d = $
$108 m^3/d$

计算所得的空气量是理论计算值，实际需要量应再乘以 2，为：

$$108 m^3/d \times 2 = 216 m^3/d = 9 m^3/h$$

1）气浮浓缩池表面积计算：

$$S = Q S_a = 750 \times 6 kg/d = 4500 kg/d$$

$$F = \frac{S}{M} = \frac{4500}{45} m^2 = 100 m^2$$

2）设长宽比 L/B 为5，则：

$$4B^2 = F = 100\text{m}^2$$

$$B = \sqrt{\frac{100}{5}} = 4.5\text{m}$$

$$L = 5 \times 4.5\text{m} = 22.5\text{m}$$

3）气浮池高度如式（5-7）所示：

$$H = d_1 + d_2 + d_3 \tag{5-7}$$

d_1——分离区高度（由过水断面 ω 算出），m；

d_2——浓缩区高度，m，一般最小值采用1.2，或等于3/10的池宽，m；

d_3——死水区高度，一般采用0.1m。

水平流速采用5mm/s＝18m/h，则过水断面为：

$$\omega = \frac{Q}{v} = \frac{204}{18}\text{m}^2 = 11.4\text{m}^2$$

$$d_1 = \frac{\omega}{B} = \frac{11.4}{4.5}\text{m} = 2.5\text{m}$$

$$d_2 = 0.3B = 0.3 \times 4.5\text{m} = 1.35\text{m}$$

$$d_3 = 0.1\text{m}$$

$$H = （2.5 + 1.35 + 0.1）\text{m} = 3.95\text{m}，取4m$$

按水力负荷进行核算：$\dfrac{204}{100}\text{m}^3/(\text{m}^2 \cdot \text{h}) = 2.04\text{m}^3/(\text{m}^2 \cdot \text{h})$

按停留时间进行核算：$T = \dfrac{4.5 \times 22.5 \times 4}{204}\text{h} = 1.99\text{h}$

以上均接近一般设计规定。

溶气罐容积计算：按停留3min计算，则

$$V = \frac{173 \times 3}{60}\text{m}^3 = 8.65\text{m}^3$$

罐高度采用4m，罐直径为

$$D = \sqrt{\frac{4V}{\pi H}} = \sqrt{\frac{4 \times 8.65}{\pi \times 4}}\text{m} = 1.66\text{m}，采用 D = 1.7\text{m}$$

罐高度与直径之比为

$$\frac{H}{D} = \frac{4\text{m}}{1.7\text{m}} = 2.4（符合设计规定）$$

5.2 污泥消化池

5.2.1 污泥厌氧消化

厌氧消化是利用兼性菌和厌氧菌进行厌氧生化反应，分解有机物质的一种污

121

泥处理工艺。厌氧消化池通过在处理过程中加热搅拌，使泥温得到保持，从而达到污泥加速消化分解的目的。

消化池按容积是否可变分为定容式和动容式（无需放置气柜）2 种；按形状分为细高柱锥形，粗矮柱锥形和卵形 3 种；按消化温度分为中温消化（35℃）和高温消化（55℃）。

5.2.2　污泥好氧消化

好氧消化是将初次沉淀池的污泥与二次沉淀池的剩余活性污泥混合后，持续曝气一段时间，其好氧微生物的生长阶段超过细胞合成期，达到内源呼吸期。在这个过程中，污泥中的细菌因为缺乏食物而逐渐死亡。这时死亡细菌内含有的物质最大限度的被用于活细菌的养分。这一过程一直持续到污泥中细菌的养分全部用完。这时即认为污泥的氧化分解作用停止，污泥也处于稳定状态。

好氧消化的目的是减少最后要处置的污泥量。池形为矩形或圆形。其运行方式分为间歇式（小型）和连续式（大型）两种。

5.2.3　污泥消化池的设计计算

1. 厌氧消化池的设计计算

（1）设计参数及规定

1）新鲜污泥量：包括初沉污泥和活性污泥，一般按人口当量或以去除的污染物质百分率来计算。

2）污泥性质：做水质鉴定或参考实测资料。

3）投配率和消化天数：中温消化（35℃）时，一般为 25～30d，即总投配率的 3%～4%。两级消化时，一级、二级停留天数之比可采用 1:1，2:1，3:2。

4）污泥浓度：污泥固体含量设计值采用 3%～4%。二级消化后污泥含水率一般可达 92% 左右。

（2）设计计算

1）消化池容积计算

$$V = \frac{V'}{P} \times 100 \tag{5-8a}$$

式中　V——消化池的有效容积，m^3；

　　　V'——新鲜污泥量，m^3/d；

　　　P——污泥投配率，%。

$$V_0 = \frac{V}{n} \tag{5-8b}$$

式中　V_0——每座消化池有效容积，m^3；

n——消化池座数。

2）加热设备计算

① 所需总耗热量的计算

$$Q_1 = \frac{V'}{24}(T_D - T_S) \times 4186.8 \qquad (5-9)$$

式中　Q_1——生污泥的温度升高到消化温度的耗热量，即每小时耗热量，kJ/h；

　　　V'——每日投入消化池的生污泥量，m³/d；

　　　T_D——消化温度，℃；

　　　T_S——生污泥原温度，℃。

$$Q_2 = \sum FK(T_D - T_A) \times 1.2 \qquad (5-10)$$

式中　Q_2——池内向外部散发的热量，即池体耗热量，kJ/h；

　　　F——池盖，池壁，池底散热面积，m²；

　　　T_A——池外介质温度（空气或土壤）；

　　　K——池盖，池壁，池底传热系数，kJ/(m²·h·℃)。

$$K = \frac{1}{\dfrac{1}{\alpha_1} + \sum \dfrac{\delta}{\lambda} + \dfrac{1}{\alpha_2}} \qquad (5-11)$$

式中　α_1——消化池内壁热转移系数，kJ/(m²·h·℃)；

　　　α_2——消化池外壁热转移系数，kJ/(m²·h·℃)；

　　　δ——池体各部结构层，保温层厚度，m；

　　　λ——池体各部结构层，保温层导热系数，kJ/(m²·h·℃)。

$$Q_3 = \sum FK(T_m - T_A) \times 1.2 \qquad (5-12)$$

式中　Q_3——管道，热交换器的散热量，kJ/h；

　　　K——管道，热交换器的传热系数，kJ/(m²·h·℃)；

　　　F——管道，热交换器的表面积，m²；

　　　T_m——锅炉出口和入口的热水温度平均值，℃。

　总耗热量　　$Q_{max} = Q_{1max} + Q_{2max} + Q_{3max}$

② 热交换器计算

$$L = \frac{Q_{max}}{\pi DK \Delta T_m} \times 1.2 \qquad (5-13)$$

式中　L——热交换管总长度，m；

　　　D——内管的外径，m；

　　　K——传热系数，kJ/(m²·h·℃)；

　　　ΔT_m——平均温差的对数，℃；

　　　Q_{max}——消化池最大耗热量，kJ/h。

$$K = \frac{1}{\dfrac{1}{\alpha_1} + \dfrac{1}{\alpha_2} + \dfrac{\delta_1}{\lambda_1} + \dfrac{\delta_2}{\lambda_2}} \qquad (5\text{-}14)$$

式中　α_1——加热体至管壁的热转移系数，kJ/（$m^2 \cdot h \cdot \text{℃}$）；

　　　α_2——管壁至加热体的热转移系数，kJ/（$m^2 \cdot h \cdot \text{℃}$）；

　　　δ_1——管壁厚度，m；

　　　δ_2——水垢厚度，m；

　　　λ_1——管子的导热系数，kJ/（$m^2 \cdot h \cdot \text{℃}$）；

　　　λ_2——水垢导热系数，kJ/（$m^2 \cdot h \cdot \text{℃}$）。

$$\Delta T_m = \frac{\Delta T_1 - \Delta T_2}{\ln \dfrac{\Delta T_1}{\Delta T_2}} \qquad (5\text{-}15)$$

式中　ΔT_1——热交换器入口处的污泥温度（T_s）与出口热水温度（T'_w）之差，℃；

　　　ΔT_2——热交换器出口的污泥温度（T'_s）与入口热水温度（T_w）之差，℃。

$$T'_s = T_s + \frac{Q_{max}}{Q_s \times 4186.8} \qquad (5\text{-}16a)$$

$$T'_w = T_w + \frac{Q_{max}}{Q_w \times 4186.8} \qquad (5\text{-}16b)$$

式中　Q_w——热水循环量，m^3/h；

　　　Q_s——污泥循环量，m^3/h；

　　　T_w——采用 $60 \sim 90\text{℃}$。

所需热水量
$$Q_w = \frac{Q_{max}}{(T_w - T'_w) \times 4186.8} \qquad (5\text{-}16c)$$

3）热水锅炉的选择

$$F = (1.1 \sim 1.2) \frac{Q_{max}}{E} \qquad (5\text{-}17)$$

式中　F——锅炉的加热面积，m^2；

　　　E——锅炉加热面的发热强度，kJ/（$m^2 \cdot h$）；

　　$1.1 \sim 1.2$——热水供应系统的热损失系数。

根据 F 值选择锅炉。

【例】　某个城市污水处理厂新鲜污泥量为 230m^3/d，二级消化后污泥含水率达 92% 左右。生污泥年平均温度为 17.3℃，日平均最低温度为 12℃，池外介质为大气时：全年平均气温为 $T_A = 10\text{℃}$，冬季室外计算温度为 $T_A = -12\text{℃}$；池外介质为土壤时，全年平均气温为 $T_B = 12\text{℃}$，冬季室外计算温度为 $T_B = 5\text{℃}$。一级消化池进行搅拌，二级消化池不加温、不搅拌，计算消化池（见图 5-6）。

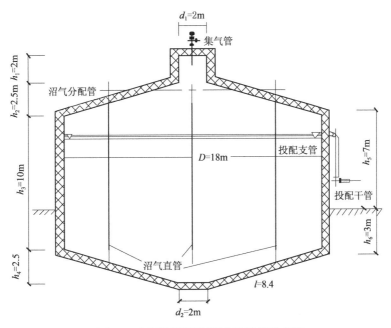

图 5-6　圆形污泥厌氧消化池计算示意图

【解】　计算消化池的容积

$$V = \frac{230}{4/100} = 5750\text{m}^3，取 n = 2$$

$$V_0 = \frac{V}{2} = 2875\text{m}^3，取 V_0 = 2900\text{m}^3$$

（1）用两级消化，容积比一级：二级 = 1 : 1，则一级消化池的容积为 2900m³，二级消化池的容积也为 2900m³，一级消化池采用的尺寸如图（5-6）所示：

消化池的直径 D 取 18m，集气罩直径取 $d_1 = 2$m，高 h_1 取 2m；池底锥底直径 $d_2 = 2$m；高取 $h_2 = h_4 = 2.5$m；消化池柱体高度 $h_3 > \frac{P}{2} = 10$m，所以 h_3 取 10m；消化池总高度：$H = h_1 + h_2 + h_3 + h_4 = 17$m（满足条件：池总高与池径之比取 0.8 ~ 1.0）。

消化池各部容积：

1）集气罩容积　$V_1 = \pi \frac{d_1^2}{4} h_1 = \frac{3.14 \times 2^2}{4} \times 2\text{m}^3 = 6.28\text{m}^3$

2）上盖容积 $V_2 = \frac{1}{3}\pi \frac{D^2}{4} h_2 = \frac{1}{3} \times \frac{3.14 \times 18^2}{4} \times 2.5\text{m}^3 = 212\text{m}^3$

3）下椎体容积等于上盖容积 $V_4 = 212\text{m}^3$

4）柱体容积 $V_3 = \pi \frac{D^2}{4} h_3 = \frac{3.14 \times 18^2}{4} \times 10\text{m}^3 = 2543.4\text{m}^3$

5) 消化池有效容积 $V_O = V_2 + V_3 + V_4 = 212m^3 + 2543.4m^3 + 212m^3 = 2967.4m^3$ > $2900m^3$ （合格）

二级消化池的尺寸采用一级消化池的尺寸。

（2）消化池各部分表面积计算：

1）集气罩表面积计算

$$F_1 = \pi \frac{d_1^2}{4} + \pi d_1 h_1 = \frac{3.14 \times 2^2}{4} + 3.14 \times 2 \times 2 = 15.7m^2$$

2）池上盖表面积等于池底表面积

$$F_2 = \pi l \left(\frac{D}{2} + \frac{d_1}{2} \right) = \pi l \left(\frac{18}{2} + \frac{2}{2} \right) = 3.14 \times 8.4 \times 10m^2 = 263.76m^2 = F_5$$

$$F_1 + F_2 = 15.7m^2 + 263.76m^2 = 279.46m^2$$

3）池柱体表面积

地面以上部分：$F_3 = \pi D h_5 = 3.14 \times 18 \times 7m^2 = 395.64m^2$

地面以下部分：$F_4 = \pi D h_6 = 3.14 \times 18 \times 3m^2 = 169.59m^2$

（3）消化池热工计算

提高生污泥温度消耗热量计算：

中温消化温度 $T_D = 35℃$，新鲜污泥年平均温度为 $T_S = 17.3℃$，日平均最低温度 $T'_S = 12℃$。每座一级消化池投配的最大生污泥量，

$$V'' = 2900m^3/d \times 4\% = 116m^3/d$$

测每座消化池的全年平均耗热量为：

$$Q_1 = \frac{V''}{24}(T_D - T_S) \times 4186.8 = \frac{116}{24}(35 - 17.3) \times 4186.8kJ/h = 358180.74kJ/h$$

最大耗热量为：

$$Q_{max} = \frac{116}{24} \times (35 - 12) \times 4186.8kJ/h = 465432.6kJ/h$$

（4）消化池池体的耗热量

消化池散失的耗热量，取决于消化池结构材料和池型，不同的结构材料有不同的传热系数。

消化池各部分传热系数采用：池盖 $K = 0.7W/(m^2 \cdot h \cdot ℃)$；池壁在地面以上部分 $K = 0.6W/(m^2 \cdot h \cdot ℃)$；池壁在地面以下部分 $K = 0.45W/(m^2 \cdot h \cdot ℃)$；池外介质为大气时：全年平均气温为 $T_A = 10℃$，冬季室外计算温度为 $T_A = -12℃$；池外介质为土壤时，全年平均气温为 $T_B = 12℃$，冬季室外计算温度为 $T_B = 5℃$。

池盖部分全年平均耗热量为：

$$Q_2 = FK(T_D - T_A) \times 1.2 = 279.46 \times 0.7 \times (35 - 10) \times 1.2W = 5868.66W$$

最大耗热量：

$$Q_{2max} = FK(T_D - T_A) \times 1.2 = 279.46 \times 0.7 \times (35 + 12) \times 1.2W = 11033.08W$$

池壁上在地面以上部分，全年平均耗热量为：

$$Q_3 = FK(T_D - T_A) \times 1.2 = 395.64 \times 0.6 \times (35-10) \times 1.2\text{W} = 7121.52\text{W}$$
$$F_3 = \pi Dh_5 = 3.14 \times 18 \times 3 = 169.59\text{m}^2$$

最大耗热量：

$$Q_{3\max} = FK(T_D - T_A) \times 1.2 = 395.64 \times 0.6 \times (35+12) \times 1.2\text{W} = 13388.46\text{W}$$

池壁上在地面以下部分，全年平均耗热量为：

$$Q_4 = FK(T_D - T_A) \times 1.2 = 169.59 \times 0.45 \times (35-10) \times 1.2\text{W} = 2289.47\text{W}$$

最大耗热量：

$$Q_{4\max} = FK(T_D - T_A) \times 1.2 = 169.59 \times 0.45 \times (35+12) \times 1.2\text{W} = 4304.19\text{W}$$

池底部分，全年平均耗热量计算：

消化池底面积 $F_5 = 263.76\text{m}^2$，则

$$Q_5 = FK(T_D - T_A) \times 1.2 = 263.76 \times 0.45 \times (35-10) \times 1.2\text{W} = 3560.76\text{W}$$

最大耗热量：

$$Q_{5\max} = FK(T_D - T_A) \times 1.2 = 263.76 \times 0.45 \times (35+12) \times 1.2\text{W} = 6694.23\text{W}$$

每座消化池池体全年平均耗热量为：

$$Q_o = 5868.66\text{W} + 7121.52\text{W} + 2289.47\text{W} + 3560.76\text{W} = 18840.41\text{W}$$

最大耗热量：

$$Q_{\max} = 11033.08\text{W} + 13388.46\text{W} + 4304.19\text{W} + 6694.23\text{W} = 35419.96\text{W}$$

每座消化池总耗热量

全年平均耗热量：

$$\sum Q = 358180.74\text{W} + 18840.41\text{W} = 377021.15\text{W}$$

最大耗热量：

$$\sum Q_{\max} = 465432.6\text{W} + 35419.96\text{W} = 500852.56\text{W}$$

（5）热交换器计算

采用池外套管式泥-水热交换器，全天均匀投配。生污泥进入一级消化池之前，与回流的一级消化污泥先混合再进入热交换器，生污泥：回流污泥为1：2。

生污泥量：

$$Q_{S1} = \frac{116}{24}\text{m}^3/\text{h} = 4.84\text{m}^3/\text{h}$$

回流消化污泥量：

$$Q_{S2} = 4.84 \times 2\text{m}^3/\text{h} = 9.68\text{m}^3/\text{h}$$

进入热交换器的总污泥量：

$$Q_S = Q_{S1} + Q_{S2} = 4.84\text{m}^3/\text{h} + 9.68\text{m}^3/\text{h} = 14.52\text{m}^3/\text{h}$$

中温消化温度 = 35℃，新鲜污泥年平均温度 $T_S = 17.3$℃，日平均最低温度为 $T_S = 12$℃。

生污泥与消化污泥混合后的温度：

$$T_S = \frac{1 \times 12 \times 2 \times 35}{3}℃ = 27.33℃$$

热交换器的套管长度按式（5-18）计算：

$$L = \frac{Q_{max}}{\pi D K \Delta T_m} \times 1.2 \qquad (5-18)$$

式中　L——套管的总长，m；

Q_{max}——污泥消化池的最大耗热量，W，取 500852.56W；

D——内管的外径，m；

K——传热系数，约 2512.1W/（m² · ℃）。

内径选用 DN55mm 时，则污泥在管内的流速为

$$v = \frac{14.52}{\frac{\pi}{4} \times 0.055^2 \times 3600}m/s = 1.70m/s$$

在 1.5～2.0m/s 之间，符合要求。

外径管径 DN85mm。

平均温差的对数 ΔT_m 按下式计算

$$\Delta T_m = \frac{\Delta T_1 - \Delta T_2}{\ln \dfrac{\Delta T_1}{\Delta T_2}}$$

热交换器的入口热水温度采用 =85℃，T'_W 一般与之相差 10℃。

全日供热，所需热水量为：

$$Q_W = \frac{Q_{max}}{(T_W - T'_W) \times 4186.8} = \frac{500852.56}{(85-75) \times 4186.8}m^3/h = 11.96m^3/h$$

$$v = \frac{Q_W}{\frac{\pi}{4} \times (0.085^2 - 0.055^2)} = 1.01m/s（合格）$$

$$T'_S = T_S + \frac{Q_{max}}{Q_S \times 4186.8} = 27.33℃ + \frac{500852.56}{14.52 \times 4186.8}℃ = 35.57℃$$

$$T'_W = T_W - \frac{Q_{max}}{Q_W \times 4186.8} = 85℃ - \frac{500852.56}{11.96 \times 4186.8}℃ = 75℃$$

则有　　　　　　$$\Delta T_1 = 75℃ - 27.33℃ = 47.67℃$$

$$\Delta T_2 = 85℃ - 35.57℃ = 49.43℃$$

$$\Delta T_m = \frac{\Delta T_1 - \Delta T_2}{\ln \dfrac{\Delta T_1}{\Delta T_2}} = 48.54℃$$

热交换器的传热系数选用 $K = 2512.1$W/（m² · ℃），则每座消化池的套管式泥—水热交换器的总长度为

$$L = \frac{Q_{\max}}{\pi D K \Delta T_{\mathrm{m}}} \times 1.2 = \frac{500852.56}{\pi \times 0.055 \times 2512.1 \times 48.54} \times 1.2\mathrm{m} = 26.16\mathrm{m}$$

每根长 4m，计 26.16m/4 = 6.5，选用 6 根。

（6）沼气混合搅拌计算

一级消化池采用多路曝气管式沼气搅拌

1）搅拌用气量

单位用气量采用 6m³/min1000m³，则用气量：

$$q = 6 \times \frac{2900}{1000}\mathrm{m}^3/\mathrm{min} = 17.4\mathrm{m}^3/\mathrm{min} = 0.29\mathrm{m}^3/\mathrm{s}$$

2）曝气立管管径

采用管内沼气流速为 12m/s，需立管总面积为 $\frac{0.29}{12}\mathrm{m}^2 = 0.024\mathrm{m}^2$，选用立管

直径为 $DN60\mathrm{mm}$，每根断面面积为 $A = 0.00283\mathrm{m}^2$，所需要的立管根数为 $\frac{0.024}{0.00283}$

= 8.5，则取立管 9 根。

核算立管的实际流速为：$v = \frac{0.29}{9 \times 0.00283}\mathrm{m}/\mathrm{s} = 11.39\mathrm{m}/\mathrm{s}$（合格）

2. 好氧消化池的设计计算

（1）设计参数及规定

1）呼吸速率：用呼吸最大速率表示好氧消化的程度。限值为 0.1 ～ 0.15kgO₂/(kgVSS·d)。大于限值，表示好氧消化过程还未完成；小于限值，表示好氧消化过程基本完成。

2）VSS 去除率：以 40% 作为评价标准。

3）污泥含水率：影响好氧池容积。

4）污泥温度：放热反应，池内温度大致为 20 ～ 25℃。

5）停留时间：20℃时，混合污泥 16 ～ 18h，混合污泥 18 ～ 22h。

6）污泥负荷：1.0kgVSS/(m³·d) 左右较好。

7）所需空气量：①满足细胞物质自身氧化所需活性污泥为 0.9 ～ 1.2m³/(m³·h)，混合污泥为 1.5 ～ 1.8m³/(m³·h)；②满足搅拌混合需气量活性污泥为 1.2 ～ 2.4m³/(m³·h)，混合污泥不小于 3.6m³/(m³·h)。设计中，以满足搅拌混合需气量计算。

8）功率：用表面曝气机充氧，所需功率为 20 ～ 33kW/m³。

9）需氧量：以分解单位重 VSS 表示，可取 2.3kgO₂/kgVSS。

10）池有效水深常用 3 ～ 4m，超高为 0.9 ～ 1.2m。

（2）设计计算

好氧消化池推荐设计参数：

好氧消化池推荐设计参数表　　　　　表 5-2

序　号	名　　称	数　值
1	污泥停留时间(d) 活性污泥 初沉污泥,混合污泥	10~15 15~25
2	有机负荷(kgVSS/(m³·d))	0.38~2.0
3	空气需要量(m³/(m³·min)) 活性污泥 初沉污泥,混合污泥	0.02~0.04 不小于0.06
4	机械曝气所需功率 (kW/m³ 池容)	0.03
5	最低溶解氧(mg/L)	2
6	温度(℃)	>15
7	挥发性固体(VSS)去除率(%)	50 左右
8	VSS/SS 值(%)	60~70
9	污泥含水率(%)	<98
10	污泥需氧量(kgO₂/去除 kgVSS)	3~4
11	VSS 去除率(%)	30~40

【例】　某个城市污水处理厂,有剩余活性污泥量 $Q_o = 40\text{m}^3/\text{d}$,污泥挥发性固体浓度为 $X_o = 5\text{gVSS/L}$,污泥温度为 25℃,要求好氧消化,去除率达到 90%,试设计好氧消化池。

【解】　求内源呼吸 $K_d = (K_d)_{20℃} \times (1.023)^{T-20℃} = 0.76 \times (1.023)^5 = 0.85\text{d}^{-1}$

(1) 根据 θ 的值计算好氧消化池的容积 (见图 5-7)

因为要达到去除率 90%,所以 $X_e = (1 - 0.9) \times 5\text{gVSS/L} = 0.5\text{gVSS/L}$。已知 $K_d = 0.85\text{d}^{-1}$

可得:$\theta_c = \dfrac{X_o - X_e}{K_d X_e} = \dfrac{5 - 0.5}{0.85 \times 0.5}\text{d} = 10.6\text{d}$

计算好氧池的容积 $V = \theta_c \times Q_o = 424\text{m}^3$

采用 2 个池,每池容积为 212m³。

(2) 根据有机负荷计算好氧消化池的容积

因为活性污泥好氧消化,有机负荷 0.47kgVSS/(m³·d),则好氧消化池容积为:

$$V = \frac{Q_o \times X_0}{S} = \frac{40 \times 5}{0.47}\text{m}^3 = 425\text{m}^3$$

采用 2 个池,每池容积为 212.5m³。

(3) 好氧消化池的尺寸

若以每个池的容积为 212.5m³ 计,取消化池深度为 3m,则池子的直径为:

$$D = \sqrt{\frac{V \times 4}{H \times \pi}} = \sqrt{\frac{212.5 \times 4}{3 \times \pi}} \approx 9.5\text{m} \ 取 \ 9.5\text{m}$$

考虑到泥液分离室容积，取 $D = 10m$

（4）所需空气量计算

由于是活性污泥，取空气量为 $0.025m^3/min$，每个池子的空气量为 $212.5m^3/min \times 0.025 = 5.32m^3/min$，共需要空气量为 $5.32 \times 2 = 10.64m^3/min$。若采用机械曝气，机械曝气所需功率取 $0.03kW/m^3$ 池，所需供气功率为：$N = 424m^3 \times 0.03kW/m^3 = 12.75kW$，取 $13kW$。

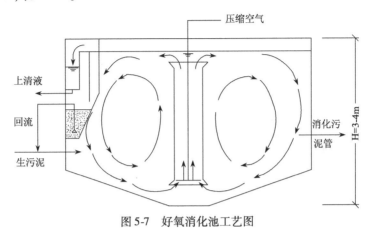

图 5-7 好氧消化池工艺图

5.3 污泥脱水机房

5.3.1 真空过滤脱水

真空过滤目前常用的有折带式真空滤机及盘式真空滤机。图 5-8 为其脱水的典型工艺流程图。

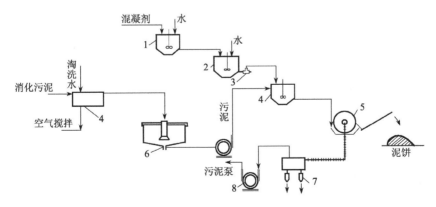

图 5-8 真空过滤脱水工艺流程
1——溶解池；2——调配池；3——计量泵；4——混合池；
5——脱水机；6——淘洗浓缩池；7——自动排液装置；8——真空泵

131

5.3.2 压滤脱水

压滤脱水分为板框式压滤脱水机和带式压滤脱水机两种。图 5-9 为压滤机脱水工艺流程图。

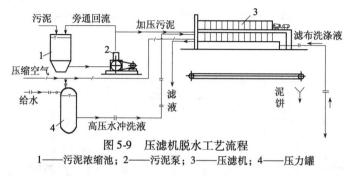

图 5-9 压滤机脱水工艺流程
1——污泥浓缩池；2——污泥泵；3——压滤机；4——压力罐

5.3.3 离心脱水

离心脱水机主要由转鼓和带空心转轴的螺旋输送器组成。污泥由空心转轴送入转筒，在离心力作用下，被甩入转鼓腔内。污泥颗粒比重大，离心力大，因为贴在转鼓内壁上，形成固体层。水分在固体层内侧，形成液体层达到脱水目的。离心脱水机的优点是结构紧凑，附属设备少，在密闭状况下运行，臭味小不需要过滤介质，维护较为方便，能长期连续运转。但噪声一般太大，脱水后污泥含水率较高，当固液密度差很小时不易分离。污泥含有沙砾时，易磨损设备。图5-10为离心脱水工艺流程图。

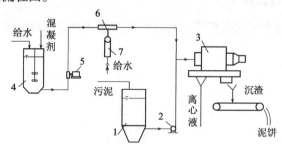

图 5-10 离心脱水工艺流程
1——污泥浓缩池；2——污泥泵；3——离心脱水机；
4——混凝剂搅拌槽；5——计量泵；6——稀释器；7——水射器

5.3.4 污泥脱水间的设计计算

1. 真空过滤脱水的设计计算

预处理污泥淘洗：淘洗后碱度一般要求为 400～600mg/L（以 $CaCO_3$ 计）。淘洗方式一般有单级淘洗和二级逆流淘洗：

（1）单级淘洗：消化污泥与淘洗水在混合池内同向冲洗，然后在浓缩池内进行沉淀浓缩。淘洗后碱度计算公式见式（5-19）。

$$E = \frac{D + RW}{R + 1} \tag{5-19}$$

式中　E——淘洗后污泥的碱度，mg/L；

　　　D——淘洗前污泥的碱度，mg/L；

　　　R——淘洗水量及污泥量之比；

　　　W——淘洗水的碱度，mg/L。

（2）二级逆流淘洗：新鲜淘洗水先至二级淘洗池内使用，再将二级淘洗池出流的上清液送至一级淘洗池与原污泥混合，进行淘洗。淘洗后减度见式（5-20）

$$E = \frac{D + (R^2 + R)W}{R^2 + R + 1} \tag{5-20}$$

式中，R 通过计算决定，一般为 $1 \sim 6$。

淘洗装置由混合池及浓缩池组成，混合池不少于 2 个，冲洗时间一般采用 $10 \sim 15 \mathrm{min}$。池中设搅拌措施，其形式一般分为隔板式，机械搅拌式和空气搅拌式。空气搅拌时，空气量一般为 $0.5\mathrm{m^3}$ 气/$\mathrm{m^3}$ 水。浓缩池表面负荷一般按固体负荷 $30 \sim 60 \mathrm{kg}$ 干污泥/$(\mathrm{m^2 \cdot d})$ 计算，浓缩时间为 $12 \sim 18\mathrm{h}$。浓缩后含水率一般不大于 $97\% \sim 98\%$。

混凝剂的投加：常用混凝剂一般为无机高价金属或无机高分子混凝剂。采用湿式投配。

真空滤机：进入真空滤机的污泥，含水率应在 $95\% \sim 98\%$ 之间，脱水后泥饼含水率一般为 80%。真空滤机过滤能力参用表 5-3 数据：

真空滤机过滤能力
表 5-3

污 泥 种 类		过滤能力（kg 干污泥/$(\mathrm{m^2 \cdot h})$）	污 泥 种 类		过滤能力（kg 干污泥/$(\mathrm{m^2 \cdot h})$）
生污泥	初沉污泥	$30 \sim 50$	消化污泥	初沉污泥	$25 \sim 40$
	初沉污泥 + 生物滤池污泥	$30 \sim 40$		初沉污泥 + 生物滤池污泥	$20 \sim 35$
	初沉污泥 + 活性污泥	$15 \sim 25$		初沉污泥 + 活性污泥	$15 \sim 25$
	活性污泥	$10 \sim 15$			

脱水机房设计时应考虑滤布冲洗。水量按每 $1\mathrm{m^2}$ 真空滤机工作面积为 $0.8 \sim 1.3 \mathrm{L}/(\mathrm{m^2 \cdot s})$，水压为 $0.3 \sim 0.35\mathrm{MPa}$。

真空泵：抽气量按滤机工作面积每 $1\mathrm{m^2}$ 为 $0.5 \sim 1.0\mathrm{m^3}/\mathrm{min}$ 计算。最大真空度为 $80\mathrm{kPa}$。电动机功率可按抽气量每分钟 $1\mathrm{m^3}$ 为 $1.2\mathrm{kW}$ 估算，包括备用，不应少于 2 台。

空气压缩机：所需压缩空气量，可按滤机工作面积每平方米为 $0.1\mathrm{m^3}/(\mathrm{m^2 \cdot min})$ 计算，出口绝对压力为 $0.2 \sim 0.3\mathrm{MPa}$。电动机功率可按抽气量每分钟 $1\mathrm{m^3}$

为 4kW 估算，包括备用，不应少于 2 台。

　　附属设备：进泥泵滤液罐（空气停留 3min 设计），自动排液器。

　　真空滤机机房：每 5~7h 换气一次，采用消声装置。

　　污泥堆置厂：面积按 4~5 个月堆放量，堆高按 1.5m 计算。

　　【例】 现有污泥量为 $Q_0 = 20m^3/h$，用化学调节预处理，助凝剂石灰投加量 10%，混凝剂铁盐投加量 8%，均是占污泥干固体重量，活性污泥固体浓度为 $C_0 = 2\%$，即 $p_0 = 98\%$，过滤面积为 $A = 70.2cm^2$，过滤压力为 $P = 3.5 \times 10^4 N/m^2$，滤饼固体浓度为 $C_k = 17.8\%$，滤液温度为 20°C，$\mu = 0.001 N \cdot s/m^2$，比阻实验结果为 $r = 46.4 \times 10^{11} m/kg$，过滤过期 $t_c = 150s$，过滤时间为 $t = 45s$，求过滤产率及真空转鼓过滤机。

　　【解】 按照公式计算：

　　（1）已知 $C_k = 17.8\% = 0.178g/mL$，$C_0 = 0.02g/mL$，

$$w = \frac{C_k \times C_0}{C_k - C_0}$$

式中　w——滤过单位体积的滤液在过滤介质上截留的干固体重量，kg/m^3

　　　　C_k——滤饼中固体物质浓度，g/mL；

　　　　C_0——原污泥中固体物质的浓度，g/mL。

$$w = \frac{0.178 \times 0.02}{0.178 - 0.02} g/mL = 0.0225 g/mL = 22.5 g/L$$

　　（2）已知 $P = 3.5 \times 10^4 N/m^2$，$\mu = 0.001 N \cdot s/m^2$，$r = 46.4 \times 10^{11} m/kg$

$$m = \frac{t}{t_c} = \frac{45}{150} = 0.3$$

　　（3）求得过滤产率：

$$L = \frac{W}{At_c} = \left(\frac{2Ptw}{\mu r t_c^2}\right)^{\frac{1}{2}} = \left(\frac{2Ptwm^2}{\mu r t^2}\right)^{\frac{1}{2}} = \left(\frac{2Pwm^2}{\mu r t}\right)^{\frac{1}{2}} = \left(\frac{2Pwm}{\mu r t_c}\right)^{\frac{1}{2}}$$

式中　L——过滤产率，$kg/(m^2 \cdot s)$；

　　　　w——单位体积滤液产生的滤饼干重，kg/m^3；

　　　　P——过滤压力，N/m^2；

　　　　μ——滤液动力黏滞度，$kg \cdot s/m^2$；

　　　　r——比阻，m/kg；

　　　　t_c——过滤周期，s。

$$L = \left(\frac{2Pwm}{\mu r t_c}\right)^{\frac{1}{2}} = \left(\frac{2 \times 3.5 \times 10^4 \times 22.5 \times 0.3}{0.001 \times 46.4 \times 10^{11} \times 120}\right)^{\frac{1}{2}} kg/(m^2 \cdot s)$$

$$= 0.000921 kg/(m^2 \cdot s) = 3.32 kg/(m^2 \cdot h)$$

　　（4）原污泥干固体重量：

$$W = 20 \times 20 kg/h = 400 kg/h$$

（5）所加的助凝剂和混凝剂分别为 10%，8%：

$$f = 1 + \frac{10}{100} + \frac{8}{100} = 1.18$$

（6）过滤机面积：

$$A = \frac{W\alpha f}{L}$$

式中　A——过滤机面积，m^2；

　　　W——原污泥干固体重量，$W = Q_0 C_0$，kg/h；

　　　f——助凝剂与混凝剂的投加量，占污泥干重的百分数计量；

　　　Q_0——原污泥体积，m^2/h；

　　　C_0——原污泥干固体浓度，kg/m^3；

　　　α——安全系数，常用 $\alpha = 1.15$。

$$A = \frac{Waf}{L} = \frac{400 \times 1.15 \times 1.18}{3.32}m^2 = 163.49m^2$$

若每台真空过滤机的过滤面积为 $16m^2$，则需要真空过滤机数量为 $\frac{163.49}{16} = 10.2$，取 10 台。

2. 压滤脱水的设计计算

（1）板框压滤脱水机

① 在加压过滤脱水前一般也进行淘洗，并投加混凝剂，其设计参数、装置的配备和所用混凝剂与真空过滤相同。

② 加压过滤的过滤面积，按式（5-21）计算。

$$A = (1 - W)\frac{Q}{V} \tag{5-21}$$

式中　A——过滤面积，m^2；

　　　Q——污泥量，kg/h；

　　　V——过滤能力，kg 干污泥$/(m^2 \cdot h)$；

　　　W——污泥含水率，$\%$。

③ 污泥压入过滤机有两种方式：一是高压污泥泵直接压入；一是利用压缩空气，通过污泥罐将污泥压入压滤机。

④ 污泥压滤后需用压缩空气进行剥离泥饼，所需空气量按滤室面积，每 $1m^2$ 需气 $2m^3/(m^2 \cdot min)(0.1MPa)$ 计算。压力 $0.1 \sim 0.3MPa$。

（2）带式压滤机

带式压滤机分为 4 个工作区：

① 重力脱水区：可脱去污泥中 $50\% \sim 70\%$ 的水分，使含固量增加 $7\% \sim 10\%$。

② 楔形脱水区：含固量进一步提高，由半固态向固态转变。

③ 低压脱水区：使污泥成饼。

④ 高压脱水区：含固量一般在 25% 左右。

各种污泥进行带式压滤脱水的性能数据见表 5-4。

各种污泥进行带式压滤脱水的性能数据　　　　　　表 5-4

污泥种类		进泥含固量 (%)	进泥固体负荷 $(kg/(m \cdot h))$	PAM 加药量 (kg/t)	泥饼含固量 (%)
生污泥	初沉污泥	3 ~ 10	360 ~ 680	1 ~ 5	28 ~ 44
	活性污泥	0.5 ~ 4	45 ~ 230	1 ~ 10	20 ~ 35
	混合污泥	3 ~ 6	180 ~ 590	1 ~ 10	20 ~ 35
厌氧消化污泥	初沉污泥	3 ~ 10	360 ~ 590	1 ~ 5	25 ~ 36
	活性污泥	3 ~ 4	40 ~ 135	2 ~ 10	12 ~ 22
	混合污泥	3 ~ 9	180 ~ 680	2 ~ 8	18 ~ 44
好氧污泥	混合污泥	1 ~ 3	90 ~ 230	2 ~ 8	12 ~ 20

3. 离心过滤脱水的设计计算

（1）离心机分离因数

分离因数是颗粒在离心机内受到的离心力与其本身重力的比值，其计算公式如式（5-22）所示。

$$\alpha = \frac{n^2 D}{1800} \qquad (5-22)$$

式中　α——分离因数；

　　　n——转鼓的转速，r/min；

　　　D——转鼓的直径，m。

（2）脱水效果

离心机对各种污泥的脱水效果见表 5-5。

离心机对各种污泥的脱水效果　　　　　　表 5-5

污泥种类		泥饼含固量 (%)	固体回收率 (%)	干污泥加药量 (kg/L)
生污泥	初沉污泥	28 ~ 34	90 ~ 95	2 ~ 3
	活性污泥	14 ~ 18	90 ~ 95	6 ~ 10
	混合污泥	18 ~ 25	90 ~ 95	3 ~ 7
厌氧消化污泥	初沉污泥	26 ~ 34	90 ~ 95	2 ~ 3
	活性污泥	14 ~ 18	90 ~ 95	6 ~ 10
	混合污泥	17 ~ 24	90 ~ 95	3 ~ 8

第6章 污水处理厂平面和高程设计

6.1 污水处理厂平面布置

水厂的基本组成分为2部分：生产构筑物和建筑物，包括处理构筑物和提升泵房；辅助建筑物，其中又分为生产辅助建筑物和生活辅助建筑物两种。前者包括化验室，修理部门，仓库，车库及值班宿舍等；后者包括办公楼，食堂，浴室，职工宿舍等。

生产构筑物及建筑物平面尺寸由设计计算确定。生活辅助建筑面积应按水厂管理体制，人员编制和当地建筑标准确定。生产辅助建筑物面积根据水厂规模、工艺流程和当地具体情况确定。

当各构筑物和建筑物的个数和面积确定之后，根据工艺流程和构筑物及建筑物的功能要求，结合地形和地质条件，进行平面布置。

处理构筑物一般均分散露天布置。北方寒冷地区需要采暖设备的，可采用室内集中布置。集中布置比较紧凑，占地少，便于管理和实现自动化操作。但结构复杂，管道立体交叉多，造价较高。

水厂平面布置主要内容有：各种构筑物、建筑物的平面定位；各种管道，阀门及管道配件的布置；排水管和检查井布置；道路、围墙、绿化及供电线路的布置等。

6.1.1 污水处理厂各处理单元构筑物的平面布置

处理构筑物是污水处理工程的主体构筑物，在做水厂平面布置时，应根据各构筑物的功能要求和水力要求，结合地形和地质条件，确定他们在厂区内平面的位置。处理构筑物的布置原则为：

（1）布置紧凑，以减少水厂占地面积和连接管渠的长度，并便于操作管理。

（2）充分利用地形，力求挖填土方平衡以减少填、挖土方量和施工费用。

（3）各构筑物之间连接管渠应简单、短捷，尽量避免立体交叉，并考虑施工，检修方便；此外，有时也需设置必要的超越管道，以便于一构筑物停产检修时，为保证必须处理的污水量而采取应急措施。

137

（4）建筑物布置应注意朝向和风向。

（5）生产区和生活区应尽量分开。

（6）对于分期建设的项目，既要考虑近期的完整性，又要考虑远期工程建成后整体布局的合理性。还应考虑分期施工方便。

6.1.2　管道及渠道的平面布置

管道及渠道的平面布置包括：

（1）在各处理构筑物之间，设有贯通、连接的管、渠。此外，还应设有能够使各处理构筑物独立运行的超越管、渠。当某一处理构筑物因故停止工作时，后续处理构筑物仍然能够保持正常的运行。

（2）应设置超越全部处理构筑物直接排放水体的总超越管。

（3）各处理构筑物宜设排空设施，排出的水应回流处理。

（4）在厂区内还应设有给水管、空气管、消化气管、蒸汽管以及输配电线路。这些管线有的敷设在地下，大部分都在地上。对它们的安排，既要便于施工和维护管理，也要布置紧凑、少占用地，可以考虑采用架空的方式敷设。

（5）污水处理厂内各种管渠应全面安排，避免相互干扰，管道复杂时可设置管廊。处理构筑物间的输水、输泥和输气管线的布置应使管渠长度短、水头损失小、流行通畅、不易堵塞和便于清通。各处理构筑物间的连通，在条件适宜时，应采用明渠。

（6）在污水处理厂厂区内，应有完善的雨水管道系统，必要时应考虑设置防洪沟渠。

6.1.3　辅助建筑物

污水处理厂内的辅助建筑物有泵房、鼓风机房、办公楼、集中控制室、化验室、变电所、机修间、仓库、食堂、锅炉房和车库等，它们是污水处理工程不可缺少的组成部分。辅助建筑物面积的大小应按具体情况和条件而定。辅助建筑物的位置应根据方便、安全等原则确定。如鼓风机房应设于曝气池附近，以节省管道和动力；变电所宜设在耗电量大的构筑物附近；化验室应远离机器间和污泥干化场，以保证良好的工作环境；办公室、化验室等均应与处理构筑物保持适当距离，并应位于处理构筑物夏季主导风向的上风向处；操作工人的值班室应尽量布置在使工人能够便于观察各处理构筑物运行情况的位置。

在污水处理厂内，应合理地修筑道路，方便运输；要设置通向各处理构筑物和辅助建筑物的必要通道，通道的设计应符合如下要求：

（1）主要车行道的宽度：单车道为3.5m，双车道6～7m，并应有回车道；

（2）车行道的转弯半径不宜小于6m；

（3）人行道的宽度为1.5~2.0m；

（4）通向高架构筑物的扶梯倾角不宜大于45°C；

（5）天桥宽度不宜小于1m。

同时，应注意厂区内的环境美化，提倡植树种草，改善卫生条件。按照规定，污水处理厂厂区的绿化面积不得少于30%。

在污水处理厂周围应设围墙，其高度不宜小于2m，污水处理厂的大门尺寸应能容许最大设备或部件出入，并应另设运输废渣的侧门。

在进行工艺设计计算时，应考虑构筑物和平面布置的关系，在进行平面布置时，也可根据情况调整构筑物的数目，进行工艺设计。

总平面布置图根据污水处理厂的规模采用1：200~1：000比例尺的地形图绘制，常用的比例尺为1：500。

图6-1所示为A市污水处理厂总平面布置图，该厂主要的处理构筑物有机械格栅、曝气沉砂池、初次沉淀池、二次沉淀池、曝气池、消化池等，以及若干辅助建筑物。

该处理厂平面布置的特点为流线清楚，布置紧凑。鼓风机房和回流泵房位于曝气池和二次沉淀池的一侧，节约了管道长度和动力费用，便于操作管理。污泥消化系统构筑物靠近西侧化工厂，使消化气、蒸汽输送管长度较短，节约了建设投资。办公室、生活住房和处理构筑物、鼓风机房、泵房、消化池等保持一定距离，卫生条件与工作条件均较好。在管线布置上，尽量一管多用，如超越管、处理水出厂管都借助雨水管泄入附近水体，而剩余污泥、各构筑物放空管等，又都与厂内污水管合并流入泵房集水井。但因受用地条件限制（处理厂东西两侧均为河浜），远期发展余地不足。

图6-2所示为B市污水处理厂总平面布置图，泵站设置于处理厂区外，主要构筑物有格栅、曝气沉砂池、初次沉淀池、曝气池、二次沉淀池等。该处理厂没有设置污泥处理系统，污泥（包括初次沉淀池排出的生污泥和二次沉淀池排出的剩余污泥），通过污泥泵房直接送往农田作为肥料使用。

该处理厂平面布置的特点是布置整齐、紧凑。两期工程各自成独立系统，对设计与运行相互干扰较少。办公室等建筑物均位于常年主导风向的上风向，且与处理构筑物有一定的距离，卫生和工作条件较好。利用构筑物本身的管渠设立超越管线，既节省了管道部分投资，运行又较灵活。

第二期工程预留地设在一期工程与厂前区之间，如果第二期改用不同的工艺流程或者另选池型时，在平面布置上会受到一定的限制。此外，泵站设置在处理厂外，管理不是很方便。

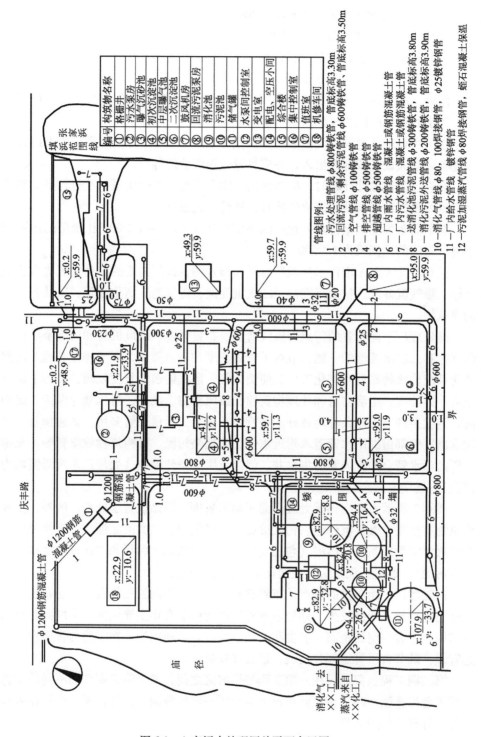

图 6-1　A 市污水处理厂总平面布置图

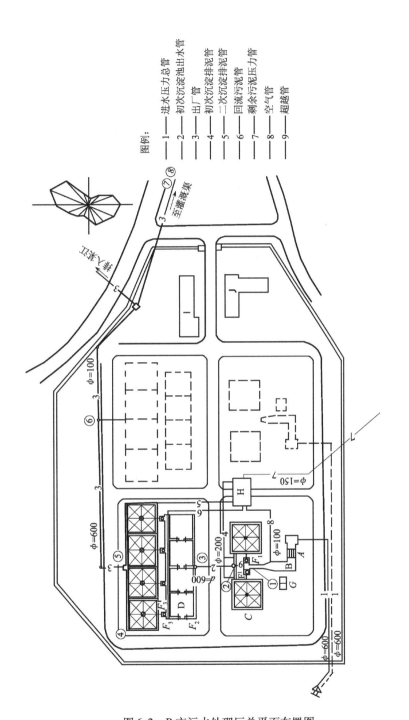

图例：
1——进水压力总管
2——初次沉淀池出水管
3——出厂管
4——初次沉淀池排泥管
5——二次沉淀池排泥管
6——回流污泥管
7——剩余污泥压力管
8——空气管
9——超越管

图 6-2 B 市污水处理厂总平面布置图

A——格栅；B——曝气沉砂池；C——初次沉淀池；D——曝气池；E——二次沉淀池；

F_2，F_3——计量堰；G——除渣池；H——污泥泵房；I——机修车间；J——办公室、化验室等

141

6.2　污水处理厂高程布置

6.2.1　布置原则

污水处理工程的污水处理流程高程布置的主要任务：确定各处理构筑物和泵房的标高，确定处理构筑物之间连接管渠的尺寸及其标高；通过计算确定各部位的水面标高，从而使污水能够在处理构筑物之间通畅地流动，保证污水处理工程的正常运行。

污水处理工程的高程布置一般应遵守如下原则：

（1）计算管道沿程损失、局部损失，各处理构筑物、计量设备及联络管渠的水头损失；考虑最大时流量、雨季流量和事故时流量的增加，并留有一定的余地。还应考虑当某座构筑物停止运行时，与其并联运行的其余构筑物及有关的连接管渠能通过全部流量。

（2）考虑远期发展，水量增加的预留水头。

（3）避免处理构筑物之间跌水等浪费水头的现象，充分利用地形高差，实现自流。

（4）在认真计算并留有余量的前提下，力求缩小全程水头损失及提升泵站的扬程，以降低运行费用。

（5）需要排放的处理水，在常年大多数时间里能够自流排放水体。注意排放水位不一定选取水体多年最高水位，因为其出现时间短，易造成常年水头浪费，而应选取经常出现的高水位作为排放水位，当水体水位高于设计排放水位时，可进行短时间的提升排放。

（6）应尽可能使污水处理工程的出水管渠不受水体洪水顶托，并能自流排放。

6.2.2　处理构筑物的水头损失

为了降低运行费用和便于维护管理，污水在处理构筑物之间的流动，以按重力流考虑为宜，为此，必须精确地计算污水流动的水头损失。水头损失包括：

（1）污水流经各处理构筑物的水头损失。在进行初步设计时，可以按照表 6-1 所示的数据进行估算。事实上，污水流经处理构筑物的水头损失，主要产生在进口和出口处以及水头跌落值，而流经处理构筑物的水头损失则较小。

			污水流经各处理构筑物的水头损失	表 6-1

构筑物名称	水头损失（m）	构筑物名称	水头损失（m）
格栅	0.1~0.25	生物滤池（工作高度为2m）	
沉砂池	0.1~0.25	（1）装有旋转布水器	2.7~2.8
沉淀池：平流式	0.2~0.4	（2）装有固定喷洒布水器	4.5~4.75
竖流式	0.4~0.5	混合池或接触池	0.1~0.3
辐流式	0.5~0.6	污泥干化场	2~3.5
双层沉淀池	0.1~0.2		
曝气池：污水潜流入池	0.25~0.5		
污水跌水入池	0.5~1.5		

（2）污水流经连接前后两处理构筑物的管渠（包括配水设备）时产生的水头损失，包括沿程与局部水头损失。

（3）污水流经计量设备时产生的水头损失。

6.2.3 注意事项

在进行污水处理厂污水处理流程的高程布置时，应考虑以下事项：

（1）选择一条距离最长、水头损失最大的流程进行水力计算，并应适当留有余地，以保证在任何情况下，处理系统都能够正常运行。

（2）计算水头损失时，一般应以近期最大流量（或泵的最大出水量）作为构筑物和管渠的设计流量，计算涉及远期流量的管渠和设备时，应以远期最大流量为设计流量，并预留扩建时的备用水头。

（3）设置终点泵站的污水处理厂，水力计算常以接纳处理后污水水体的最高水位为起点，逆污水处理流程向上倒推计算，以使处理后污水在洪水季节也能自流排出，出水泵需要的扬程则较小，运行费用也较低。但同时应考虑到构筑物的挖土深度不宜过大，以免土建投资过大和增加施工上的难度。此外，还应考虑到因维修等原因需将池水放空而在高程上提出的要求。

（4）在做高程布置时还应注意污水流程与污泥流程的配合，尽量减少需提升的污泥量。在决定污泥干化场、污泥浓缩池、消化池等构筑物的高程时，应注意产生的污水能自动排入污水干管或其他构筑物的可能。

6.2.4 高程布置计算举例

在绘制总平面图的同时，还应绘制污水与污泥的纵断面图和工艺流程图。绘制纵断面图时采用的比例尺，横向与总平面图相同，纵向为 1：50~1：100。

以图 6-2 所示 B 市污水处理厂为例，介绍污水处理厂污水处理流程高程计算过程。

该厂初次沉淀池和二次沉淀池均为方形，周边均匀出水。曝气池为 4 座方形

143

池，完全混合式，用表面曝气器充氧与搅拌。曝气池如果 4 座串联，则可按推流式运行，也可按阶段曝气法运行，这种系统兼具推流和完全混合两种运行方式的优点。

在初沉池、曝气池和二沉池之前，分别设置薄壁计量堰（F_1 为梯形堰，底宽 0.5m；F_2、F_3 为矩形堰，堰宽 0.7m）。

该厂设计流量为：近期 $Q_{平均} = 174 L/s$，$Q_{最大} = 300 L/s$；远期 $Q_{平均} = 348 L/s$，$Q_{最大} = 600 L/s$。

回流污泥量按污水量的 100% 计算。

各处理构筑物间连接管渠的水力计算结果见表 6-2 所示。

处理构筑物间连接管渠水力计算表　　　　　　表 6-2

节点编号	管渠名称	设计流量(L/s)	管渠设计参数					
			尺寸 $D(mm)$ 或 $B \times H(m)$	h/D	水深 $h(m)$	水力坡降 i	流速 $v(m/s)$	长度 $L(m)$
1	2	3	4	5	6	7	8	9
8~7	出水管至灌溉渠	600	1000	0.8	0.8			
7~6	出厂管	600	1000	0.8	0.8	0.001	1.01	390
6~5	出厂管	300	600	0.75	0.45	0.0035	1.37	100
5~4	沉淀池出水总渠	150	0.6×1.0		0.35~0.25④			28
4~E	沉淀池集水槽	75/2	0.3×0.53③		0.38③			28
E~F_3'	沉淀池入流管	150①	450			0.0028	0.94	10
F_3'~F_3	计量堰	150						
F_3~D	曝气池出水总渠	600	0.84×1.0		0.62~0.42			48
	曝气池集水槽	150	0.6×0.55		0.26⑤			
D~F_2	计量堰	300						
F_2~3	曝气池配水渠	300②	0.84×0.85		0.62~0.54			
3~2	往曝气池配水渠	300	600			0.0024	1.07	27
2~C	沉淀池出水总渠	150	0.6×1.0		0.35~0.25			5
	沉淀池集水槽	150/2	0.35×0.53		0.44			28
C~F_1'	沉淀池入流管	150	450			0.0028	0.94	11
F_1'~F_1	计量堰	150						
F_1~1	沉淀池配水渠	150	0.8×1.5		0.48~0.46			3

注：① 包括回流污泥量在内。
　　② 在最不利条件下，即推流式运行时，污水集中从一端入池计算。
　　③ 按下式计算：

$$\{B\}_m = 0.9 \left(1.2 \times \frac{0.075}{2}\right)^{0.4} = 0.27, \ 取 0.3m, \ \{h_0\}_m = 1.25 \times 0.3 = 0.38$$

　　④ 出口处水深　　　　$$\{h_k\}_m = \sqrt[3]{\frac{(0.15 \times 1.5)^2}{9.8} \times 0.6^2} = 0.25$$

（1.5 为安全系数），起端水深可按巴克梅切夫的水力指数公式用计算法确定，得 $h_k = 0.35m$
　　⑤ 曝气池集水槽采用潜孔出流，此处 h 为孔口至槽内液面高度（即跌落水头）。

处理后的污水排入农田灌溉渠道以供农田灌溉，农田不需水时排入某江中。由于某江水位远低于渠道水位，故构筑物高程只受灌溉渠水位控制。计算时，以灌溉渠水位为起点，逆流程往上推算各水面标高。考虑到二次沉淀池挖土太深时不利于施工，故排水总管的管底标高与灌溉渠中的设计水位平接（跌水 0.8m）。

污水处理厂的设计地面高程为 150.00m。

高程计算时，沟管的沿程水头损失按所定的坡度计算，局部水头损失按流速水头的倍数计算。堰上水头按有关堰流公式计算，沉淀池、曝气池集水槽是平底，且为均匀集水，自由跌水出流，故按公式（6-1）计算：

$$h_0 = 1.25B$$
$$B = 0.9Q^{0.4} \tag{6-1}$$

式中　h_0——集水槽起端水深，m；

　　　B——集水槽宽，m；

　　　Q——集水槽设计流量 m^3/s，为确保安全，设计流量再乘以 1.2～1.5 的安全系数。

各高程计算过程见表6-3。

各点高程计算过程表　　　　　　　　　　　　　表 6-3

各点高程计算过程	高程（m）
灌溉渠道（8点）水位	149.25
排水总管（7点）水位，跌水 0.8m	150.05
窨井6后水位，沿程损失 = 0.001×390m = 0.39m	150.44
窨井6前水位，管顶平接，两端水位差 0.05m	150.49
二沉池出水井水位，沿程损失 = 0.0035×100 = 0.35m	150.84
二沉池出水总渠起端水位，沿程损失 = 0.35m − 0.25m = 0.10m	150.94
二沉池中水位，集水槽起端水深 0.38m 　　　自由跌落 0.10m 　　　堰上水头（计算或者查表）0.02m 　　　合计 0.50m	151.44
堰 F_3 后水位，沿程损失 = 0.0028×10m = 0.03m 　　　局部损失 = 6×0.94²/2gm = 0.28m 　　　合计 0.31m	151.75
堰 F_3 前水位，堰上水头 0.26m 　　　自由跌落 0.15m 　　　合计 0.41m	152.16
曝气池出水总渠起端水位，沿程损失 = 0.64m − 0.42m = 0.22m	152.38
曝气池中水位，集水槽中水位 = 0.26m	152.64
堰 F_2 前水位，堰上水头 0.38m 　　　自由跌落 0.20m 　　　合计 0.58m	153.22

续表

各点高程计算过程	高程（m）
3 点水位，沿程损失 = 0.62m - 0.54m = 0.08m 局部损失 = $5.85 \times 0.69^2/2gm = 0.14m$ 合计 0.22m	153.44
初沉池出水井 2 点水位，沿程损失 = 0.0024×27m = 0.07m 局部损失 = $2.46 \times 1.07^2/2gm = 0.15m$ 合计 0.22m	153.66
初沉池中水位，出水总渠沿程损失 = 0.35m - 0.25m = 0.10m 集水槽起端水深 0.44m 自由跌落 0.10m 堰上水头 0.03m 合计 0.67m	154.33
堰 F_1 后水位，沿程损失 = 0.0028×11m = 0.04m 局部损失 = $6 \times 0.94^2/2gm = 0.28m$ 合计 0.32m	154.65
堰 F_1 前水位，堰上水头 0.30m 自由跌落 0.15m 合计 0.45m	155.10
沉砂池起端水位，沿程损失 0.48m - 0.46m = 0.02m 沉砂池出口局部损失 = 0.05m 沉砂池中水头损失 = 0.20m 合计 0.27m	155.37
格栅前（A 点）水位，过栅水头损失 = 0.15m	155.52
总水头损失为 6.27m	

　　在上述计算中，沉淀池集水槽中的水头损失由堰上水头、自由跌落和槽起端水深 3 部分组成，如图 6-3 所示。

　　计算结果表明，终点泵站应将污水提升至标高 155.52m 处才能满足流程的水力要求。根据上述计算结果绘制了处理流程高程布置图，如图 6-4。

　　由图 6-4 及上述高程计算结果可见，整个污水处理流程，从栅前水位 155.52m 开始到排放点（灌溉渠水位）149.25m，全部水头损失为 6.27m，这是比较高的，应考虑降低其水头损失。从另一方面看，这一处理系统，在降低水头损失，节省能量方面，还是具有潜力可挖的。

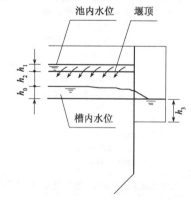

图 6-3　沉淀池集水槽水头损失计算图
h_1——堰上水头；h_2——自由跌落；
h_0——集水槽起端水深；h_3——总渠起端水深

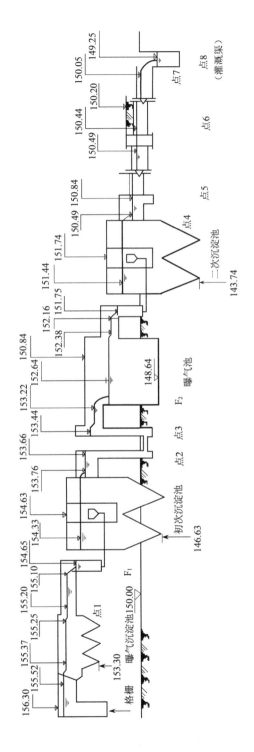

图6-4 B市污水处理厂污水处理流程高程布置图

该系统采用的初次沉淀池、二次沉淀池，在形式上都是不带刮泥设备的多斗辐流式沉淀池，而且都是采用配水井进行配水。曝气池采用的是4座完全混合型曝气池，而且污水由初次沉淀池进入曝气池采用的是水头损失较大的倒虹管。

初次沉淀池进水处的水位标高为154.33m，二次沉淀池出水处的标高为150.84m，这一区段的水头损失为3.49m，是整个处理系统水头损失的56%。

如将初次沉淀池和二次沉淀池都改用平流式，曝气池也改为推流式，而且将初次沉淀池→曝气池→二次沉淀池这一区段直接串联连接，中间不用配水井，采用相同的宽度，这一措施将大大地降低水头损失。

经过粗略估算，这一区段的水头损失可以降至1.4m左右，可以降低水头损失2.09m，整个系统的水头损失能够降低至4.18m，这样能够显著地节省能量，降低运行成本，是完全可行的。

下面以图6-1所示的A市污水处理厂的污泥处理流程为例，进行污泥处理流程的高程计算。该厂的污泥处理流程为：

二次沉淀池→污泥泵房→初次沉淀池→污泥投配池→污泥泵房→污泥消化池→贮泥池→外运

同污水处理流程一样，高程计算从控制点标高开始。

A市污水处理厂厂区地面标高为4.2m，初次沉淀池水面标高为6.7m，二次沉淀池剩余污泥重力流进入污泥泵房，并由污泥泵打入初次沉淀池，在初次沉淀池中起到生物絮凝作用，提高初次沉淀池的沉淀效果，并与初次沉淀池的沉淀污泥一起排入污泥投配池。

污泥处理流程的高程计算从初次沉淀池开始，初次沉淀池排出的污泥，其含水率为97%，污泥消化后，经过静沉，含水率降低至96%。初次沉淀池至污泥投配池的管道采用铸铁管，长度为150m，管径为300mm，污泥在管内呈重力流，流速为1.5m/s，按下式求得其水头损失为：

$$\{h_f\}_m = 2.49\left(\frac{150}{0.3^{1.17}}\right)\left(\frac{1.5}{71}\right)^{1.85} = 1.2m$$

自由水头取1.5m，则管道中心标高为6.7m − (1.20 + 1.50)m = 4.0m。

流入污泥投配池的管底标高为4.0m − 0.15m = 3.85m。

污泥投配池的标高可以据此确定，如图6-5所示。

消化至贮泥池的各点标高受到河水位的影响（即受河中运泥船高程的影响），故以此点往上推算。设计要求贮泥池排泥管管中心标高至少应为3.0m才能向运泥船中排尽池中污泥，贮泥池有效水深为2.0m，已知消化池至贮泥池的铸铁管管径为200mm，管道长度为70m，设管内流速为1.5m/s，则根据上式已求得水头损失为1.20m，自由水头设为1.5m；又知消化池采用间歇式排泥运行方式，根据排泥量计算，一次排泥后池内泥面下降0.5m，则排泥结束时消化池内泥面标高至少应为：

$$3.0m + 2.0m + 0.1m + 1.2m + 1.5m = 7.8m$$

开始排泥时的泥面标高为：

$$7.8m + 0.5m = 8.3m$$

式中0.1m代表管道半径，即贮泥池中泥面与入流管管底相平。

应当注意的是，当采用在消化池内撇去上清液的运行方式时，此标高是撇去上清液后的泥面标高，而不是消化池正常运行时的池内泥面标高。

当需要排出消化池中底部的污泥时，则需要用污泥泵排泥。

根据上述计算结果，绘制污泥处理流程的高程图，如图6-5。

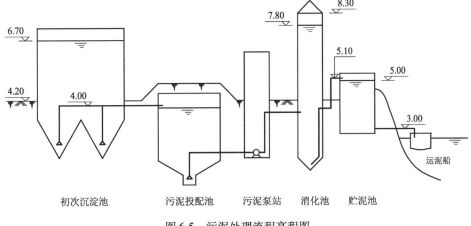

图6-5 污泥处理流程高程图

6.3 公用设施及辅助建筑物

6.3.1 污水处理工程的公用设施

污水处理厂的公用设施包括道路、给水管、雨水管、污水管、热力管、沼气管、电力及电讯电缆、照明设备、围墙、绿化等。

1. 道路

厂区道路应布置合理方便运输，通常围绕处理单元成环状。在这种情况下，道路可采用单行线，宽度以3.5m为宜；厂区内主干道路应建成双行线，其宽度视污水处理厂规模大小而定，一般为6~7m。

2. 供水

厂内供水一般由城市市政管网供应。管网布置应考虑各种处理构筑物的冲洗，并应考虑设置若干个消火栓。在大型污水处理厂内，用水量较大，为了节约用水，可考虑设置中水管道，将部分二级处理出水加以适当深度处理，用于处理构筑物的洗涤、冲厕以及绿化、消防用水等。

3. 雨水排除

设计污水厂时应考虑雨水排除，以免发生积水事故，影响生产。在小型污水厂内，可在竖向设计时使雨水自然排除，不用修建雨水管。在大型污水厂内，则应设置雨水管排除雨水。

4. 污水排除

厂内各种辅助建筑物如办公楼、化验室、宿舍等均有污水排出，必须设置污水管。污水管最后接入泵站前的城市污水干管中。厂内污水管也是各种构筑物放空或洗涤时的排水管。

5. 通信

对于小型污水处理厂，一般只考虑安装少量的外线电话；大、中型污水处理厂，由于人员较多，生产及辅助生产、生活的建筑和构筑物较多，为满足生产调度、行政管理及生活上的需要，一般考虑安装 30～200 门的电话交换机。

6. 供电

污水处理厂电力负荷性质应视污水处理厂规模和重要性确定，根据负荷性质及当地供电电源条件来确定为一路或两路电源供电。对于大型、中型污水处理厂，如电源有条件时，应争取采用双电源供电。供电电源的电压等级，应根据处理厂用电总容量及当地配电电网的情况，由供电部门确定。

7. 仪表及自动控制

污水处理厂仪表及自动控制设计，要掌握适当的设计标准，在有工程实效的前提下，考虑采用先进的仪表及自动化控制程序。测量仪表及自动化控制设备的数量、造型及控制方式的确定，要满足提高运行管理水平、提高处理水质、节约药剂和能耗、改善劳动条件、减少运行管理人员等要求。小型污水处理厂一般只设少量仪表，就地控制。大型、中型污水处理厂，一般设集中控制室，控制次数很少的，一般就地手动控制；控制次数多的，可采用集中控制或自动控制。控制室位置的确定，要考虑到接近工艺设施，满足卫生、噪声及采光、通风等条件。

8. 绿化

为了改善污水处理厂的环境和形象，保证工作人员的身心健康，必须尽可能在建筑物和构筑物之间或空地上进行绿化，形成优美的卫生环境。办公、化验、食堂、宿舍等经常有人员工作和生活的地区，与处理构筑物之间，应有一定宽度的绿化带隔离。在开敞式处理池附近，不宜种植乔木，以免落叶落入池中，增加维护工作量，应多种植草皮和灌木。

9. 围墙

为了防止闲杂人等进入污水处理厂，应设置围墙。围墙最好用漏空的，使外面的人可以看到厂内园林景观，一般可采用栅栏或上部开孔的矮砖墙。

6.3.2 污水处理工程的辅助建筑物

污水处理厂的辅助建筑物有办公楼、化验室、仓库、单身宿舍、维修车间、锅炉房、值班室、警卫室等，其规模随污水处理厂的规模和需要而定。在大型污水处理厂内，还需建设托儿所、幼儿园和接待室等。

1. 办公室及化验室

办公室是行政管理的中心，也是全厂的集中控制中心。办公室（楼）应位于厂区进口处，以便于来访和邮递人员进出。办公室的布置应考虑管理方便，其外形应较其他设施美观大方。行政办公用房每人（编制定员）平均面积为 $5.8 \sim 6.5 \text{m}^2$，化验室是检验污水处理工艺处理效果的地方，两者都是污水处理厂必不可少的建筑物。化验室面积和定员应根据污水处理厂规模和污水处理级别等因素确定，其面积和定员应按表6-4采用。在中型、小型污水处理厂中，办公室和化验室可建在同一建筑物内；而在大型污水处理厂中，化验项目较为齐全，仪器设备也较多，为了避免干扰，最好单独设置。

化验室面积和定员表 表6-4

污水处理厂规模 （ $\times 10^4 \text{m}^3/\text{d}$ ）	面积（ m^2 ）		二级污水处理厂 定员（人）
	一级污水处理厂	二级污水处理厂	
0.5 ~ 2	70 ~ 100	85 ~ 140	2 ~ 3
2 ~ 5	100 ~ 120	140 ~ 200	3 ~ 5
5 ~ 10	120 ~ 180	200 ~ 280	5 ~ 7
10 ~ 50	180 ~ 250	280 ~ 380	7 ~ 15

2. 维修间

维修间一般包括机修间、电修间和泥木工间。各部分面积和定员，应根据污水处理厂规模、处理级别等因素确定，可参考表6-5、表6-6、表6-7采用。

机修间面积和定员表 表6-5

污水处理厂规模（ $\times 10^4 \text{m}^3/\text{d}$ ）		0.5 ~ 2	2 ~ 5	5 ~ 10	10 ~ 50
一级污水 处理厂	车间面积（ m^2 ）	50 ~ 70	70 ~ 90	90 ~ 120	120 ~ 150
	辅助面积（ m^2 ）	30 ~ 40	30 ~ 40	40 ~ 60	60 ~ 70
	定员（人）	3 ~ 4	4 ~ 6	6 ~ 8	8 ~ 10
二级污水 处理厂	车间面积（ m^2 ）	60 ~ 90	90 ~ 120	120 ~ 150	150 ~ 180
	辅助面积（ m^2 ）	30 ~ 40	40 ~ 60	60 ~ 70	70 ~ 80
	定员（人）	4 ~ 6	6 ~ 8	8 ~ 12	12 ~ 18

电修间面积和定员表 表 6-6

污水处理厂规模	一级污水处理厂		二级污水处理厂	
（×10⁴m³/d）	面积（m²）	定员（人）	面积（m²）	定员（人）
0.5~2	15	2	20~30	2~3
2~5	15	2~3	30~40	3~5
5~10	20	3~5	40~50	5~8
10~50	20	5~8	50~70	8~14

泥木工间面积预定员表 表 6-7

污水处理厂规模	一级污水处理厂		二级污水处理厂	
（×10⁴m³/d）	面积（m²）	定员（人）	面积（m²）	定员（人）
5~10	30~40	2~3	40~50	3~5
10~50	40~70	3~5	50~100	5~8

3. 锅炉房

污水处理厂的锅炉房主要为污泥消化池加热服务，但也为各辅助建筑物供热服务。设计锅炉房时，应考虑设置堆煤场、堆渣场和运输问题。

4. 变电站

变电站应设在耗电量大的构筑物附近，在中、小型污水处理厂内，宜设在鼓风机房或进水提升泵站附近。在大型污水处理厂内，各构筑物相距较远，为了节省动力电缆，可设置若干个变电站，其数量视实际需要而定。

5. 仓库

仓库可集中或分散布置，其总面积参考表 6-8 采用。

仓库面积表 表 6-8

污水处理厂规模（×10⁴m³/d）	二级污水处理厂仓库总面积（m²）	污水处理厂规模（×10⁴m³/d）	二级污水处理厂仓库总面积（m²）
0.5~2	60~100	5~10	150~200
2~5	100~150	10~50	200~400

6. 食堂

食堂包括餐厅和厨房，面积定额应按表 6-9 采用。

食堂就餐人员面积定额表 表 6-9

污水处理厂规模（×10⁴m³/d）	面积定额（每人）(m²)	污水处理厂规模（×10⁴m³/d）	面积定额（每人）(m²)
0.5~2	2.6~2.4	5~10	2.2~2.0
2~5	2.4~2.2	10~50	2.0~1.8

7. 浴室

男女浴室的总面积（包括淋浴间、更衣室、厕所等）应按表6-10采用。

浴室面积表			表6-10
污水处理厂规模 （×10⁴m³/d）	二级污水处理厂浴室 面积（m²）	污水处理厂规模 （×10⁴m³/d）	二级污水处理厂浴室 面积（m²）
0.5～2	20～50	5～10	120～140
2～5	50～120	10～50	140～150

对于一级污水处理厂的浴室面积可按上表中的下限选择采用。

8. 宿舍

宿舍包括值班宿舍和单身宿舍。值班宿舍是中、夜班工人临时休息用房，其面积按$4m^2$/人考虑，宿舍人数可按值班总人数的45%～55%采用。单身宿舍是指常住在厂内的单身男女职工住房，其面积可按$5m^2$/人考虑。宿舍人数可按污水处理厂定员人数的35%～45%考虑。

9. 传达室

传达室可根据需要分为1～3间（收发室和休息室等），其面积可按表6-11采用。

传达室面积表			表6-11
污水处理厂规模 （×10⁴m³/d）	面积（m²）	污水处理厂规模 （×10⁴m³/d）	面积（m²）
0.5～2	15～20	5～10	20～35
2～5	15～20	10～50	25～35

10. 进出口

污水处理厂的正门一般设置在办公楼附近，污泥及物料运输最好另辟偏门，就近进出污水处理厂，以免影响环境卫生，并防止噪声干扰。

另外，在污水处理厂内还应设置操作工的休息室（带卫生间），其面积定额可按（$5m^2$/人）考虑，总面积不得少于$25m^2$；污水处理厂内宜设置球类等活动场地，面积按（$30m×20m$）考虑；厂内可设置自行车车棚，车棚面积应由存放车辆数及其面积定额确定。存放车辆数可按污水处理厂定员的30%～60%采用，面积定额可按（$0.8m^2$/辆）考虑。与污水处理厂有关的生活福利设施（如家属宿舍、托儿所等）应按国家有关规定执行。

第 7 章 污水处理厂工程经济分析

污水处理厂设计过程中，在各个阶段均需要进行投资分析，需要将各专业的工程量清单提交给概算、预算专业，由他们根据工程建设所在地的定额进行工程投资估算、概算和预算编制，并进行各项经济指标分析。在此基础上，再根据工艺专业提供的污水处理厂人员编制情况、设备用电量、药耗量、耗水量、耗煤量等，进行污水处理成本分析。

7.1 污水处理厂工程估算、概算、预算、决算

完成一个污水处理厂工程建设项目，往往需要耗资几十万、几百万，大的污水处理工程更是要耗资几亿、几十亿乃至更多。认真做好建设项目各个阶段的工程费用计算，可以提高投资效益，防止在工程项目建设过程中概算超估算、预算超概算、决算超预算的"三超"现象的发生。算得准确，控制住工程费用，是一个系统工程，它具有整体性、全过程、全方位和动态等性质特征。建设工程全过程的费用计算可包括：前期研究阶段，包括项目建议书（又称立项）估算、可行性研究的估算或者概算；设计阶段，包括初步设计总概算、施工图预算；施工阶段，包括招标、投标预算、施工图及施工预算、工程竣工结算（决算）；生产（使用）阶段，包括产品成本预算、设备更新预算等。各个阶段的工作影响工程费用的程度是不同的，从决策到初步设计结束，影响工程费用的程度为90%～75%；技术设计阶段为75%～35%；施工图设计阶段为35%～10%；施工实施阶段，通过技术组织措施节约工程造价的可能性只有5%～10%。因此，建设工程各个阶段的工程，前一阶段比后一阶段更重要，其节约工程费用的潜力也更大。

投资计算的方式很多，有的国家把各设计阶段的投资计算统称估算。在我国和很多国家，把项目建设的整个发展时期的投资计算分为：估算、概算、预算和决算4种。

估算是指项目决策阶段的投资计算工作，按深度分为概略估算和详细估算。概略估算是指根据实际经验、历史资料采用宏观的方法进行估算。这种方法虽然精确度不高，但在项目决策的初始阶段（比如项目建议书阶段）是十分必要的。详细估算（比如可行性研究阶段）是根据管道、厂、站工程综合指标或者分项指标以及设计资料进行估算。概算是指项目初步设计或者可行性研究阶段的投资

计算工作，按概算范围它分为总概算、单项工程综合概算及单位工程概算。总概算是详细地确定一个建设项目（如工厂）从筹建到建成投入使用的全部建设费用的文件，由工程费用（各单项工程的综合概算）、工程建设其他费用及预备费用等组成。单项工程综合概算是确定某一个单项工程的工程费用文件，是按某个完整的工程项目（如工厂的办公楼或者生产车间等）来进行编制。单位工程概算是具体确定单项工程内各个专业（如工厂的办公楼中的建筑工程或者安装工程等）设计的工程费用文件，概算是根据各类设计图纸和概算定额或者预算定额编制。

预算是指项目施工图设计阶段或者项目实施阶段的工程费用计算。一般按照单位工程或者单项工程编制。根据施工图设计图纸及预算定额编制。

综上所述，估算是由于条件限制（主要是设计图纸的深度不够），不能编制正式概算而对项目建设投资采取粗算的做法，这是估算和概算在计算方法上的区别。而设计概算是初步设计文件的一个重要组成部分，是工程费用拨款的依据，而估算只是项目筹建阶段上级审批项目建议书、可行性研究报告及项目设计任务书中对项目建设总投资的一个控制指标。概算与预算相比，预算比概算更细致。原则上，工程预算应该不大于工程概算，工程概算不大于工程估算。

竣工决算是全面反映一个建设项目或者单项工程从筹建到竣工投产全过程中各项资金的实际使用情况和设计概（预）算执行的结果。如果说设计总概算是项目建设的计划投资，则竣工结算是施工企业及建设单位完成项目建设的实际投资，实际比计划超支了还是结余了，通过分析可以研究其产生的原因。工程结算是施工企业完成工程任务后，按照合同规定向建设单位进行办理工程价款的结算，根据建筑产品的特点，工程结算的方式可以分为工程价款结算、年终结算和竣工结算。

7.2　污水处理厂建设投资

污水处理厂的建设投资包括污水处理工程各构筑物、污泥处理各构筑物、其他附属建筑工程、公用工程、污水厂区内管线、道路、绿化等，还包括部分厂外工程（供电线路、通信线路、临时道路等）。

在进行投资估算、概算或者预算时，需要根据地方或者国家的市政工程费用定额，按照单体构筑物、厂区总平面工程、厂外配套工程等各个方面进行第一部分工程费用计算。在获得第一部分工程费用的基础上，按照相关定额规定，计算得到第二部分工程费用，二者相加即可得到工程总投资。

以某 50000m³/d 处理规模的污水处理厂投资估算为例，进行污水处理厂工程总投资的估算，如表 7-1 所示。

污水处理厂投资估算表 表 7-1

序号	工程或费用名称	估算价格（万元）					合计（万元）
		土建工程	安装工程	设备购置	工具购置	其他费用	
一	第一部分工程费用						4795.7
1	污水处理工程	1309.6	159.9	795			2264.5
(1)	粗格栅污水提升泵房	34.7	5.8	83.5			124
(2)	细格栅间	5.2	3.2	22.5			30.9
(3)	曝气沉砂池	12.8	5.5	15.7			34
(4)	初沉池	198.8	33.5	102.7			335
(5)	曝气池	750.6	48.6	320.4			1119.6
(6)	二沉池	228.8	51.4	201.6			481.8
(7)	初沉池集配水井	11.2	1.5	3.2			15.9
(8)	二沉池集配水井	10.8	0.9	4.2			15.9
(9)	消毒接触池	22.5	1.6	5.5			29.6
(10)	巴氏计量槽	6.7	1.2	2.2			10.1
(11)	污泥回流泵房	27.5	6.7	33.5			67.7
2	污泥处理工程	702.8	65.4	362.1			1130.3
(1)	污泥浓缩池	11.5	0.8	4.4			16.7
(2)	贮泥池	15.4	1.5	4.2			21.1
(3)	一级消化池	452.6	33.5	201.7			687.8
(4)	二级消化池	189.6	21.4	91.5			302.5
(5)	污泥脱水间	25.7	7.5	54.9			88.1
(6)	污泥晾晒场	8.0	0.7	5.4			14.1
3	附属建筑物	281.6	49.2	310.6	118.8		760.2
(1)	综合办公楼	57.8			25.4		83.2
(2)	食堂	38.7			18.7		57.4
(3)	浴室	15.9					15.9
(4)	锅炉房	18.9	5.4	39.7			64
(5)	变电所	22.8	13.8	86.4			123
(6)	中心控制室	21.8	15.9	105.3			143
(7)	维修间	28.7			11.5		40.2
(8)	仓库	15.5			27.6		43.1
(9)	车库	15.8			35.6		51.4
(10)	传达室	1.2					1.2
(11)	鼓风机房	25.8	11.5	56.7			94
(12)	加氯间	18.7	2.6	22.5			43.8
4	总平面工程	211.8	116.7	64.5			393
5	生产辅助设备			39.7	87.5		127.2

续表

序号	工程或费用名称	估算价格（万元）					合计（万元）
		土建工程	安装工程	设备购置	工具购置	其他费用	
6	厂外配套工程	25.4	42.5				67.9
7	土方外运	52.6					52.6
二	第二部分工程费用					312.0	312.0
三	预备费用					246.0	246.0
四	小计						5353.7
五	建设期贷款利息					128.5	128.5
六	工程总投资	2583.8	433.7	1571.9	206.3	686.5	5482.2

7.3　污水处理厂主要工程设备

污水处理厂工程设计过程中，各个单体处理构筑物都有可能涉及到一些工程设备，这些工程设备既是污水处理厂建设投资的一个主要方面，在建成后运行过程中，它们也是污水处理厂的主要耗电设施。

现将污水处理厂中各单体构筑物中的主要工程设备见表7-2。

污水处理厂主要工程设备表　　　　表7-2

序　号	构　筑　物　名　称	设　备　名　称	备　注
1	格栅间	格栅除污机	间歇工作
2		栅渣切割机	间歇工作
3		带式输送机	间歇工作
4		电动启闭机	间歇工作
5		渠道闸门	间歇工作
6		电动吊车	间歇工作
7	污水提升泵房	潜水排污泵	连续工作
8		电动吊车	间歇工作
9		电动阀门	间歇工作
10	沉砂池	电动启闭机	间歇工作
11		渠道闸门	间歇工作
12		排砂机	间歇工作
13		空气压缩机	间歇工作
14		砂水分离器	间歇工作
15	初次沉淀池	电动刮泥机	连续工作
16	生化池	微孔曝气器	连续工作
17		潜水搅拌器	连续工作
18		电动阀门	间歇工作

续表

序 号	构 筑 物 名 称	设 备 名 称	备 注
19	二次沉淀池	电动刮吸泥机	连续工作
20	污泥泵房	污泥泵	连续工作
21		电动阀门	间歇工作
22		电动吊车	间歇工作
23	鼓风机房	鼓风机	连续工作
24		电动吊车	间歇工作
25	加氯间	加氯机	连续工作
26		漏氯吸收装置	间歇工作
27	投药间	溶药罐	连续工作
28		溶解罐	连续工作
29		投药计量泵	连续工作
30		电动吊车	间歇工作
31		电磁流量计	连续工作
32	污泥浓缩池	旋转装置	连续工作
33	污泥脱水间	污泥螺杆泵	连续工作
34		污泥粉碎机	连续工作
35		污泥脱水机	连续工作
36		高分子溶药装置	连续工作
37		投药计量泵	连续工作
38		空气压缩机	连续工作
39		无轴螺旋输送机	连续工作
40		潜水搅拌器	连续工作

7.4 污水处理项目运营成本分析

运营费用是指污水处理项目建成后,在污水处理厂运行期间所花费用。污水处理工程的运营成本直接关系到人们生活质量,运行费用的多少直接影响人们日常开支水平。

7.4.1 运营成本的组成

1. 总成本费用

总成本(总成本费用)是指项目在一定时期内(一般为一年)为生产和销售产品而花费的全部成本和费用,计算公式见式(7-1)、式(7-2)。

$$总成本费用 = 生产成本 + 管理费用 + 财务费用 + 销售费用 \quad (7-1)$$

或者 总成本费用＝外购原材料、燃料及动力＋工资及福利费用＋修理费用＋折旧费用＋摊销费用＋日常检修维护费＋利息支出＋其他费用 (7-2)

2. 经营成本

经营成本是指项目在一定时期内（一般为一年）为生产和销售产品而花费的现金，计算公式见公式（7-3）。

经营成本＝总成本费用－折旧费用－摊销费用－利息支出 (7-3)

3. 可变成本与固定成本

总成本＝固定成本＋可变成本 (7-4)

总成本由固定成本与可变成本组成，如式（7-4）所示。随着产品的产量变化而成比例增减的费用，称为可变成本，如原材料费用等，见式（7-5）；与产品产量的多少无关的费用，称为固定成本，如折旧费用、摊销费用、管理费用等，见式（7-6）。

固定成本＝工资福利费＋折旧费＋摊销费＋修理费＋日常检修维护费 (7-5)

可变成本＝外购原材料、燃料及动力费＋利息支出＋其他费用 (7-6)

4. 运行费用

运行费用是指企业在一定时期内，产品正常生产过程中消耗的原材料、燃料、动力、日常的检修维护以及与生产、销售的费用和支付的劳动报酬之和。不包括折旧、摊销、大修理费以及财务费用。

7.4.2 运营费用的计算

1. 基本计算参数

（1）给水排水工程有关的固定资产折旧年限参见表7-3。

（2）固定资产残值（残值－清理费用）按固定资产净值的4%计算。

给水排水工程固定资产折旧年限　　　　　　　　　　表7-3

项 目 名 称	年限（年）	基本折旧率（％）	项 目 名 称	年限（年）	基本折旧率（％）
机械设备	18	5.33	输电设备	28	3.43
电气设备	18	5.33	管道	30	3.2
空气压缩设备	19	5.05	水塔、蓄水池	30	3.2
自动化控制设备	10	9.6	污水池	20	4.8
半自动控制设备	12	8.0	其他建筑物	30	3.2
电子计算机	8	12.0	生产用房（钢、钢筋混凝土结构）	50	1.92
通用测试仪器及设备	10	9.6	生产用房（砖混结构）	40	2.4
成套工具及一般工具	18	5.33	生产用房（砖木结构）	30	3.2
其他非生产用设备及器具	22	4.36	受腐蚀性生产用房	30	3.2
真空吸滤机	20	4.8			

（3）固定资产基本折旧率：根据国家规定的固定资产分类折旧年限和水工程土建、安装和设备购置三者的投资比例，结合目前自来水水厂和污水处理厂的实际经营资料，分析测定的平均综合基本折旧率参见表7-4。

给水排水工程固定资产基本折旧率　　　　　　　　　　表7-4

工 程 类 别	给 水 工 程		排 水 工 程	
设备情况	基本国产	适量进口	基本国产	适量进口
综合基本折旧率（%）	4.4	5.0	4.6	5.2

注：适量进口是指重要设备由国外进口，一般设备采用国内产品。

2. 无形资产和递延资产摊销年限

（1）无形资产按规定期限分期摊销；没有规定期限的，按不少于10年分期摊销。

（2）递延资产按照不短于5年的期限分期摊销。排水工程的递延资产所占建设投资比重甚小，一般按照5年分期摊销。

（3）为简化计算，从投产之年起，平均按12.5年的期限分期摊销，即年摊销率为8%。

3. 修理费率

新的财会制度已不提存大修理基金，改列修理费。在此，修理费率可参考年大修理基金提存计算，参见表7-5。

年大修基金提存率　　　　　　　　　　表7-5

工 程 类 别	给 水 工 程		排 水 工 程	
设备情况	基本国产	适量进口	基本国产	适量进口
年大修基金提存率（%）	2.2	2	2.4	2.2

4. 日常检修维护费率

日常检修维护费率，对于排水工程一般可按1%计算。可合并于修理费中计算。

5. 平均利润（毛利）率

测算排水价格时，其平均利润（毛利）率一般按销售收入的8%～10%估算。

6. 定额流动资金周转天数

定额流动资金周转天数一般取定为90d。

7. 自有流动资金率

自有流动资金率除在建设资金筹措时未作明确规定的项目外，一般按流动资金的30%估算。

7.4.3 污水处理成本计算

污水处理成本的计算，通常还包括污泥处理部分。构成成本计算的费用项目有以下几项。

1. 处理后污水的排放费 E_1（元/年）

处理后污水排入水体如需支付排放费用的，按有关部门的规定计算，如式（7-7）所示：

$$E_1 = 365Qe \qquad (7-7)$$

式中　Q——平均日处理污水量，m^3/d；

e——处理后污水的排放费率，元/m^3。

2. 能源消耗费 E_2（元/年）

包括电费、水费等在污水处理过程中所消耗的能源费。工业废水处理中，有时还包括蒸汽、煤等能源消耗。耗量不大的能源可以忽略不计，耗量大的能源需要进行计算。其中电费的计算见公式（7-8）：

$$E_2 = \frac{8760Nd}{k} \qquad (7-8)$$

式中　E_2——能源消耗费，元/年；

N——污水处理厂内水泵、鼓风机、空压机及其他机电设备的功率总和（不包括备用设备），kW；

k——污水量总变化系数；

d——电费单价，元/（kW·h）。

3. 药剂费 E_3（元/年）

包括污水处理药剂费和污泥处理药剂费两类。

$$E_3 = \frac{365Qk_1}{k_2 \times 10^6}(a_1b_1 + a_2b_2 + a_3b_3 + \cdots\cdots) \qquad (7-9)$$

式中　a_1、a_2、a_3——各种药剂（包括混凝剂、助凝剂、消毒剂等）的平均投加量（mg/L），确定时应考虑药剂的有效成分。

$$a = \frac{a'}{\lambda} \qquad (7-10)$$

式中　　a'——药剂的理论需要量，mg/L；

λ——药剂中有效成分所占比例；

b_1、b_2、b_3——各种药剂的相应单价，元/t。

4. 工资及福利费 E_4（元/年）

$$E_4 = AN \qquad (7-11)$$

式中　A——职工每人每年的平均工资及福利费，元/（年·人）；

N——职工人数，人。

5. 固定资产基本折旧费 E_5（元/年）

$$E_5 = 固定资产原值 \times 综合基本折旧率 \qquad (7\text{-}12)$$

固定资产原值可按第一部分工程费用、预备费用和建设期借款利息三项费用之和估算。

6. 无形资产和递延资产摊销费 E_6（元/年）

$$E_6 = 无形资产和递延资产值 \times 年摊销费 \qquad (7\text{-}13)$$

无形资产和递延资产值可按第二部分工程建设其他费用与固定资产投资方向调节税之和估算。

7. 修理费

（1）大修理费 E_7（元/年）

$$E_7 = 固定资产原值 \times 大修理费率 \qquad (7\text{-}14)$$

（2）日常检修维护费 E_8（元/年）

$$E_8 = 固定资产原值 \times 检修维护费率 \qquad (7\text{-}15)$$

污水处理工程检修维护率一般按1%提取。

8. 管理费用、销售费用和其他费用 E_9（元/年）

包括管理和销售部门的办公费、取暖费、租赁费、保险费、差旅费、研究试验费、会议费、成本中列支的税金（如房产税、车船使用税等），以及其他不属于以上项目的支出等。一般可按上述各项费用总和的一定比率计算。

对于排水工程，根据统计分析资料，其比率一般可取15%，按下式计算。

$$E_9 = (E_1 + E_2 + E_3 + E_4 + E_5 + E_6 + E_7 + E_8) \times 15\% \qquad (7\text{-}16)$$

9. 流动资金利息支出 E_{10}（元/年）

$$E_{10} = (流动资金总额 - 自有资金总额) \times 流动资金借款年利率 \qquad (7\text{-}17)$$

10. 年运行成本 E_{11}（元/年）

$$E_{11} = E_1 + E_2 + E_3 + E_4 + E_8 + E_9 \qquad (7\text{-}18)$$

11. 年经营成本 E_{12}（元/年）

$$E_{12} = E_1 + E_2 + E_3 + E_4 + E_7 + E_8 + E_9 \qquad (7\text{-}19)$$

12. 年总成本 E_{13}（元/年）

$$E_{13} = E_1 + E_2 + E_3 + E_4 + E_5 + E_6 + E_7 + E_8 + E_9 + E_{10} \qquad (7\text{-}20)$$

13. 单位制水成本 E_{14}（元/m³）

$$E_{14} = \frac{E_{13}}{\sum Q} \qquad (7\text{-}21)$$

$$\sum Q = 365Q \qquad (7\text{-}22)$$

式中 $\sum Q$——全年处理污水量，m³/年。

14. 污水、污泥综合利用的收入

如不作为产品，且价值不大时，可不计入污水处理成本中；如果作为产品，且价值较大时，应作为产品销售，计入污水处理成本作为其他收入项。

7.5　污水处理厂主要用电设备

　　污水处理厂的主要单体处理构筑物都会包括一些用电设备，这些用电设备是污水处理厂的能耗大户。因此，采用高效低耗的用电设备是实现污水处理厂节能的一个重要途径。

　　现将污水处理厂中各单体构筑物中的主要用电设备列表如表7-6所示。

污水处理厂主要用电设备表　　　　表7-6

序　号	构　筑　物　名　称	设　备　名　称	备　　注
1	格栅间	格栅除污机	每天按8h工作时间计
2		栅渣切割机	每天按8h工作时间计
3		带式输送机	每天按8h工作时间计
4		电动启闭机	每天按0.2h工作时间计
5		电动吊车	每天按0.2h工作时间计
6	污水提升泵房	潜水排污泵	每天按24h工作时间计
7		电动吊车	每天按0.2h工作时间计
8		电动阀门	每天按0.2h工作时间计
9	沉砂池	电动启闭机	每天按0.2h工作时间计
10		排砂机	每天按6h工作时间计
11		空气压缩机	每天按6h工作时间计
12		砂水分离器	每天按6h工作时间计
13	初次沉淀池	电动刮泥机	每天按24h工作时间计
14	生化池	潜水搅拌器	每天按24h工作时间计
15		电动阀门	每天按0.2h工作时间计
16	二次沉淀池	电动刮吸泥机	每天按24h工作时间计
17	污泥泵房	污泥泵	每天按24h工作时间计
18		电动阀门	每天按0.2h工作时间计
19		电动吊车	每天按0.2h工作时间计
20	鼓风机房	鼓风机	每天按24h工作时间计
21		电动吊车	每天按0.2h工作时间计
22	加氯间	加氯机	每天按24h工作时间计
23		漏氯吸收装置	每天按2h工作时间计
24	投药间	搅拌机	每天按8h工作时间计
25		投药计量泵	每天按24h工作时间计
26		电动吊车	每天按0.2h工作时间计
27	污泥浓缩池	旋转装置	每天按24h工作时间计

续表

序　号	构　筑　物　名　称	设　备　名　称	备　　注
28		污泥螺杆泵	每天按 24h 工作时间计
29		污泥粉碎机	每天按 24h 工作时间计
30		污泥脱水机	每天按 24h 工作时间计
31	污泥脱水间	高分子溶药装置	每天按 12h 工作时间计
32		投药计量泵	每天按 24h 工作时间计
33		空气压缩机	每天按 4h 工作时间计
34		无轴螺旋输送机	每天按 4h 工作时间计
35		潜水搅拌器	每天按 24h 工作时间计

7.6　污水处理厂的电耗、药耗、用水、用煤和人员费用

　　污水处理厂用电包括生活用电和生产用电。对于所有生产用电设施，根据其额定功率和每天的工作时间，就可以计算出每天的实际耗电量；对于生活用电，包括厂区照明用电和建筑物房间用电的功率数，可以进行大致估算。总之，污水处理厂的主要电耗体现在生产用电上，特别是在鼓风机和污水、污泥提升泵能耗方面。

　　污水处理厂的药耗与污水处理工艺紧密相关。对于完全生物脱氮除磷工艺的污水处理厂来说，药剂的消耗主要在于污泥脱水这方面。可以根据每天剩余污泥的产量及污泥脱水药剂投加量进行计算，得到药耗量；如果需要进行化学除磷设计，那么，还需要计算相应的污水处理药剂投加量。此外，处理后的污水还需要进行加氯消毒处理。消耗的氯气量也应加入到药耗量里面。

　　污水处理厂用水主要体现在药剂溶解用水和生活用水方面，可以根据计算得到药剂调制需要的水量，另外，需要根据污水处理厂人员编制数进行生活用水量计算。

　　煤炭主要用于污水处理厂的锅炉房，在我国北方地区涉及到冬季取暖，用煤量较大；在南方地区，则用煤量就要少得多。

　　此外，需要根据污水处理厂的人员编制，以及当地工资水平，进行人员费用计算。

第8章 工艺专业给相关专业提交专业设计条件

污水处理厂设计的时候，首先由工艺专业（给水排水专业）向其他专业介绍本污水处理厂工程的设计规模、工艺流程、厂区地面及道路的设计标高等基本设计条件，然后分别向不同的相关专业提供专业条件，以便于各个专业的工作开展，最终共同完成整个工程的设计工作。

8.1 给建筑专业提设计条件

建筑专业对污水处理厂中的所有建筑物进行建筑设计和污水处理厂总图工程设计。常规污水处理厂中建筑物有综合楼、门卫、机修间及仓库、变配电间、锅炉房（寒冷地区）、鼓风机房、投药间、加氯间、污泥脱水机房等。

工艺专业给建筑专业提供：

（1）初步的污水处理厂总平面图，要表示出：厂区内各单体建筑物、构筑物、道路、厂区出入口的布置；厂区地面及道路的设计标高。

（2）各单体建筑物的初步工艺设计图，明确建筑物的功能要求，要表示出：工艺要求的建筑物最小平面内壁尺寸和高度；室内、外地面标高；工艺设备、构件、管道及附件的安装布置；设备基础的尺寸；预埋管、预埋件的位置、尺寸、材料，预留洞的位置、尺寸；集水坑、排水沟槽的尺寸、位置等。

（3）污水处理厂的人员数量。

经过与其他相关专业沟通后，建筑专业将各单体建筑物的平面图、剖面图反提给工艺专业。

8.2 给结构专业提设计条件

结构专业对污水处理厂中的所有建、构筑物进行结构设计。污水处理厂中通常的构筑物有粗格栅与进水泵房、细格栅与沉砂池、初次沉淀池、生化池、二次沉淀池、污水回流泵房、污泥泵房、污泥储池、污泥浓缩池、污泥消化池等。

工艺专业首先要提供初步的污水处理厂总平面图，要表示出：厂区内各单体建、构筑物的位置，厂区地面及道路的设计标高。

对于建筑物的结构设计，工艺专业需提供各单体建筑物的初步工艺设计图，要表示出：建筑物内如鼓风机、电机、加药设备、加氯设备、脱水机等设备的重量。

对于构筑物的结构设计，工艺专业需提供各单体构筑物的初步工艺设计图，提供构筑物的各种运行工况，如构筑物的水位变化范围，水池的中间隔墙两侧是否有一面满水位另一侧无水的情况。要表示出：构筑物的内壁尺寸和标高；细部构造尺寸；工艺设备、构件、管道及附件的安装；水位标高；构筑物旁地面标高；预埋管、预埋件的位置、尺寸、材料，预留洞的位置、尺寸；构筑物内如污水泵、刮泥机、搅拌器等设备的重量。

经过与其他相关专业沟通后，结构专业需将各单体构筑物的平面图、剖面图反提给工艺专业。

8.3　给电气专业提设计条件

电气专业对污水处理厂进行变配电设计、动力设计、照明设计。

工艺专业需提供：

（1）污水处理厂总平面图，要表示出：厂区内各单体建、构筑物的位置、道路布置；除单体建、构筑物外的所有需要用电设备的名称、位置，如：工艺管线上的电动阀门。

（2）有用电要求的单体建、构筑物的工艺设计图，要表示出：建、构筑物中所有用电设备的位置，工作及备用数量和设备的电气参数，如电压、功率等。

8.4　给自动控制专业提设计条件

自动控制专业对污水处理厂进行运行控制系统、厂区闭路电视监视系统、厂区电话通信系统、工艺过程的检测仪表、控制仪表以及电能检测仪表的设计。

工艺专业需提供：

（1）污水处理厂总平面图，要表示出：厂区内各单体建、构筑物的位置。

（2）工艺流程图，要表示出：各单体构筑物的水位标高。

（3）有运行控制要求和工艺过程检测要求的单体建筑物、构筑物的工艺设计图，要表示出：建筑物、构筑物中有运行控制要求的设备位置和设备的运行控制要求。工艺过程的检测仪表在建筑物、构筑物中的位置和检测要求，如：粗格栅池格栅前后分别设置一套超声波液位计，测量格栅前后液位值，根据液位差值控制格栅的清污动作。格栅后液位测量值作为进水水泵的控制依据，可以设定在不同水位下水泵的开启台数，何种水位下水泵关闭。进水泵房集水井内设置一套浮球液位开关，设定超低液位报警防止水泵干运行。细格栅设超声波液位差计，测量格栅前后液位差值，控制格栅的清污动作。沉砂池的进口设置水质检测仪表检测进水水质酸碱度/温度（pH/T）、悬浮固体浓度（SS）、化学需氧量（COD）、总磷（TP）、氨氮（NH$_3$-N）。初沉池设污泥界面计，根据泥位控制初沉池排泥堰门。对于 A/O 生物反应池，缺氧池（反硝化）内设置 1 套 ORP 检测仪，好氧池（硝化）前端、中端和末端各设 1 套 DO 检测仪，测量溶解氧值，通过不同廊道处设置的 DO 仪来调节鼓风机的开启台数及转数；好氧池出水处设置 1 套 MLSS 检测仪测量出水混合液悬浮固体浓度，根据污水量、MLSS 值、回流污泥泵池的液位来控制回流污泥泵的开启台数及时间。鼓风机空气总管设置压力变送器、温度变送器和空气流量计，检测鼓风机的出口压力、温度和空气量。污泥泵房的回流及剩余污泥池内分别设置一套超声波液位计和一套浮球液位开关，控制污泥泵的运行，液位开关设定超低液位报警防止污泥泵干运行。储泥池内设超声波液位计，监测储泥池内液位。二沉池设污泥界面计，根据泥位控制二沉池排泥堰门。出水泵房进水处设置水质分析检测仪表，在线检测出水水质，包括酸碱度/温度（pH/T）、悬浮固体浓度（SS）、化学需氧量（COD）、总磷（TP）、氨氮（NH$_3$-N）。在消毒池后管道上计量出厂尾水流量，在回流污泥管道与剩余污泥管道上计量回流污泥流量与剩余污泥流量。

其他一些成套设备如絮凝剂制备单元、脱水机组，由设备制造商配套提供的控制柜进行协调控制，设备的状态和工况上传到中控室。这些成套设备的控制条件接口由设备制造商提供给自动控制专业设计人员。

8.5 给其他专业提设计条件

8.5.1 采暖通风专业

工艺专业需提供：

（1）污水处理厂总平面图，要表示出：厂区内各单体建筑物、构筑物的位置。

（2）根据工艺要求，有采暖及通风要求的单体建筑物的工艺设计图，要表示出建筑物的平面尺寸和高度。

8.5.2 造价专业

工艺专业需提供：

（1）污水处理厂总平面图，要表示出：厂区内各单体建筑物、构筑物的位置；厂区内所有管线、管配件、工艺设备的规格、数量、材料清单，要明确压力要求，厂区内所有管线的埋深；对于套用标准图的管配件要标明标准图的图号；对于可以套用标准图的阀门井（套筒）、隔油池、窨井要标明标准图的图号。

（2）所有涉及到工艺设备、管道及附件的建筑物、构筑物的工艺设计图，要表示出所有工艺设备、管道及附件的规格、数量、材料清单，要明确压力要求。

8.6 给其他各专业提设计条件举例

填写工程设计条件提供单，条件提供单上应标明工程名称、工程编号、设计阶段、提供专业、接收专业、提供内容，并有提供人、校核人、审核人、接收人、提供设计条件的专业负责人以及项目负责人的签字。

在本书中，以初沉池为例，列举工艺专业给其他专业提的条件图。

提供专业：工艺专业；接收专业：结构、电气、自控、造价专业。

提供内容写明提供初沉池的工艺条件图（一）、（二）、（三），初沉池需检测泥位。

初沉池工艺条件图（一）、（二）、（三）详见图8-1~图8-3，电气、自控设计条件单见表8-1。

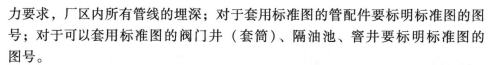

电气、自控设计条件单   表 8-1

工 程 名 称	某污水处理厂工程	工程号	
图 纸 名 称	二沉池	设计阶段	初步设计

一、电气条件
  1. 周边传动刮泥机   2 台
    单台功率：$N=0.37$kW
  2. 手电两用升杆闸门   2 台
    单台功率：$N=1.1$kW
  3. 电动渠道闸门   2 台
    单台功率：$N=1.5$kW

二、仪表条件
  1. 泥位计2个，测量范围0~4m（相对高程）
  2. 液位计2个，测量范围0~5m（相对高程）
  3. 污泥浓度计2个，测量范围0~50000mg/L

三、控制条件
  根据初次沉淀池中泥位计和污泥浓度计双重控制刮泥机的开停。当初次沉淀池中泥位高度达到1.0m，或者污泥浓度计显示沉淀污泥浓度达到40000mg/L时，启动周边传动刮泥机进行排泥；当泥位高度达到0.2m，或者污泥浓度计显示沉淀污泥浓度下降至4000mg/L以下时，关停周边传动刮泥机。

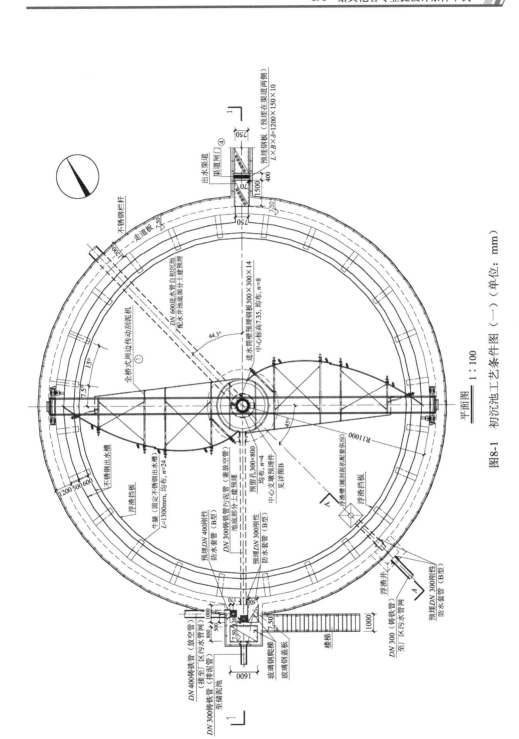

平面图　1：100

图8-1　初沉池工艺条件图（一）（单位：mm）

169

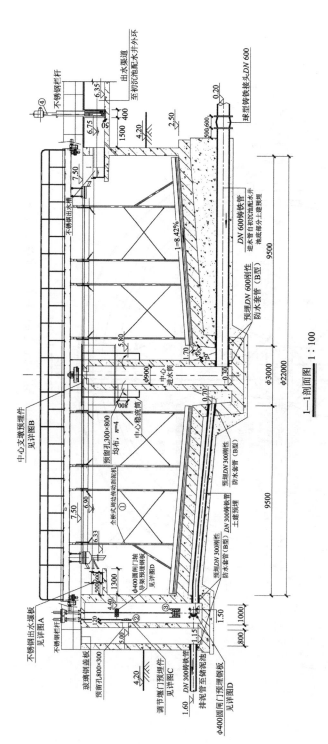

说明：

1. 本工程采用吴淞高程系，图中所注标高为绝对标高。

2. 图中尺寸单位：标高以米计，其余为毫米。

3. 本工程设计规模5.5万m³/d，一期工程规模2.75万m³/d。

4. 本工程共建4座初沉池，一期先建2座。本图为3~2池平面图。

主要设备清单（单池）

序号	名　称	规　格	一期数量	远期数量	单位	备　注
①	全桥式周边传动刮泥机（含浮渣收集斗及浮渣挡板、不锈钢出水槽、中心稳流筒等）	φ=22m　电机功率0.37kW	2	4	台	
②	手动排泥调节堰门	孔口宽度800mm　孔口高度300mm	2	4	个	
③	手电两用升杆闸门	φ=400mm　P=1.1kW	2	4	台	放空用
④	电动渠道闸门	B×H=750×900mm　P=1.5kW	2	4	台	用于出水明渠

图8-2　初沉池工艺条件图（二）

170

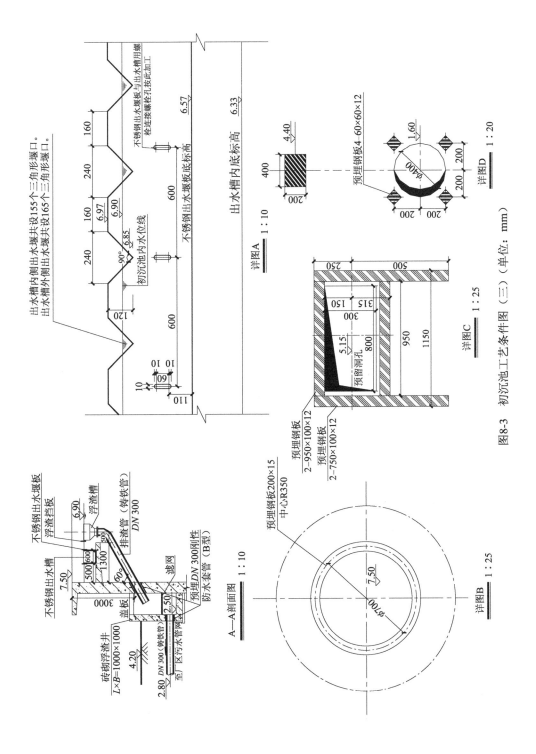

图8-3 初沉池工艺条件图（三）（单位：mm）

171

第9章 典型污水处理厂工艺设计实例

本章通过一个污水处理厂的设计计算过程和初步工艺图纸绘制，来帮助读者细致地了解污水处理厂的设计过程，加深对污水处理厂工艺设计的认识。

9.1 设计原始资料

9.1.1 水质情况

某市，设计水量为 $Q=50000\mathrm{m^3/d}$，设计原水水质如表 9-1 所示：

原水水质 表 9-1

水质指标	COD（mg/L）	BOD（mg/L）	SS（mg/L）	TN（mg/L）	NH₃-N（mg/L）	TP（mg/L）	pH
进水	360	190	200	35	30	3	6~9

污水经过处理后，主要污染物指标要求达到我国《城镇污水处理厂污染物排放标准》GB 18918—2002 中规定的一级 B 标准。具体水质数据如表 9-2 所示：

出水水质 表 9-2

水质指标	COD（mg/L）	BOD（mg/L）	SS（mg/L）	TN（mg/L）	NH₃-N（mg/L）	TP（mg/L）	pH
出水	60	20	20	20	8	1	6~9

9.1.2 水量情况

设计污水量：$50000\mathrm{m^3/d}$

总变化系数：$K=\dfrac{2.7}{Q^{0.11}}=1.341$

设计最大流量：$Q_{\max}=Q\cdot K=50000\mathrm{m^3/d}\times1.341=67050\mathrm{m^3/d}=0.776\mathrm{m^3/s}$

9.2 处理工艺流程

待处理原水需要脱氮除磷，本设计拟采用以 $\mathrm{A^2/O}$ 为生化主体的处理工艺，流程如图 9-1 所示：

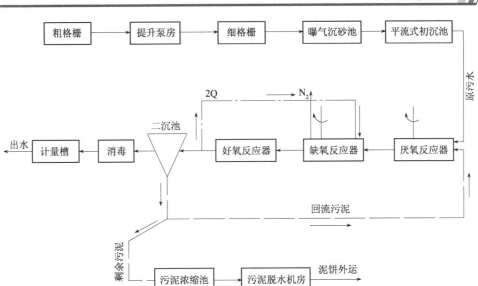

图 9-1 污水处理工艺流程

9.2.1 粗格栅

污水处理厂的污水由一根污水管从城区直接接入格栅间。格栅设置 2 个，可以在水量较小的时候，开启 1 个运行；达到大水量的时候，2 个同时开启运行。格栅计算简图如图 9-2 所示。

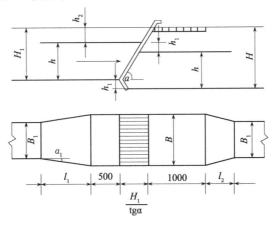

图 9-2 粗格栅计算简图

已知条件：

最大流量 $Q_{max} = 0.776 \mathrm{m^3/s}$，取栅前明渠水流速度 $v = 0.6 \mathrm{m/s}$。

1. 栅条的间隙数

设栅前水深 $h = 0.8 \mathrm{m}$，过栅流速 $v = 0.9 \mathrm{m/s}$，栅条间隙宽度 $b = 0.02 \mathrm{m}$，格栅倾角 $\alpha = 60°$，则：

$$Q_{max} = 0.5 \times 0.776 \mathrm{m^3/s} = 0.388 \mathrm{m^3/s}$$

173

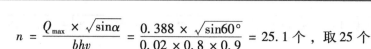

$$n = \frac{Q_{\max} \times \sqrt{\sin\alpha}}{bhv} = \frac{0.388 \times \sqrt{\sin 60°}}{0.02 \times 0.8 \times 0.9} = 25.1 \text{ 个，取 } 25 \text{ 个}$$

式中　$Q_{\max}$——最大设计流量，m^3/s；

　　　α——格栅倾角，（°），取 $\alpha = 60°$；

　　　b——栅条间隙，m，取 $b = 0.02\text{m}$；

　　　n——栅条间隙数，个；

　　　h——栅前水深，m，取 $h = 0.8\text{m}$；

　　　v——过栅流速，m/s，取 $v = 0.9\text{m/s}$。

2. 栅槽宽度 B

栅槽宽度一般比格栅宽 $0.2 \sim 0.3\text{m}$，取 0.2m

设栅条宽度：$S = 0.01\text{m}$

则栅槽宽度：

$$B = S(n-1) + bn = 0.01\text{m} \times (25-1) + 0.02\text{m} \times 25 + 0.2\text{m} = 0.94\text{m} \approx 1.0\text{m}$$

3. 通过格栅的水头损失 h_1

1）进水渠道渐宽部分的长度 L_1：

设进水渠宽 $B_1 = 0.5\text{m}$，其渐宽部分展开角度 $\alpha_1 = 20°$，进水渠道内的流速为 0.77m/s。

$$L_1 = \frac{B - B_1}{2\tan\alpha_1} = \frac{1.0 - 0.5}{2\tan 20°}\text{m} \approx 0.69\text{m}$$

2）格栅与出水渠道连接处的渐窄部分长度 L_2：

$$L_2 = \frac{L_1}{2} = \frac{0.69\text{m}}{2} \approx 0.35\text{m}$$

通过格栅的水头损失 h_1：

$$h_1 = h_0 k$$

$$h_0 = \xi \frac{v^2}{2g}\sin\alpha，\ \xi = \beta\left(\frac{S}{b}\right)^{4/3}$$

式中　h_1——设计水头损失，m；

　　　h_0——计算水头损失 m；

　　　g——重力加速度，m/s^2；

　　　k——系数，格栅受污染物堵塞时水头损失增大倍数，一般采用 3；

　　　ξ——阻力系数，与栅条断面形状有关，可按手册提供的计算公式和相关系数计算；

　　　β——设栅条断面为锐边矩形断面，$\beta = 2.42$。

$$h_1 = h_0 k = \beta\left(\frac{S}{b}\right)^{4/3}\frac{v^2}{2g}\sin\alpha k$$

$$= 2.42 \times \left(\frac{0.01}{0.02}\right)^{4/3} \times \frac{0.9^2}{19.6} \times \sin 60° \times 3\text{m} = 0.103\text{m}$$

为安全起见，取 $h_1 = 0.25\text{m}$

4. 格栅总长度 L

$$L = L_1 + L_2 + 1.0 + 0.5 + \frac{H_1}{\tan\alpha}$$

式中　H_1——栅前渠道深，$H_1 = h + h_2$，m；

　　　h_2——超高，m。

$$L = 0.69\text{m} + 0.35\text{m} + 1.0\text{m} + 0.5\text{m} + \frac{0.8\text{m} + 0.3\text{m}}{\tan 60°} = 3.18\text{m}$$

5. 每日栅渣量 W

$$W = \frac{86400 Q_{\max} W_1}{1000 K_z}$$

式中　W_1——栅渣量，$\text{m}^3/10^3\text{m}^3$ 污水，格栅间隙为 16 ~ 25mm 时，$W_1 = 0.05 ~$
　　　　$0.10\text{m}^3/10^3\text{m}^3$ 污水；格栅间隙为 30 ~ 50mm 时，$W_1 = 0.03 ~ 0.1\text{m}^3/$
　　　　10^3m^3。本工程格栅间隙为 20mm，取 $W_1 = 0.07\ \text{m}^3/10^3\text{m}^3$ 污水。

$$W = \frac{86400 \times 0.388 \times 0.07\text{m}^3/\text{d}}{1000 \times 1.341} = 1.75\text{m}^3/\text{d} > 0.2\text{m}^3/\text{d}$$

采用机械清渣。

9.2.2　污水提升泵房

1. 集水间计算

选择水池与机器间合建式泵站，采用 3 台泵（2 用 1 备），每台水泵的流量

$$Q = 776/2\text{L/s} = 388\text{L/s}$$

集水间的容积，采用相当于最大 1 台泵 5min 的容量

$$W = 0.388 \times 5 \times 60\text{m}^3 = 116.4\text{m}^3$$

有效水深采用 $H = 2\text{m}$，则集水池面积：

$$F = 58.2\text{m}^2$$

2. 水泵总扬程估算

集水池最低工作水位与所需提升最高水位之差为：

$$H_s = 5.10\text{m} - (-5)\text{m} = 10.10\text{m}$$

其中 5.10 为集水池最低工作水位，详细计算过程见表 9-6。

出水管水头损失：每台水泵单用 1 根出水管，每台水泵 $Q = 388\text{L/s}$，每根吸水管的管径为 600mm，流速为 1.37m/s，$1000i = 4.26$，设管总长为 30m，局部损失占沿程损失的 30% 计，则总损失为：

$$h = 30 \times (1 + 0.3) \times \frac{4.26}{1000}\text{m} = 0.17\text{m}$$

泵站内管线水头损失假设为 1.5m，考虑自由水头为 1.0m。

水泵总扬程为：$H = 10.10\text{m} + 0.17\text{m} + 1.5\text{m} + 1.0\text{m} = 12.77\text{m}$，取 13m。

选用 350QW1500-15-90 潜污泵，其扬程为 15m（符合要求）。

9.2.3　配水井

1. 进水管管径 D_1

配水井进水管的设计流量为 $Q = 0.58$（m^3/s），当配水管采用两根管径 $D_1 = 800mm$ 的铸铁管时，查水力计算表，得知 $v = 1.15m/s$，满足设计要求。

2. 矩形宽顶堰

进水从配水井底中心进入，经等宽度堰流入2个水斗再由管道接入2座后续构筑物，每个后续构筑物的分配水量应为 $q = 0.29m^3/s$。配水采用矩形宽顶溢流堰至配水管。

（1）堰上水头 H

因单个出水溢流堰的流量为 $q = 0.29m^3/s$，一般大于 $0.1m^3/s$ 采用矩形堰，小于 $0.1m^3/s$ 采用三角堰，本设计采用矩形堰（堰高 h 取 $0.5m$）

矩形堰的流量：$q = m_0 bH \sqrt{2gH}$

式中　q——矩形堰的流量，m^3/s；

H——堰上水头，m；

b——堰宽，m，取堰宽 $b = 0.8m$；

m_0——流量系数，通常采用 $0.327 \sim 0.332$，取 0.33。

则

$$H = \left(\frac{q^2}{m_0^2 b^2 2g} \right)^{\frac{1}{3}}$$

$$= \left(\frac{0.29^2}{0.33^2 \times 0.8^2 \times 2 \times 9.8} \right)^{\frac{1}{3}} m$$

$$= 0.39m$$

（2）堰顶厚度 B

根据有关实验资料，当 $2.5 < \frac{B}{H} < 10$ 时，属于矩形宽顶堰。取 $B = 1.2m$，这时 $\frac{B}{H} = 3.08$，所以该堰属于矩形宽顶堰。

3. 配水管管径 D_2

设配水管管径 $D_2 = 800mm$，流量 $q = 0.29m^3/s$，查水力计算表，得知：

$$v = 1.15m/s。$$

4. 配水漏斗上口口径 D

按配水井内径的 1.5 倍设计，$D = 1.5 \times D_1 = 1.5 \times 800mm = 1200mm$。

5. 配水井水头损失

根据给水排水设计手册，单个配水井取水头损失 $0.2m$。

9.2.4 细格栅

设计流量：单池 $Q = 388\mathrm{L/s}$，以最大时流量计；栅前流速：$v_1 = 0.7\mathrm{m/s}$，过栅流速：$v_2 = 0.9\mathrm{m/s}$；栅条宽度：$S = 0.01\mathrm{m}$，栅条净间距 $b = 0.01\mathrm{m}$；栅前部分长度：$0.5\mathrm{m}$，格栅倾角：$\alpha = 60°$，单位栅渣量：$0.07\mathrm{m^3/(10^3\,m^3\ 污水)}$。细格栅计算简图如图9-3所示。

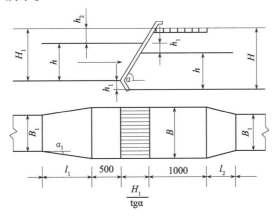

图9-3 细格栅计算简图

1. 栅条的间隙数

设栅前水深 $h = 0.8\mathrm{m}$，过栅流速 $v = 0.9\mathrm{m/s}$，栅条间隙宽度 $b = 0.01\mathrm{m}$，格栅倾角，$\alpha = 60°$，则：

$$Q = 0.5 \times 776\mathrm{L/s} = 0.388\mathrm{m^3/s}$$

$$n = \frac{Q \times \sqrt{\sin\alpha}}{bhv} = \frac{0.388 \times \sqrt{\sin 60°}}{0.01 \times 0.8 \times 0.9} = 50.1\ \text{个，取 } 50\ \text{个}$$

式中 $Q_{\max}$——最大设计流量，$\mathrm{m^3/s}$；

         α——格栅倾角，（°），取 $\alpha = 60°$；

         b——栅条间隙，m，取 $b = 0.01\mathrm{m}$；

         n——栅条间隙数，个；

         h——栅前水深，m，取 $h = 0.8\mathrm{m}$；

         v——过栅流速，m/s，取 $v = 0.9\mathrm{m/s}$。

2. 栅槽宽度 B

栅槽宽度一般比格栅宽 $0.2 \sim 0.3\mathrm{m}$，取 $0.2\mathrm{m}$

设栅条宽度：$S = 0.01\mathrm{m}$

则栅槽宽度：$B = S(n-1) + bn = 0.01 \times (50-1)\mathrm{m} + 0.01\mathrm{m} \times 50 + 0.2\mathrm{m} = 1.19\mathrm{m}$

3. 通过格栅的水头损失 h_1

（1）进水渠道渐宽部分的长度 L_1

设进水渠宽 $B_1 = 0.6\mathrm{m}$，其渐宽部分展开角度 $\alpha_1 = 20°$，进水渠道内的流速为 0.77m/s。

$$L_1 = \frac{B - B_1}{2\tan\alpha_1} = \frac{1.19 - 0.6}{2\tan20°}m = 0.81m$$

（2）格栅与出水渠道连接处的渐窄部分长度 L_2（m）

$$L_2 = \frac{L_1}{2} = \frac{0.81m}{2} = 0.41m$$

（3）通过格栅的水头损失 h_1（m）

$$h_1 = h_0 k$$

$$h_0 = \xi \frac{v^2}{2g}\sin\alpha, \xi = \beta\left(\frac{S}{b}\right)^{4/3}$$

式中　h_1——设计水头损失，m；

　　　h_0——计算水头损失，m；

　　　g——重力加速度，m/s²；

　　　k——系数，格栅受污染物堵塞时水头损失增大倍数，一般采用3；

　　　ξ——阻力系数，与栅条断面形状有关，可按手册提供的计算公式和相关
系数计算；

　　　β——设栅条断面为锐边矩形断面，$\beta = 2.42$。

$$h_1 = h_0 k = \beta\left(\frac{S}{b}\right)^{4/3} \frac{v^2}{2g}\sin\alpha k$$

$$= 2.42 \times \left(\frac{0.01}{0.01}\right)^{4/3} \times \frac{0.9^2}{19.6} \times \sin60° \times 3m = 0.260m$$

为安全起见，取 $h_1 = 0.30m$。

4. 格栅总长度 L

$$L = L_1 + L_2 + 1.0 + 0.5 + \frac{H_1}{\tan\alpha}$$

式中　H_1——栅前渠道深，$H_1 = h + h_2$；

　　　h_2——超高，m。

$$L = 0.81m + 0.41m + 1.0m + 0.5m + \frac{0.8 + 0.3}{\tan60°}m = 3.36m$$

5. 每日栅渣量 W

$$W = \frac{86400Q_{max}W_1}{1000K_z}$$

式中　W_1——栅渣量，m³/（10³m³ 污水）。格栅间隙为 16~25mm 时，$W_1 = 0.05~0.10m³/10³m³$ 污水；格栅间隙为 30~50mm 时，$W_1 = 0.03~0.10m³/10³m³$。本工程格栅间隙为 10mm，取 $W_1 = 0.07m³/$（10³m³ 污水）。

$$W=\frac{86400\times 0.388\times 0.07}{1000\times 1.341}\mathrm{m^3/d}=1.75\mathrm{m^3/d}>0.2\mathrm{m^3/d}$$

采用机械清渣。

9.2.5 曝气沉砂池

曝气沉砂池计算简图如图 9-4 所示。

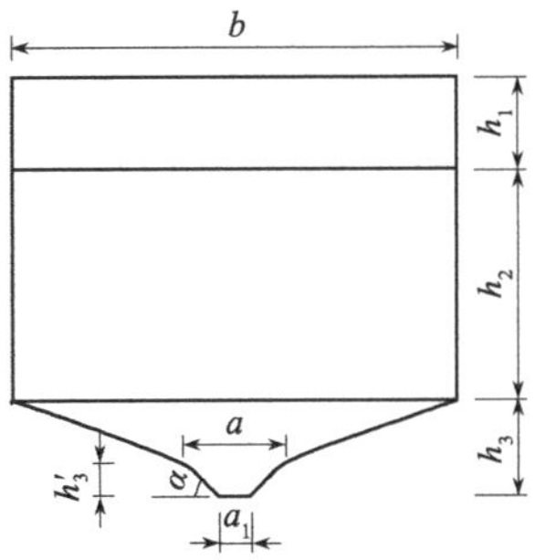

图 9-4 沉砂池计算简图

1. 池子总有效容积 *V* （m^3）

$$V=Q_{max}t\times 60$$

式中 Q_{max}——设计流量，m^3/s，$Q_{max}=0.776m^3/s$；

t——设计流量下的流行时间，min，取 $t=2\mathrm{min}$。

则：$V=0.776\times 2\times 60m^3=93.12m^3$。

2. 水流断面面积 *A* （m^2）

$$A=\frac{Q}{v_1}$$

式中 v_1——设计流量时的水平流速，m/s，取 $v_1=0.1m/s$。

$$A=\frac{Q}{v_1}=\frac{0.776}{0.1}m^2=7.76m^2$$

3. 池总宽度 *B* （m）

$$B=\frac{A}{h_2}$$

式中 h_2 为设计有效水深，m，取 $h_2=2m$。

则：

$$B=\frac{A}{h_2}=\frac{7.76}{2}m=3.88m$$

每个池子宽度 b，m

取 $n=2$ 格，$b=\frac{B}{n}=\frac{3.88}{2}m=1.94m$，取 2m

池长 L，m

$$L=\frac{V}{A}=\frac{93.12}{7.76}m=12m$$

4. 每小时所需空气量 *q* （m^3/h）

$$q=dQ_{max}\times 3600$$

式中 d 为每 $1m^3$ 污水所需空气量，m^3，取 $d=0.2m^3/m^3$ 污水

则：$$q=0.2\times 0.776\times 3600m^3/h=558.72m^3/h$$

取曝气干管管径 *DN* 100，支管管径 *DN* 50。

$$v_{干} = \frac{q}{s} = \frac{558.72/2}{3600 \cdot \pi \cdot 0.1^2/4} \text{m/s} = 9.9 \text{m/s}$$

$$v_{支} = \frac{q}{s} = \frac{558.72/12}{3600 \cdot \pi \cdot 0.05^2/4} \text{m/s} = 6.6 \text{m/s}$$

5. 沉砂室沉砂斗体积 V（m^3）

设 $T = 2d$，则：

$$V = \frac{Q_{max} \times X \times T \times 86400}{k_z \times 10^6}$$

式中　X——城市污水的含沙量，取 $X = 30 \text{m}^3/10^6 \text{m}^3$

则：

$$V = \frac{Q_{max} \times X \times T \times 86400}{k_z \times 10^6} = \frac{0.776 \times 30 \times 2 \times 86400}{1.341 \times 10^6} \text{m}^3 = 3 \text{m}^3$$

设每 1 个分格有 1 个沉砂斗

$$V_0 = \frac{3}{2} \text{m}^3 = 1.5 \text{m}^3$$

沉砂斗各部分尺寸

设斗底宽 $a_1 = 0.4 \text{m}$，斗高 $h_3 = 0.5 \text{m}$，沉砂斗上口宽为：$a = 2 \text{m}$

沉砂斗容积为：

$$V_0 = \frac{h_3}{2}(a + a_1) \cdot L = \frac{0.5}{2}(2 + 0.4) \times 12 \text{m}^3 = 7.2 \text{m}^3 > 1.5 \text{m}^3 \text{（符合要求）}$$

6. 池总高度 H（m）

设超高 $h_1 = 0.5 \text{m}$

$$H = h_1 + h_2 + h_3 = 0.5 \text{m} + 2 \text{m} + 0.5 \text{m} = 3.0 \text{m}$$

机械选型：选择 BX-5000 型泵吸砂机 1 台功率泵功率 3kW，行走功率 1.1kW；选择 LSF-355 型螺旋砂水分离器 1 台，功率 3kW。

9.2.6　初次沉淀池

设计选用平流沉淀池，沉淀池计算简图如图 9-5 所示。

1. 池子总面积 A（m^2）

$$A = \frac{Q \times 3600}{q'}$$

式中　Q——设计流量，m^3/s，$Q = 50000 \text{m}^3/\text{d} = 0.579 \text{m}^3/\text{s}$

q'——表面负荷，$\text{m}^3/(\text{m}^2 \cdot \text{h})$，取 $q' = 2.0 \text{m}^3/(\text{m}^2 \cdot \text{h})$

则：

$$A = \frac{0.579 \times 3600}{2} \text{m}^2 = 1042.2 \text{m}^2$$

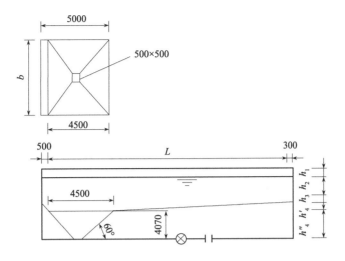

图 9-5 初次沉淀池计算简图

2. 沉淀部分有效水深 h_2（m）

$$h_2 = q't$$

式中　t——沉淀时间，h，取 $t = 1.5$h。

　　则　　　　　　　　　$h_2 = 2 \times 1.5\text{m} = 3\text{m}$

3. 沉淀部分有效容积 V'（m³）

$$V' = Q_{max} \times t \times 3600 = 0.579 \times 1.5 \times 3600\text{m}^3 = 3126.6\text{m}^3$$

4. 池长 L（m）

$$L = vt \times 3.6$$

式中　v——水平流速，mm/s，取 $v = 4$mm/s。

　　则：$L = 4 \times 1.5 \times 3.6\text{m} = 21.6\text{m}$

5. 池子总宽度 B（m）

$$B = \frac{A}{L} = \frac{1042.2}{21.6}\text{m} = 48.25\text{m}$$

6. 池子个数 n（个）

$$n = \frac{B}{b} = \frac{48.25\text{m}}{5\text{m}} = 9.65，取 10 个$$

式中　b——每个池子分格宽度，m，取每个池子宽 5m。

　　校核长宽比

$$\frac{L}{b} = \frac{21.6\text{m}}{5\text{m}} = 4.32 > 4.0（符合要求）$$

7. 污泥部分需要的总体积 V（m³）

$$V = \frac{SNT}{1000}$$

181

式中　S——每人每日污泥量，L/（人·d），一般采用 0.3~0.8L/（人·d）；

　　　N——设计人口数；

　　　T——两次清污间隔时间，d，取 $T=2d$。

取污泥量为 25g/（人·d），污泥含水率为 95%。

则：
$$S = \frac{25 \times 100}{(100-95) \times 1000} \text{L/（人·d）} = 0.5 \text{L/（人·d）}$$

$$V = \frac{SNT}{1000} = \frac{0.5 \times 300000 \times 2}{1000} \text{m}^3 = 300 \text{m}^3$$

每格池污泥部分所需容积：
$$V'' = \frac{V}{n} = \frac{300}{10} \text{m}^3 = 30 \text{m}^3$$

污泥斗容积计算简图如图9-6所示：
$$V_1 = \frac{1}{3} h''_4 (f_1 + f_2 + \sqrt{f_1 f_2})$$

$$h''_4 = \frac{(5-0.5)}{2} \tan 60° \text{m} = 3.90 \text{m}$$

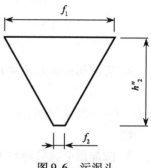

$$V_1 = \frac{1}{3} \times 3.90 \times (5 \times 5 + 0.5 \times 0.5 + \sqrt{5^2 \times 0.5^2}) \text{m}^3 = 36.08 \text{m}^3$$

污泥斗以上梯形部分污泥容积：
$$V_2 = \frac{l_1 + l_2}{2} h'_4 b$$

$$h'_4 = (21.6 + 0.3 - 5) \times 0.01 = 0.169 \text{m}$$

$$l_1 = 21.6 + 0.3 + 0.5 = 22.4 \text{m}$$

$$l_2 = 5 \text{m}$$

$$V_2 = \frac{22.4 + 5}{2} \times 0.169 \times 5 \text{m}^3 = 11.58 \text{m}^3$$

图9-6　污泥斗容积计算简图

污泥斗和梯形部分污泥容积
$$V_1 + V_2 = 36.08 \text{m}^3 + 11.58 \text{m}^3 = 47.66 \text{m}^3 > 25 \text{m}^3$$

8. 池子总高度 H（m）

设缓冲层高度 $h_3 = 0.5 \text{m}$，则：
$$H = h_1 + h_2 + h_3 + h_4$$

$$h_4 = h'_4 + h''_4 = 0.169 \text{m} + 3.90 \text{m} = 4.07 \text{m}$$

$$H = 0.3 \text{m} + 3 \text{m} + 0.5 \text{m} + 4.07 \text{m} = 7.87 \text{m}$$

9.2.7　A²/O 生化反应池

设计进水：COD = 360mg/L，$BOD_5 S_0$ = 190mg/L，SS = 200mg/L，NH_3-N = 30mg/L，TN = 35mg/L = N_0，TP = 3mg/L。

设计出水：$BOD_5 S_e = 20mg/L$，$SS = 20mg/L$，$NH_3\text{-}N = 8mg/L$，$TN = 20mg/L = N_e$，$TP = 1mg/L$。

采用 A^2/O 生化处理工艺，工艺流程简图如图 9-7 所示。

污泥回流比 $50\% \sim 55\%$，混合液回流比 200%，污泥负荷：

$$N = 0.13kgBOD_5/(kgMLSS \cdot d)，X = 3500mg/L，$$

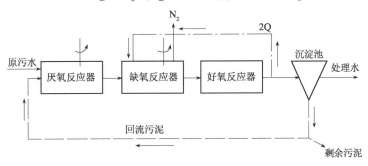

图 9-7　A^2/O 工艺流程简图

回流污泥浓度：
$$X_R = \frac{1+R}{R}X = 10000mg/L$$

A^2/O 生化池的主要设计参数如下：

A^2/O 脱氮除磷工艺主要设计参数　　　　　　　　　　　　　表 9-3

项　　　　目	数　　　　值
BOD_5 污泥负荷 $[kgBOD_5/(kgMLSS \cdot d)]$	$0.13 \sim 0.2$
TN 负荷 $[kgTN/(kgMLSS \cdot d)]$	<0.05（好氧段）
TP 负荷 $[kgTN/(kgMLSS \cdot d)]$	<0.06（厌氧段）
污泥浓度 MLSS（mg/L）	$3000 \sim 4000$
污泥龄 θ_C（d）	$15 \sim 20$
水力停留时间 t（h）	$8 \sim 11$
各段停留时间比例 A : A : O	$(1:1:3) \sim (1:1:4)$
污泥回流比 R（%）	$50 \sim 100$
混合液回流比 $R_内$（%）	$100 \sim 300$
溶解氧浓度 DO（mg/L）	厌氧池 <0.2，缺氧池 $\leqslant 0.5$，好氧池 $=2$
COD/TN	>8（厌氧池）
TP/BOD_5	<0.06（厌氧池）

判断是否可以采用 A^2/O 工艺

$$\frac{COD}{TN} = \frac{360}{35} = 10.29 > 8，\frac{TP}{BOD_5} = \frac{3}{190} = 0.016 < 0.06$$

符合要求，适合采用 A^2/O 工艺。

1. 设计计算

（1）反应池容积

$$V = \frac{QS_0}{NX} = \frac{5 \times 10^4 \times 190}{0.13 \times 3500} \mathrm{m}^3 = 20879 \mathrm{m}^3$$

（2）水力停留时间

$$t = \frac{V}{Q} = \frac{20879}{5 \times 10^4} \mathrm{d} = 0.42\mathrm{d} = 10\mathrm{h}$$

（3）各反应池容积为：

厌氧：缺氧：好氧 = 1：1：4 = 3479.8：3479.8：13919.4

2. 校核 N、P 负荷

（1）好氧段 N 负荷

$$\frac{Q \cdot TN}{XV_{\text{好}}} = \frac{5 \times 10^4 \times 35}{3500 \times 13919.4} \mathrm{kgTN}/(\mathrm{kgMLSS} \cdot \mathrm{d}) = 0.036\mathrm{kgTN}/(\mathrm{kgMLSS} \cdot \mathrm{d})$$

（2）厌氧段 P 负荷

$$\frac{Q \cdot TP}{XV_{\text{厌}}} = \frac{5 \times 10^4 \times 3}{3500 \times 3479.8} \mathrm{kgTP}/(\mathrm{kgMLSS} \cdot \mathrm{d}) = 0.012\mathrm{kgTP}/(\mathrm{kgMLSS} \cdot \mathrm{d})$$

符合要求。

3. 剩余污泥量

$$\Delta X = P_{\text{X}} + P_{\text{S}}$$
$$P_{\text{X}} = YQ(S_0 - S_{\text{e}}) - K_{\text{d}}VX_{\text{V}}$$
$$P_{\text{S}} = (TSS - TSS_{\text{e}}) \times 50\%$$

式中，污泥增值系数 $Y = 0.6$；污泥自身氧化系数 $K_{\text{d}} = 0.05$；挥发性悬浮固体浓度 $X_{\text{V}} = X \cdot f$，挥发百分 $f = 0.7$。所以：

$$P_{\text{X}} = 0.6 \times 5 \times 10^4 \times (0.19 - 0.02)\mathrm{kg/d} - 0.05 \times 20879 \times 0.7 \times 3.5\mathrm{kg/d} = 2542.3\mathrm{kg/d}$$

$$P_{\text{S}} = (0.2 - 0.02) \times 50000 \times 50\% \mathrm{kg/d} = 4500\mathrm{kg/d}$$

$$\Delta X = 2542.3\mathrm{kg/d} + 4500\mathrm{kg/d} = 7042.3\mathrm{kg/d}$$

污泥的含水率为99.5%，所以湿污泥量为：

$$\frac{7042.3}{(1 - 0.995) \times 1000} \mathrm{m}^3/\mathrm{d} = 1408.5\mathrm{m}^3/\mathrm{d}$$

4. 碱度校核

每氧化 $1\mathrm{mg}\ \mathrm{NH}_3\text{-N}$ 需碱度 $7.14\mathrm{mg}$，每还原 $1\mathrm{mg}\ \mathrm{NO}_3^-\text{-N}$ 产生碱度 $3.57\mathrm{mg}$，去除 $1\mathrm{mgBOD}_5$ 产生碱度 $0.1\mathrm{mg}$。

剩余碱度 S = 进水碱度 − 硝化消耗碱度 + 反硝化产生碱度 + 去除 BOD_5 产生碱度

生物污泥中的含氮量以 12.4% 计，则每日用于合成的总氮 = $0.124 \times 1408.5\mathrm{kg/d} = 174.65\mathrm{kg/d}$，$174.65 \times 1000/(5 \times 10^4)\mathrm{mg/L} = 3.49\mathrm{mg/L}$ 总氮用于合成。

被氧化的 $\mathrm{NH}_3\text{-N}$ = 进水 TN − 出水 $\mathrm{NH}_3\text{-N}$ − 用于合成的 TN

$$= 35\mathrm{mg/L} - 8\mathrm{mg/L} - 3.49\mathrm{mg/L} = 23.51\mathrm{mg/L}$$

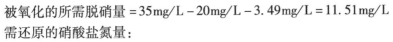

被氧化的所需脱硝量 $= 35\mathrm{mg/L} - 20\mathrm{mg/L} - 3.49\mathrm{mg/L} = 11.51\mathrm{mg/L}$

需还原的硝酸盐氮量：

$$N_\mathrm{T} = 50000 \times \frac{11.51}{1000}\mathrm{mg/L} = 575.5\mathrm{mg/L}$$

所以，剩余碱度：

$S = 250\mathrm{mg/L} - 7.14 \times 23.51\mathrm{mg/L} + 3.57 \times 11.51\mathrm{mg/L} + 0.1 \times (190 - 20)\mathrm{mg/L}$

$= 140.2\mathrm{mg/L} > 100\mathrm{mg/L}$

综上，可以维持 pH 为 7.2。

5. 反应池主要尺寸

反应池设 2 组，单池容积：

$$V_0 = \frac{V}{2} = \frac{20879}{2}\mathrm{m}^3 = 10439.5\mathrm{m}^3$$

有效水深 $h = 4\mathrm{m}$，单组有效面积：

$$S = \frac{V_0}{h} = \frac{10439.5}{4}\mathrm{m}^2 = 2609.9\mathrm{m}^2$$

采用六格廊道推流反应器，廊道宽为 $b = 7\mathrm{m}$。

单组反应池长度

$$L = \frac{S}{6b} = \frac{2609.9}{6 \times 7}\mathrm{m} = 62.1\mathrm{m} \quad 取\ L = 62\mathrm{m}$$

校核：

$$\frac{b}{H} = \frac{7}{4}，满足\frac{b}{H} = 1 \sim 2；$$

$$\frac{L}{b} = \frac{62}{7}，满足\frac{L}{b} = 5 \sim 10。$$

超高取 1.0m，则反应池总高 $H = 5\mathrm{m}$

6. 反应池进、出水系统计算

（1）进水管

单组反应池进水管设计流量：

$$Q_0 = \frac{Q}{2} = 0.29\mathrm{m}^3/\mathrm{s}$$

管道流速 $v = 1.0\mathrm{m/s}$，管道过水断面面积：

$$A = \frac{Q_0}{v} = 0.29\mathrm{m}^2$$

管径计算：

$$d = \sqrt{\frac{4A}{\pi}} = \sqrt{\frac{4 \times 0.29}{\pi}}\mathrm{m} = 0.61\mathrm{m}，取\ DN\ 600$$

（2）回流污泥管及回流污泥泵房

单组反应池回流污泥设计进水量 $Q_\mathrm{R} = Q_0 R = 0.29 \times 0.538\mathrm{m}^3/\mathrm{s} = 0.16\mathrm{m}^3/\mathrm{s}$，

管道流速 $v = 0.8\text{m/s}$，取回流管管径 $DN\,500$。

回流污泥泵的选择：选择3台（2用1备）450QW2200-10-110潜污泵，流量 $Q = 1100\text{m}^3/\text{h}$，扬程 $h = 10\text{m}$。

混合液回流泵的选择：选择3台（2用1备）450QW2200-10-110潜污泵，流量 $Q = 2200\text{m}^3/\text{h}$，扬程 $h = 10\text{m}$。

（3）进水井

反应池进水孔尺寸如下。

进水孔流量：

$$Q_2 = \frac{(1+R)Q}{2} = \frac{(1+0.538) \times 0.58}{2}\text{m}^3/\text{s} = 0.45\text{m}^3/\text{s}$$

孔口流速 $v = 0.6\text{m/s}$，孔口过水断面面积：

$$A = \frac{Q_2}{v} = \frac{0.45}{0.6}\text{m}^2 = 0.74\text{m}^2$$

孔口尺寸取为 $1.4\text{m} \times 0.7\text{m}$，进水井平面尺寸为 $2.5\text{m} \times 2.5\text{m}$。

（4）出水堰及出水井

按矩形堰流量公式计算：

$$Q_3 = 0.42\sqrt{2g}bH^{3/2} = 1.86bH^{3/2}$$

式中，$Q_3 = \dfrac{(1+R+R_n)Q}{2} = \dfrac{(1+0.538+2) \times 0.58}{2}\text{m}^3/\text{s} = 1.03\text{m}^3/\text{s}$

堰宽 $b = 7\text{m}$。

所以，堰上水头：

$$H = \left(\frac{Q_3}{1.86b}\right)^{2/3} = \left(\frac{1.03}{1.86 \times 7}\right)^{2/3}\text{m} = 0.18\text{m}$$

出孔流量 $Q_4 = \dfrac{2 \times 0.58}{2} = 0.58\text{m}^3/\text{s}$，孔口流速 $v = 0.6\text{m/s}$，孔口过水断面面积 $A = 0.97\text{m}^2$，取孔口尺寸为 $1.0\text{m} \times 1.0\text{m}$，出水井平面尺寸取为 $1.5\text{m} \times 1.5\text{m}$。

（5）出水管

反应池出水管设计流量 $Q_5 = \dfrac{(1+0.538) \times 0.58}{2}\text{m}^3/\text{s} = 0.45\text{m}^3/\text{s}$，管道流速 $v = 1.0\text{m/s}$，过水断面面积 $A = 0.45\text{m}^2$，管径：

$$d = \sqrt{\frac{4A}{\pi}} = \sqrt{\frac{4 \times 0.45}{\pi}}\text{m} = 0.76\text{m}，取出水管管径 }DN\,800。$$

根据给水排水设计手册，取曝气池水头损失 $h = 0.50\text{m}$。

7. 曝气系统设计计算

设计需氧量时，考虑最不利情况，按夏季时高水温计算设计需氧量。

实际需氧量 AOR：

AOR = 去除 BOD_5 需氧量 − 剩余污泥中 BODu 的需氧量 + 去除 $NH_3\text{-N}$ 耗氧

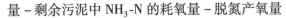

量－剩余污泥中 NH_3-N 的耗氧量－脱氮产氧量

（1）碳化需氧量 D_1

$$D_1 = \frac{Q(S_0 - S)}{1 - e^{-0.23 \times 5}} - 1.42 P_X$$

$$= \frac{50000 \times (0.19 - 0.02)}{1 - e^{-0.23 \times 5}} \mathrm{kgO_2/d} - 1.42 \times 2542.3 \mathrm{kgO_2/d}$$

$$= 8828.4 \mathrm{kgO_2/d}$$

（2）硝化需氧量 D_2

$$D_2 = 4.6 Q(N_0 - N_e) - 4.6 \times 12.4\% \times P_X$$

$$= \frac{4.6 \times 50000 \times (35 - 8)}{1000} \mathrm{kgO_2/d} - 4.6 \times 12.4\% \times 2542.3 \mathrm{kgO_2/d}$$

$$= 4759.9 \mathrm{kgO_2/d}$$

（3）脱氮产氧量 D_3

每还原 $1 \mathrm{kgN_2}$ 产生 $2.86 \mathrm{kgO_2}$

$$D_3 = 2.86 \times \text{脱氮量} = 2.86 \times 15 \times 50000/1000 \mathrm{kgO_2/d} = 2145 \mathrm{kgO_2/d}$$

总需氧量

$$\mathrm{AOR} = D_1 + D_2 - D_3 = 8828.4 \mathrm{kgO_2/d} + 4759.9 \mathrm{kgO_2/d} - 2145 \mathrm{kgO_2/d} = 11443.3 \mathrm{kgO_2/d}$$

最大需氧量与平均需氧量之比为 1.4，则

$$\mathrm{AOR_{max}} = 1.4 \mathrm{AOR} = 1.4 \times 11443.3 \mathrm{kgO_2/d} = 16020.6 \mathrm{kgO_2/d}$$

去除每 $1 \mathrm{kgBOD_5}$ 的需氧量

$$\frac{\mathrm{AOR}}{Q(S_0 - S)} = \frac{11443.3 \mathrm{kgO_2/d}}{50000 \times (0.19 - 0.02) \mathrm{kgBOD_5/d}} = 1.35 \mathrm{kgO_2/kgBOD_5}$$

（4）标准状态下需氧量 SOR

采用鼓风曝气，微孔曝气器。曝气器敷设于池底，距池底 0.2m，淹没深度 3.8m，氧转移效率 $E_A = 20\%$，计算温度 $T = 20℃$。将实际需氧量 AOR 换算成标准状态下的需氧量 SOR。

$$\mathrm{SOR} = \frac{\mathrm{AOR} \times C_{S(20)}}{\alpha (\beta \rho C_{s(T)} - C) \times 1.024^{(T-20)}}$$

式中　$C_{s(20)}$——20℃ 时氧的饱和度，查附录取 9.17mg/L；

　　　T——取 25℃；

　　　$C_{s(T)}$——T℃ 时氧的饱和度；

　　　C——溶解氧浓度，取 2mg/L；

　　　α——氧总转移系数，取 0.85；

　　　ρ—— $\rho = \dfrac{\text{所在地区实际气压}}{1.013 \times 10^5} = 1$；

　　　β——氧在污水中饱和溶解度修正系数，取 0.95。

求定空气扩散装置出口处的绝对压力 P_b 值，按下式计算：

$$P_b = 1.013 \times 10^5 \mathrm{Pa} + 9.8 \times 3.8 \times 10^3 \mathrm{Pa} = 1.385 \times 10^5 \mathrm{Pa}$$

求定气泡离开池表面时，氧的百分比 O_t 值，按下式计算：

$$O_t = \frac{21(1-0.2)}{79 + 21(1-0.2)} \times 100\% = 17.54\%$$

确定计算水温条件下的氧的饱和度：

$$C_{sm(20)} = C_{(20)}\left(\frac{P}{2.026 \times 10^5} + \frac{O_t}{42}\right) = 8.38 \times \left(\frac{1.385}{2.026} + \frac{17.54}{42}\right)\mathrm{mg/L} = 9.23\mathrm{mg/L}$$

$$\mathrm{SOR} = \frac{11443.3 \times 9.17}{0.85 \times (0.95 \times 1 \times 9.23 - 2) \times 1.024^5}\mathrm{kgO_2/d} = 16199.8\mathrm{kgO_2/d}$$

相应最大时标准需氧量：

$$\mathrm{SOR}_{max} = 1.4\mathrm{SOR} = 1.4 \times 16199.8\mathrm{kgO_2/d} = 22679.7\mathrm{kgO_2/d} = 945.0\mathrm{kgO_2/h}$$

去除每 $1\mathrm{kgBOD_5}$ 的标准需氧量：

$$\frac{\mathrm{SOR}}{Q(S_0 - S)} = \frac{16199.8}{50000 \times (0.19 - 0.02)}\mathrm{kgO_2/kgBOD_5} = 1.91\mathrm{kgO_2/kgBOD_5}$$

单池小时供氧量：

$$G_s = \frac{16199.8}{24 \times 0.3 \times 20} \times 100\mathrm{m^3/h} = 11249.9\mathrm{m^3/h} = 116.95\mathrm{m^3/min}$$

$$G_{smax} = 1.4G_s = 1.4 \times 116.95\mathrm{m^3/min} = 163.73\mathrm{m^3/min}$$

所需空气压力：

$$H = h_1 + h_2 + h_3 + h_4 + \Delta h$$

式中　$h_1 + h_2$ ——供风管道沿程和局部水头损失之和，$54.19\mathrm{Pa} = 0.054\mathrm{mH_2O}$，
　　　　　为安全起见取 0.1m，详细计算见图 9-8 和表 9-4；

　　　　h_3——淹没水头，3.8m；

　　　　h_4——曝气器阻力 0.4m；

　　　　Δh——富裕水头，取 0.5m。

所以，$H = 0.1\mathrm{m} + 3.8\mathrm{m} + 0.4\mathrm{m} + 0.5\mathrm{m} = 4.8\mathrm{m}$。

其中，图 9-8 为空气管路布置简图，用于空气管路阻力计算。选择一条从鼓风机房开始最长的管路作为计算管路。在空气流量变化处设计算点，统一编号后列表进行空气管路计算，计算结果见表 9-4。

选择刚玉微孔曝气板，选择 BG-I 型刚玉曝气器，曝气器氧利用率 $E_A = 20\%$，服务面积 $0.36 \sim 0.6\mathrm{m^2}$，充氧能力 $q_c = 0.15\mathrm{kgO_2/h}$。

曝气器数量计算：

$$N_2 = \frac{\mathrm{SOR}_{max}}{24q_c} = \frac{945/2}{0.15} = 3150 \text{ 个（按单组曝气计算）}$$

取 3200 个。

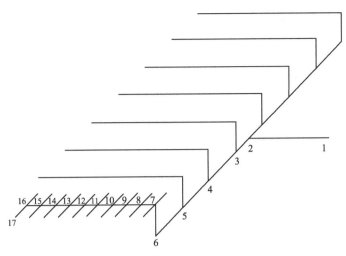

图 9-8 空气管路布置简图

供气管道计算表									表 9-4	
管段编号	管段长度 L(m)	空气流量（G）		空气流速 v(m/s)	管径 D(mm)	配 件	管段当量长度 L₀ (m)	管段计算长度 (L₀+L)(m)	压力损失 h₁+h₂	
		(m³/h)	(m³/min)						h₁ (Pa)	h₂ (Pa)
17-16	0.88	3.07	0.05	1.1	32	弯头1个	0.62	1.50	0.18	0.27
16-15	6.2	122.80	2.05	4.3	100	三通1个	4.66	10.86	0.30	3.26
15-14	6.2	245.59	4.09	3.9	150	三通1个，异径管1个	11.39	17.59	0.15	2.64
14-13	6.2	368.39	6.14	5.8	150	三通1个	7.58	13.78	0.32	4.41
13-12	6.2	491.18	8.19	4.3	200	三通1个，异径管1个	16.09	22.29	0.12	2.67
12-11	6.2	613.98	10.23	5.4	200	三通1个	10.70	16.90	0.19	3.21
11-10	6.2	736.78	12.28	4.2	250	三通1个，异径管1个	21.03	27.23	0.09	2.45
10-9	6.2	859.57	14.33	4.9	250	三通1个	13.99	20.19	0.12	2.42
9-8	6.2	982.37	16.37	3.9	300	三通1个，异径管1个	26.17	32.37	0.06	1.94
8-7	6.2	1105.16	18.42	4.3	300	三通1个	17.41	23.61	0.07	1.65
7-6	6.2	1227.96	20.47	4.8	300	三通1个	17.41	23.61	0.09	2.12
6-5	4.5	1227.96	20.47	4.8	300	弯头1个	9.16	13.66	0.09	1.23
5-4	3.5	2455.92	40.93	5.4	400	三通1个，异径管1个	36.97	40.47	0.08	3.24
4-3	3.5	3683.88	61.40	5.2	500	三通1个，异径管1个	48.32	51.82	0.05	2.59
3-2	3.5	4911.84	81.86	7.0	500	三通1个	32.13	35.63	0.10	3.56
2-1	50	9823.68	163.73	9.7	600	三通1个，异径管1个	60.13	110.13	0.15	16.52
合计									54.19	

以微孔曝气器的服务面积校核：

$$f = \frac{F}{N_2} = \frac{62 \times 7 \times 4}{3200} \mathrm{m}^2 = 0.54 \mathrm{m}^2 \quad 符合条件。$$

（5）空压机的选定

空压机供气量最大时为：

$$P_{\max} = 558.72 \mathrm{m}^3/\mathrm{h} + 9823.8 \mathrm{m}^3/\mathrm{h} = 10382.52 \mathrm{m}^3/\mathrm{h}$$

平均时为：

$$P = 558.72 \mathrm{m}^3/\mathrm{h} + 7017 \mathrm{m}^3/\mathrm{h} = 7575.72 \mathrm{m}^3/\mathrm{h}$$

其中，$558.72 \mathrm{m}^3/\mathrm{h}$ 为曝气沉砂池的需氧量。

故选取 RF-250A 型鼓风机 3 台（2 用 1 备），每台鼓风机供气量 $76.2 \mathrm{m}^3/\mathrm{min}$，即 $4572 \mathrm{m}^3/\mathrm{h}$，鼓风机风压 58.8kPa。

8. 厌氧池设备选择

以单组反应池计算，厌氧池设导流墙，将厌氧池分为 3 格，每格设潜水搅拌机 1 台，所需功率按 $5\mathrm{W}/\mathrm{m}^3$ 计算，厌氧池有效容积：

$$V = 62 \times 7 \times 4 \mathrm{m}^3 = 1736 \mathrm{m}^3$$

所需功率为 $5 \times 1736 \mathrm{W} = 8680 \mathrm{W}$。

9. 污泥回流设备

回流比 $R = 1$，污泥回流量

$$Q_\mathrm{R} = RQ = 5 \times 10^4 \mathrm{m}^3/\mathrm{d}$$

设污泥回流泵房，3 台泵（2 用 1 备），型号 350QW1100-10-45，单泵流量 $1100 \mathrm{m}^3/\mathrm{h}$，扬程 10m。

10. 混合液回流设备

混合液回流泵：混合液回流比 $R = 2$，混合液回流量

$$Q_\mathrm{R} = RQ = 1 \times 10^5 \mathrm{m}^3/\mathrm{d}$$

设混合液回流泵房，3 台泵（2 用 1 备），型号 450QW2200-10-110，单泵流量 $2200 \mathrm{m}^3/\mathrm{h}$。

混合液回流管：回流混合液由出水井重力流至混合液回流泵房，经潜污泵提升后送至缺氧段首端，混合管设计流量

$$Q = \frac{RQ}{2} = 5 \times 10^4 \mathrm{m}^3/\mathrm{d}$$

泵房进水管流速 $v = 0.8\mathrm{m}/\mathrm{s}$，过水断面面积

$$A = \frac{Q}{v} = 0.72 \mathrm{m}^2$$

管径

$$d = \sqrt{\frac{4A}{\pi}} = \sqrt{\frac{4 \times 0.72}{\pi}} \mathrm{m} = 0.96\mathrm{m}，取 \ DN\ 1000。$$

泵房压力出水管流速 $v' = 1.2\text{m/s}$，过水断面面积 $A' = \dfrac{Q}{v'} = 0.48\text{m}^2$

管径

$$d' = \sqrt{\frac{4A'}{\pi}} = \sqrt{\frac{4 \times 0.48}{\pi}}\text{m} = 0.78\text{m}，取 } DN\,800。$$

9.2.8 二次沉淀池

二次沉淀池计算简图如图9-9所示。

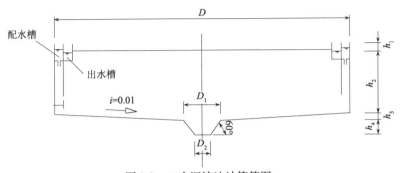

图9-9 二次沉淀池计算简图

1. 设计参数：

（1）设计流量：$Q = 50000\text{m}^3/\text{d}$；

（2）生化池中悬浮物固体浓度：$X = 3500\text{mg/L}$；

（3）二沉池底流生物固体浓度：$X_r = 10000\text{mg/L}$；

（4）污泥回流比：$R = 53.8\%$（$50\% \sim 55\%$）。

2. 设计计算

（1）沉淀部分水面面积 F 根据生物处理段的特性，选取辐流式二沉池的表面负荷 $q = 1.0\text{m}^3/(\text{m}^3 \cdot \text{h})$，设沉淀池数目 $n = 4$。

$$F = \frac{Q}{nq} = \frac{50000}{24 \times 4 \times 1.0}\text{m}^2 = 520.8\text{m}^2$$

（2）池子直径 D

$$D = \sqrt{\frac{4F}{\pi}} = \sqrt{\frac{4 \times 694.4}{\pi}}\text{m} = 25.8\text{m}，取 } D = 26\text{m}$$

（3）校核堰口负荷 q'

$$q' = \frac{Q_0}{3.6\pi D} = \frac{520.8}{3.6\pi \times 30}\text{L/(s} \cdot \text{m)} = 1.77\text{L/(s} \cdot \text{m)} < 4.34\text{L/(s} \cdot \text{m)}$$

（4）校核固体负荷 G

$$G = \frac{24 \times (1 + R)Q_0 X}{F} = \frac{24 \times 1.538 \times 520.8 \times 3.5}{530.7}\text{kg/(m}^2 \cdot \text{d)} = 127\text{kg/(m}^2 \cdot \text{d)}$$

（5）澄清区高度 h_2'，设沉淀时间 $t = 2.5\text{h}$

$$h_2' = qt = 1.0 \times 2.5\text{m} = 2.5\text{m}$$

（6）污泥区高度 h_2''，设污泥停留时间 $2h$

$$h_2'' = \frac{2T(1+R)QX}{24 \times (X+X_r)F} = \frac{2 \times 2 \times (1+0.538) \times 12500 \times 3500}{24 \times (3500+10000) \times 530.7}\text{m} = 1.56\text{m}$$

（7）池边水深 h_2

$$h_2 = h_2' + h_2'' = 2.5\text{m} + 1.56\text{m} = 4.06\text{m}$$

（8）污泥斗高 h_4

设污泥斗底部直径 $D_2 = 1.5\text{m}$，上部直径 $D_1 = 3.0\text{m}$，倾角为 $60°$。则

$$h_4 = \frac{D_1 - D_2}{2} \times \tan 60°\text{m} = 1.3\text{m}$$

（9）池总高 H

二次沉淀池拟采用单管吸泥排泥，池底坡度 0.05，

池中心与池边落差：

$$h_3 = \frac{D - D_1}{2} \times 0.05\text{m} = \frac{26-3}{2} \times 0.05\text{m} = 0.575\text{m}$$

超高 $h_1 = 0.3\text{m}$：

$$H = h_1 + h_2 + h_3 + h_4 = 0.3\text{m} + 4.06\text{m} + 0.575\text{m} + 1.3\text{m} = 6.24\text{m}$$

（10）进出水系统计算

1）进水槽计算

采用环形平底配水槽，等距设布水孔，孔径 $\phi100\text{mm}$，并加 $\phi100 \times L150\text{mm}$ 短管。配水槽底配水区设挡水裙板，高 0.8m。

配水槽配水流量：

$$Q = (1+R)Q_0 = 1.538 \times 520.8\text{m}^3/\text{h} = 801\text{m}^3/\text{h}$$

设配水槽宽 $B = 0.8\text{m}$，配水槽流速取 $v = 1.0\text{m/s}$。

槽中水深 $h = \dfrac{Q_0(1+R)}{3600vB} = \dfrac{520.8 \times 1.538}{3600 \times 1 \times 0.8}\text{m} = 0.28\text{m}$

布水孔平均流速：

$$v_n = \sqrt{2tv}G_m$$

式中　v_n——配水孔平均流速，$0.3 \sim 0.8\text{m/s}$；

　　　t——导流絮凝区平均停留时间，s，周边有效水深为 $2 \sim 4\text{m}$ 时，取 $360 \sim 720\text{s}$；

　　　v——污水的运动黏度，与水温有关；

　　　G_m——导流絮凝区的平均速度梯度，一般可取 $10 \sim 30\text{s}^{-1}$。

取 $t = 400\text{s}$，$G_m = 20\text{s}^{-1}$，水温为 $20℃$ 时，$v = 1.06 \times 10^{-6}\text{m}^2/\text{s}$，故

$$v_n = \sqrt{2tv}G_m = \sqrt{2 \times 400 \times 1.06 \times 10^{-6}} \times 20\text{m/s} = 0.58\text{m/s}$$

布水孔数 n

$$n = \frac{Q_0(1+R)}{3600 v_n S} = \frac{520.8 \times 1.538}{3600 \times 0.58 \times \frac{\pi}{4} \times 0.05^2} \text{个} = 195 \text{个}$$

孔距 l

$$l = \frac{\pi(D+B)}{n} = \frac{\pi(26+0.8)}{195} \text{m} = 0.432 \text{m}$$

校核 G_m

$$G_m = \left(\frac{v_1^2 - v_2^2}{2tv} \right)^{1/2}$$

式中　v_1——配水孔水流收缩断面的流速，m/s，$v_1 = \frac{v_n}{\varepsilon}$，因设有短管，取 $\varepsilon = 1$；

　　　v_2——导流絮凝区平均向下流速，m/s，$v_2 = \frac{Q}{f}$；

　　　f——导流絮凝区环形面积，m^2。

设导流絮凝区的宽度与配水槽同宽，则

$$v_2 = \frac{Q_0(1+R)}{3600\pi(D+B)B} = \frac{520.8 \times 1.538}{3600\pi(26+0.8) \times 0.8} \text{m/s} = 0.0033 \text{m/s}$$

$$G_m = \left(\frac{v_1^2 - v_2^2}{2tv} \right)^{1/2} = \left(\frac{0.58^2 - 0.0043^2}{2 \times 400 \times 1.06 \times 10^{-6}} \right)^{1/2} \text{s}^{-1} = 19.92 \text{s}^{-1}$$

G_m 在 10～30 之间，合格。

取进水管管径 $D = 450 \text{mm}$，校核进水速度。

$$v = \frac{4(1+R)Q}{\pi D^2} = 1.51 \text{m/s} > 0.7 \text{m/s}$$

2）出水槽计算

采用双边 90°三角堰出水槽集水，出水槽沿池壁环形布置，环形槽中水流由左右两侧汇入出水口。

集水槽中流速：$v = 0.6 \text{m/s}$

设集水槽宽：$B = 0.5 \text{m}$

槽内终点水深：$h_2 = \frac{Q}{VB} = \frac{520.8}{3600 \times 0.5 \times 0.8} \text{m} = 0.36 \text{m}$

槽内起点水深 h_1：

$$h_1 = \sqrt{\frac{2h_k^3}{h_2} + h_2^2}$$

$$h_k = 3\sqrt{\frac{\alpha Q^2}{gB^2}}$$

式中　h_k——槽内临界水深，m；

　　　α——系数，一般采用 1；

g——重力加速度。

$$h_k = 3\sqrt{\frac{0.14^2}{9.8 \times 0.5^2}}\,m = 0.20m$$

$$h_1 = \sqrt{\frac{2 \times 0.39^2}{0.36} + 0.36^2}\,m = 0.99m$$

设计中取出水堰后自由跌落 0.10m，集水槽高度：$0.99m + 0.20m = 1.19m$，取 1.40m。集水槽断面尺寸为：$0.5m \times 1.4m$。

出水堰计算：

$$n = \frac{L}{b}$$

$$L = L_1 + L_2$$

$$h = 0.7q^{2/5}$$

$$q_0 = \frac{Q}{L}$$

式中　q——三角堰单堰流量，m^3/s；

$\quad$ Q——进水流量，m^3/s；

$\quad$ L——集水堰总长度，m；

$\quad$ L_1——集水堰外侧堰长，m；

$\quad$ L_2——集水堰内侧堰长，m；

$\quad$ n——三角堰数量，个；

$\quad$ b——三角堰单宽，m；

$\quad$ h——堰上水头，m；

$\quad$ q_0——堰上负荷，$L/(s \cdot m)$。

设计中取 $b = 0.10m$，水槽距池壁 8m

$$L_1 = (26 - 16)\pi m = 31.4m$$

$$L_2 = (26 - 16 - 0.5 \times 2)\pi m = 28.3m$$

$$L = L_1 + L_2 = 59.7m$$

$$n = \frac{L}{b} = 597\,个$$

$$q = \frac{Q}{n} = 0.24L/s = 2.4 \times 10^{-4}m^3/s$$

$$h = 0.7q^{2/5} = 0.03m$$

$$q_0 = \frac{Q}{L} = \frac{520.8}{3600 \times 59.7} = 2.4 \times 10^{-3}m^3/(s \cdot m) = 2.4L/(s \cdot m)$$

根据规定二沉池出水堰上负荷在 $1.5 \sim 2.9L/(s \cdot m)$ 之间，计算结果符合要求。

出水管管径 $D = 450mm$

$$v = \frac{4Q}{\pi D^2} = 0.91\,\mathrm{m/s}$$

3）排泥装置

沉淀池采用周边传动刮吸泥机，周边传动刮吸泥机的线速度为 $2 \sim 3\,\mathrm{m/min}$，刮吸泥机底部设有刮泥板和吸泥管，利用静水压力将污泥吸入污泥槽，沿进水竖井中的排泥管将污泥排出池外。

排泥管管径 500mm，回流污泥量 144.7L/s，流速为 0.74m/s。

9.2.9 消毒池

城市污水经处理后，水质已经改善，细菌含量也大幅度减少，但其绝对值仍很可观，并有存在病原菌的可能。因此，污水排放水体前应进行消毒。本设计采用紫外线消毒，消毒效率高，占地面积小。

1. 设计参数

（1）依据加拿大 TROJAN（特洁安）公司生产的紫外线消毒系统的主要参数，选用设备型号 UV3000PLUS；

（2）辐射时间：$10 \sim 100\mathrm{s}$。

2. 设计计算

消毒池布置简图如图 9-10 所示：

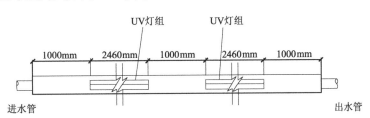

图 9-10　消毒池布置简图

（1）灯管数

UV3000PLUS 紫外线消毒设备每 $3800\,\mathrm{m^3/d}$ 需 14 根灯管，每根灯管的功率为 250W。采用单组布设的形式。

则平均日流量时需：$n_{\Psi} = \frac{50000}{3800} \times 14 = 184$ 根

拟选用 8 根灯管为一个模块，则模块数 $N = 23$ 个，取 24 个

（2）消毒渠设计

按设备要求渠道深度为 129cm，设渠中水流速度为 0.3m/s。

渠道过水断面积：$A = \frac{Q}{v} = \frac{50000}{0.3 \times 24 \times 3600}\mathrm{m^2} = 1.92\,\mathrm{m^2}$

渠道宽度：$B = \frac{A}{H} = \frac{1.92}{1.29}\mathrm{m^2} = 1.50\,\mathrm{m^2}$，取 1.6m

若灯管间距为 13.3cm，沿渠道宽度可安装 12 个模块，则选取用 UV3000PLUS 系统，2 个 UV 灯组，1 个 UV 灯组 12 个模块。

渠道长度：每个模块长度 2.46m，渠道出水设堰板调节，调节堰到灯组间距 1.5m，进水口到灯组间距 1.5m，则渠道总长 L 为：$L = 2.46 \times 2\text{m} + 1.5\text{m} + 1.0\text{m} = 7.42\text{m}$

校核辐射时间：$t = \dfrac{2 \times 2.46}{0.3}\text{s} = 16.4\text{s}$（符合 10 ~ 100s）

根据给水排水设计手册，取紫外线消毒池水头损失 $h = 0.30\text{m}$。

9.2.10　巴氏计量槽

1. 设计资料

根据给水排水设计手册，按设计流量，取巴氏计量槽的计量范围为 0.09 ~ 0.90m³/s。

计算简图如图 9-11 所示：

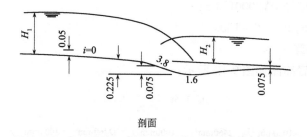

剖面

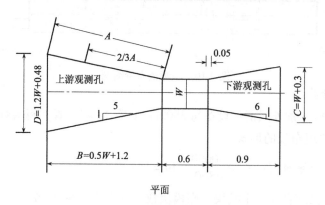

平面

图 9-11　巴氏计量槽计算简图

2. 设计计算

$$W = 0.50\text{m}$$
$$C = W + 0.3\text{m} = 0.80\text{m}$$
$$B = 0.5W + 1.2\text{m} = 1.45\text{m}$$
$$D = 1.2W + 0.48\text{m} = 1.08\text{m}$$

			巴氏计量槽各部尺寸表			表 9-5
测量范围（m³/s）	W（m）	B（m）	A（m）	$2/3A$（m）	C（m）	D（m）
0.090~0.900	0.50	1.45	1.479	0.986	0.80	1.08

根据给水排水设计手册，巴氏计量槽水头损失 $h = 0.60\text{m}$。

9.2.11 贮泥池

单座二沉池污泥量：

$$X_V = f \cdot \text{MLSS} = 0.75 \times \frac{3500}{1000}\text{kg/L} = 2.625\text{kg/L}$$

$$\Delta X = YQS_r - KVX_V$$

$$= 0.5 \times \frac{190-20}{1000} \times 25000\text{m}^3/\text{d} - 0.07 \times 6960 \times 2.625\text{m}^3/\text{d}$$

$$= 846.1\text{m}^3/\text{d}$$

$$Q_0 = \frac{\Delta X}{f \cdot X_r} = \frac{846.1}{0.75 \times 7}\text{m}^3/\text{d} = 161.2\text{m}^3/\text{d}$$

初沉池污泥量：150m³/d

总泥量：$V_{初沉} + V_{二沉} = 150\text{m}^3/\text{d} + 161.2 \times 2\text{m}^3/\text{d} = 472.4\text{m}^3/\text{d}$

贮泥周期：$T = 1\text{d}$

则贮泥池的容积：$V = T(V_{初沉} + V_{二沉}) = 472.4\text{m}^3$

取贮泥池尺深 4.0m

池总面积：$S = \dfrac{V}{nh} = \dfrac{472.4}{1 \times 4}\text{m}^2 = 118.1\text{m}^2$，取 $15\text{m} \times 8\text{m}$。

为防止污泥在池内沉降，采用液下搅拌机。

9.2.12 污泥浓缩池

1. 浓缩池面积 A

设计计算草图如图 9-12。

$$A = \frac{Q_0 C_0}{G}$$

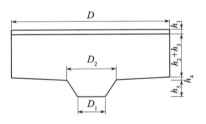

图 9-12　污泥浓缩池设计计算草图

式中　Q_0——入流污泥量，m³/d；

G——固体通量，kg/(m³·d)；

C_0——污泥固体质量浓度 kg/m³。

$$A = \frac{QC_0}{G} = \frac{472.4 \times 10}{30}\text{m}^2 = 157.4\text{m}^2$$

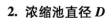

2. 浓缩池直径 D

设计采用 2 组圆形辐流池。

单池面积：$A_1 = \dfrac{A}{n} = \dfrac{157.4}{2}\mathrm{m}^2 = 78.7\mathrm{m}^2$

浓缩池直径：$D = \sqrt{\dfrac{4A_1}{\pi}} = \sqrt{\dfrac{4 \times 78.7}{3.14}}\mathrm{m} = 10\mathrm{m}$

3. 浓缩池深度 H

浓缩池工作部分有效水深：$h_2 = \dfrac{QT}{24A}$

式中　T——浓缩时间，h；

$$h_2 = \frac{QT}{24A} = \frac{236.2 \times 16}{24 \times 78.5}\mathrm{m} = 2.0\mathrm{m}$$

超高 $h_1 = 0.3\mathrm{m}$，缓冲区高 $h_3 = 0.5\mathrm{m}$，浓缩池设机械刮泥，池底坡度 $i = 0.05$，污泥斗下底直径 $D_1 = 1.5\mathrm{m}$，上底直径 $D_2 = 3\mathrm{m}$。

池底坡度造成的深度：$h_4 = \left(\dfrac{D}{2} - \dfrac{D_2}{2}\right) \times i = \left(\dfrac{10}{2} - \dfrac{3}{2}\right) \times 0.05\mathrm{m} = 0.18\mathrm{m}$

污泥斗高度：$h_5 = \left(\dfrac{D_2}{2} - \dfrac{D_1}{2}\right) \times \tan 55° = \left(\dfrac{3}{2} - \dfrac{1.5}{2}\right) \times \tan 55°\mathrm{m} = 1.07\mathrm{m}$

污泥斗的容积为：

$$\begin{aligned}
V_2 &= \frac{1}{3}h_5 \times (a_1^2 + a_1 a_2 + a_2^2) \\
&= \frac{1}{3} \times 1.07 \times (3^2 + 3 \times 1.5 + 1.5^2)\mathrm{m}^3 \\
&= 5.62\mathrm{m}^3
\end{aligned}$$

4. 总高度

$$H = h_1 + h_2 + h_3 + h_4 + h_5 = 4.05\mathrm{m}$$

5. 设备选型

选择垂架式中心传动（外啮合式）刮泥机，规格 10m，处理水量 160m³/h，周边速度 1.13m/min，电动机功率 0.8kW。

6. 浓缩后污泥体积

$$V_{浓缩} = \frac{V(1 - P_1)}{1 - P_2} = \frac{236.2 \times (1 - 99\%)}{1 - 96\%}\mathrm{m}^3 = 59.05\mathrm{m}^3$$

9.2.13　污泥脱水机房

经过浓缩后，每个浓缩池产生的污泥体积为 59.05m³/d，含水率 96%，采用化学法调节预处理，加石灰 10%，铁盐 7%（均以占污泥干重计），拟采用

BAS8/450型板框压滤机进行污泥脱水，要求泥饼含水率达65%。取过滤产率 $L = 0.01\,\mathrm{g/(cm^2 \cdot min)} = 6\,\mathrm{kg/(m^2 \cdot h)}$

污泥的增加系数：$f = 1 + \dfrac{10}{100} + \dfrac{7}{100} = 1.17$

若每天工作两班，即16h，则每小时污泥量为：$Q = \dfrac{59.05}{16}\,\mathrm{m^3/h} = 3.69\,\mathrm{m^3/h}$

$$A = af(1-p)\frac{Q}{L} \times 10^3 = 1.15 \times 1.17 \times (1-96\%) \times \frac{3.69}{6} \times 10^3\,\mathrm{m^2} = 33.1\,\mathrm{m^2}$$

单组污泥量选用压滤面积为40m^{2}的箱式压滤机 $X_{\mathrm{M}}^{\mathrm{A}}40/800\text{-}U$，压滤机工作台数为2台。取3台，其中1台备用。

9.3 污水污泥处理单元设计注意事项汇总

污水污泥处理单元设计要注意以下事项。

1. 格栅

（1）粗格栅进水管来自于市政排水管网，按非满流设计；污水处理厂厂区内部工艺污水管线按则满流设计。

（2）格栅前渠道内的水流速度，一般采用0.4~0.9m/s，以免流速过低造成悬浮物在渠道中沉积。

（3）机械格栅台数不宜少于2台。如为1台时，应设1台人工格栅备用。

（4）格栅间需要设置冲洗设施。

2. 污水提升泵房

（1）泵房集水池容积一般采用不小于最大一台泵5min出水量的容积。

（2）水泵选择时，尽可能采用大小泵搭配，或者配备变频装置，以避免选用大泵台数较少，造成运行启动频繁。

（3）水泵吸水管的流速一般采用1.0~1.5m/s，不得低于0.7m/s。当吸水管较短时，流速可适当提高。压水管流速一般为1.0~2.5m/s。

（4）当排水泵房设计成自灌式时，在吸水管上应设有阀门，以方便检修。非自灌式工作的水泵，采用真空泵引水，不允许在吸水管口上装设底阀。

3. 沉砂池

（1）除砂一般宜采用泵吸式或气提式机械排砂，并设置贮砂池或晒砂场。排砂管直径不应小于200mm，以防止堵塞。

（2）当采用重力排砂时，沉砂池和贮砂池应尽量靠近，以缩短排砂管长度，并设排砂闸门于管的首端，使排砂管畅通和易于养护管理。排砂周期不能过长，以免造成沉砂在排砂管内的板结。

4. 沉淀池

（1）沉淀池排泥管直径不应小于200mm。

（2）沉淀池的污泥一般采用静水压力排除，初次沉淀池的静水头不应小于1.5m；二次沉淀池的静水头，生物膜法后不应小于1.2m，活性污泥法后不应小于0.9m。

（3）沉淀池出水一般采用溢流堰的形式，溢流堰最大负荷不宜大于2.9L/（m·s）（初次沉淀池），1.7 L/（m·s）（二次沉淀池），以避免堰上负荷过大造成的抽吸作用对沉淀效果造成负面影响。

（4）沉淀池出水要考虑撇除浮渣装置。

5. 生化池

（1）生化池中采用厌氧、缺氧工艺时，需要设置水下搅拌器，以免污泥在生化池廊道中沉积。

（2）在好氧生化池中，曝气装置设置离池底不宜高于200mm，以免活性污泥在曝气装置下部沉积。

（3）回流污泥管进口一般设置于水下2/3水深处，便于和进水充分地混合。

（4）空气管道应从池顶部进入水下，以免鼓风机停止运行时，造成液体回流进入空气管道。

6. 污泥浓缩池

（1）浓缩后污泥的含水率较低，黏度大，需要专用污泥泵进行输送。

（2）浓缩池的容积应按浓缩 $10\sim16h$ 进行核算，不宜过长。否则将发生厌氧分解或反硝化，产生 CO_2 和 H_2S。

（3）浓缩池水面需设置撇除浮渣装置。

7. 脱水车间

（1）污泥贮池内需要设置液小搅拌器，以防止浓缩后污泥沉淀。

（2）污泥输送需要采用专用污泥泵。

（3）脱水车间内需要考虑除臭措施。

（4）板框压滤机设置台数应不少于2台，间歇式运行，一般运行周期为1.5～4h。

9.4 高程布置

根据污水处理工艺，将污水处理厂内单体建（构）筑物的水力损失加以计算，列表如表9-6所示：

污水处理厂单元高程水力计算

表 9-6

序号	管渠及构筑物名称	Q(L/s)	D(mm)	i(‰)	v(m/s)	L(m)	沿程	局部	构筑物	合计	上游	下游
1	出水口至计量堰	578.7	800	1.92	1.15	100	0.192	0.0580		0.25	0.14	-0.11
2	计量堰	578.7							0.6	0.60	0.74	0.14
3	计量堰至消毒池	578.7	800	1.92	1.15	20	0.0384	0.012		0.05	0.79	0.74
4	消毒池	578.7							0.3	0.30	1.09	0.79
5	消毒池至配水井	578.7	800	1.92	1.15	20	0.0384	0.012		0.05	1.14	1.09
6	配水井	578.7							0.2	0.20	1.34	1.14
7	配水井至二沉池	578.7	800	1.92	1.15	20	0.0384	0.012		0.05	1.39	1.34
8	二沉池	222.5							0.6	0.60	1.99	1.39
9	二沉池至配水井	890.0	800	4.49	1.77	50	0.2245	0.067		0.29	2.28	1.99
10	配水井	890.0							0.2	0.20	2.48	2.28
11	配水井至曝气池	890.0	800	4.49	1.77	50	0.2245	0.067		0.29	2.77	2.48
12	曝气池	1023.7							0.5	0.50	3.27	2.77
13	曝气池至配水井	578.7	800	1.92	1.15	20	0.0384	0.012		0.05	3.32	3.27
14	配水井	578.7							0.2	0.20	3.52	3.32
15	配水井至初沉池	578.7	800	1.92	1.15	20	0.0384	0.012		0.05	3.57	3.52
16	初沉池	57.9							0.4	0.40	3.97	3.57
17	初沉池至配水井	578.7	800	1.92	1.15	30	0.0576	0.017		0.07	4.05	3.97
18	配水井	578.7							0.2	0.20	4.25	4.05
19	配水井至沉砂池	776.0	800	3.36	1.53	20	0.0672	0.020		0.09	4.33	4.25

201

续表

序号	管渠及构筑物名称	Q(L/s)	管渠设计参数				水头损失(m)				水面标高(m)	
			D(mm)	i(‰)	v(m/s)	L(m)	沿程	局部	构筑物	合计	上游	下游
20	沉砂池	388.0							0.25	0.25	4.58	4.33
21	沉砂池至细格栅	388.0	600	3.59	1.33	5	0.01795	0.005		0.02	4.61	4.58
22	细格栅	388.0							0.3	0.30	4.91	4.61
23	细格栅至集水井	388.0	600	3.59	1.33	20	0.0718	0.022		0.09	5.00	4.91
24	集水井	776.0			1.53							
25	集水井至污水泵房	776.0	800	3.36	1.53						-5.00	5.00
26	污水泵房	776.0									-4.91	-5.00
27	污水泵房至粗格栅	776.0	800	3.36	1.53	20	0.0672	0.020		0.09	-4.66	-4.91
28	粗格栅	388.0							0.25	0.25	-4.63	-4.66
29	粗格栅至入口	776.0	1200(h/d=0.65)	0.8	1.00	30	0.024	0.007		0.03	-4.63	-4.66
	合　计									5.47		

9.5 附属物一览表

污水处理厂附属构筑物一览表　　　　　　　　　　表 9-7

序　号	名　　称	尺寸规格（m×m）
1	综合办公楼	30×15
2	维修间	20×10
3	仓库	25×15
4	食堂	30×15
5	浴室	15×10
6	变电所	15×10
7	车库	20×6
8	传达室	4×4
9	鼓风机房	30×15
10	回流污泥泵房	15×10
11	中心控制室	15×10
12	污泥脱水机房	30×15
13	化验室	20×10

9.6 主要设备表

污水处理厂主要设备一览表　　　　　　　　　　表 9-8

序　号	名　　称	型　　号	数　目	备　注
1	粗格栅	GH-1000 型链条式回转格栅除污机	2	
2	提升水泵	350QW1500-15-90	3	2用1备
3	细格栅	TGS-1200 回转式格栅除污机	2	
4	泵吸砂机	BX-5000 型泵吸砂机	2	
5	砂水分离器	LSF-355 型螺旋砂水分离器	2	
6	初沉刮泥机	HJG-5 型刮泥机	10	
7	二沉刮泥机	ZBG-26 周边传动刮泥机	4	
8	浓缩池刮泥机	ZBG-10 周边传动刮泥机	2	
9	曝气器	BG-I 型刚玉曝气器	6400	
10	搅拌机	LJB-1200 型推进式搅拌机	12	
11	鼓风机	RF-250 鼓风机	3	2用1备
12	混合液回流泵	450QW2200-10-110	3	2用1备
13	贮泥池搅拌机	ZJ-700 型折桨搅拌机	1	
14	污泥浓缩池刮泥机	GNZ100 刮泥机	2	
15	污泥回流泵	250QW700-11-37	3	2用1备
16	剩余污泥泵	200QW300-10-22	2	

9.7　投 资 估 算

污水处理厂的投资包括第一部分费用、第二部分费用和第三部分费用，分别计算如下。

1. 第一部分费用

第一部分费用包括污水处理厂所以建（构）筑物的直接建设投资，如表 9-9 所示。

主要构筑物投资　　　　　　　　　　　　　　　　　　　　表 9-9

序　号	名　　称	投　资　计　算
1	总平面	$60000 \times 8000/100 = 480$ 万元
2	污水泵房	$6000 \times 579 = 347.4$ 万元
3	曝气沉砂池	$8.88 \times 50000 = 44.4$ 万元
4	平流式初沉池	$96.24 \times 50000 = 481.2$ 万元
5	曝气池	$137.52 \times 50000 = 687.6$ 万元
6	二沉池	$105.92 \times 50000 = 529.75$ 万元
7	污泥泵房	$61.12 \times 50000 = 305.6$ 万元
8	鼓风机房	$43.68 \times 50000 = 218.4$ 万元
9	污泥浓缩池	$17.96 \times 50000 = 89.8$ 万元
10	储泥池	$5.64 \times 50000 = 28.2$ 万元
11	综合办公楼	$20.24 \times 50000 = 101.2$ 万元
12	维修间	$16.64 \times 50000 = 83.2$ 万元
13	仓库	$17.89 \times 50000 = 89.45$ 万元
14	变电所	$24.1 \times 50000 = 120.5$ 万元
15	车库	$10.40 \times 50000 = 52$ 万元
16	鼓风机房	$43.68 \times 50000 = 218.4$ 万元
17	回流污泥泵房	$61.12 \times 50000 = 305.6$ 万元
18	中心控制室	$20.24 \times 50000 = 101.2$ 万元
19	污泥脱水机房	$7.62 \times 50000 = 38.1$ 万元
20	化验室	$20.24 \times 50000 = 101.2$ 万元
合计		4423.2 万元

2. 第二部分费用

第二部分费用包括建设单位管理费、征地拆迁费、工程监理费、供电费、设计费、招投标管理费等。按第一部分费用的 50% 计。

$$4423.2 \times 50\% = 2211.6 \text{ 万元}$$

3. 第三部分费用

第三部分费用包括工程预备费、价格因素预备费、建设期贷款利息、铺底流动资金。工程预备费按第一部分费用的 10% 计，则：

$$4423.2 \times 10\% = 442.32 \text{ 万元}$$

价格因素预备费按第一部分费用的 5% 计，则：

$$4423.2 \times 5\% = 221.16 \text{ 万元}$$

贷款期利息、铺底流动资金按第一部分费用的 20% 计，则：

$$4423.2 \times 20\% = 884.64 \text{ 万元}$$

第三部分费用合计：

$$442.32 + 221.16 + 884.64 = 1548.12 \text{ 万元}$$

4. 工程总投资

项目总投资 = 第一部分费用 + 第二部分费用 + 第三部分费用：

$$4423.2 + 2211.6 + 1548.12 = 8182.92 \text{ 万元}$$

9.8 劳 动 定 员

结合本污水处理工程的特点，整个项目共设 3 个部门，即项目行政管理部、污水处理厂生产部、辅助生产部。

根据生产规模和工艺要求，依据建设部编制的《城市污水处理工程项目建设标准》，结合其他城市污水处理厂人员设置特点，整个项目编制 29 人，其中污水处理厂生产人员 20 人，占总人数的 69%，辅助生产人员 4 人，占全厂总人数的 14%，行政管理人员 5 人，占全厂总人数的 17%，各部门人员编制见表 9-10。

人员编制表　　　　　　　　　　　　　　　　　　表 9-10

序　号	人 员 分 类	班　　次	每班人数	人　数
1	行政管理部			5
1.1	经理	1	1	1
1.2	办公室	1	1	1
1.3	总工（生产技术）	1	1	1
1.4	劳资人事财务	1	1	1
1.5	行政后勤	1	1	1
2	污水处理厂生产技术部			35
2.1	粗格栅、污水泵房、细格栅、沉砂池预处理工段	3班2运行	2	6
2.2	A^2/O、污泥泵房	3班2运行	2	6
2.3	浓缩池、脱水车间	3班2运行	2	6

续表

序 号	人 员 分 类	班 次	每班人数	人 数
2.4	消毒工段	3	1	3
2.5	中心控制室	4班3运行	1	4
2.6	化验室	3	1	3
2.7	维修间	2	3	6
2.8	变配电所	1	1	1
3	生产辅助部			6
3.1	保卫	2	2	4
3.2	车队	1	2	2
	总计			46

9.9 成 本 核 算

污水处理厂处理成本通常包括处理后污水排放费、能源消耗费、药剂费、工资福利费、固定资产折旧费、大修理费、检修维修费、行政管理费以及污泥综合利用收入等费用。

项目总投资 $S = 8182.92$ 万元

1. 能源消耗费 E_2

$E_1 = 365 \times 24N \cdot d = 8760 \cdot (245 \times 2 + 30 \times 2 + 100) \times 0.6 = 341.64$ 万元/年

式中　N——污水处理厂内水泵、鼓风机或空压机及其他机电设备（不包括备用设备）功率，kW；

　　　D——电费单价，元/(kW·h)，取 0.6 元/(kW·h)

2. 工资福利费 E_3

$$E_2 = AN = 2.4 \times 46 \text{ 万元/年} = 110.4 \text{ 万元/年}$$

3. 折旧提成费 E_4

$$E_3 = SP_3 = 8182.92 \times 5\% \text{ 万元/年} = 409.15 \text{ 万元/年}$$

4. 大修维护基金提成 E_4

$$E_4 = SP_4 = 8182.92 \times 2\% \text{ 万元/年} = 163.66 \text{ 万元/年}$$

5. 日常检修维护费 E_6

$$E_5 = SP_5 = 8182.92 \times 1\% \text{ 万元/年} = 81.83 \text{ 万元/年}$$

6. 管理费、销售费和其他费用 E_6

管理费、销售费和其他费用包括管理和销售部门的办公费、取暖费、租赁费、保险费、差旅费、研究试验费、会议费、成本中列支的税金，以及其他不属于以上项目的支出等，可以按以上各项费用总和的 15% 的比率计算。所以：

$$E_6 = (E_1 + E_2 + E_3 + E_4 + E_5)P_6$$
$$= (341.64 + 110.4 + 409.15 + 163.66 + 81.83) \times 15\% 万元/年$$
$$= 166 万元/年$$

7. 综合成本

1）年处理成本：$\sum E = E_1 + E_2 + E_3 + E_4 + E_5 + E_6 = 1272.68$ 万元

2）年处理量：$\sum Q = 365Q = 365 \times 50000 \times 10^{-4}$ 万吨 $= 1825$ 万吨

3）单位处理成本：$\sum E / \sum Q = 0.70$ 元/m^3 水

上述案例中，生化池采用常见的 A^2/O 工艺。下面，再来介绍另外两种常规工艺的计算方法。

9.10 氧化沟工艺

计算条件与上一案例相同。

考虑小型处理厂污泥不进行厌氧或好氧消化稳定，因此设计污泥龄取30d，使其部分稳定。为提高系统抗负荷变化的能力，选择混合液污泥浓度 MLSS 为 4000mg/L，$f = $ MLVSS/MLSS $= 0.7$，溶解氧浓度 $C = 2.0$mg/L。平行设计两组氧化沟，每组设计流量 $Q = 25000$m^3/d。

1. 碱度校核

出水剩余碱度 = 进水碱度 + $3.57 \times$ 反硝化 NO_3-N 的量 + $0.1 \times$ 去除 BOD_5 的量 - $7.14 \times$ 氧化沟氧化总氮的量 = 250mg/L + 3.57×10.92mg/L + 0.1×170mg/L - 7.14×22mg/L = 148.9mg/L > 100mg/L（所有碱度均以 $CaCO_3$ 计）满足碱度要求。

2. 计算硝化菌的生长速率 μ_n

硝化所需最小污泥平均停留时间 θ_{cm}，取最低温度 $15℃$，氧的半速常数 K_{O_2} 取 2.0mg/L，pH 按 7.2 考虑。

$$\mu_n = 0.47e^{0.098(T-15)} \times \left[\frac{N}{N + 10^{0.051T - 1.158}} \right] \times \left[\frac{DO}{K_{O_2} + DO} \right] \times [1 - 0.833 (7.2 - pH)]$$

$$= 0.47e^{0.098(15-15)} \times \left[\frac{8}{8 + 10^{0.051 \times 15 - 1.158}} \right] \times \frac{2}{2+2} d^{-1} = 0.224 d^{-1}$$

因此，满足硝化最小污泥停留时间为 $\theta_{cm} = 1/\mu_n = 4.5$d。选择安全系数来计算氧化沟设计污泥停留时间 $\theta_{cd} = SF\theta_{cm} = 2.5 \times 4.5$d $= 11.25$d。由于考虑对污泥进行部分的稳定，实际设计泥龄为 $\theta = 30$d，对应的生长速率 $\mu = 1/30$d$^{-1} = 0.033$d^{-1}。

3. 计算去除有机物及硝化所需的氧化沟体积

除非特殊说明，以下均按每组进行计算。

污泥内源呼吸系数 K_d 取 0.05d^{-1}，污泥产率系数 Y 取 0.5kgVSS/kg 去除 BOD_5。

$$V = \frac{YQ(S_0 - S_e)\theta}{X(1 + K_d\theta)} = \frac{0.5 \times 25000(190 - 20) \times 30}{4000 \times 0.7 \times (1 + 0.05 \times 30)} m^3 = 9107 m^3$$

4. 计算反硝化所要求的氧化沟的体积（每组）

设反硝化条件时溶解氧的浓度 DO = 0.2mg/L，计算温度仍采用 15℃，20℃ 反硝化速率 r_{DN}，取 $0.07mgNO_3^- \text{-}N/(mgVSS \cdot d)$，则

$$r'_{DN} = r_{DN} \times 1.09^{(T-20)}(1 - DO) = 0.07 \times 1.09^{(15-20)}(1 - 0.2)$$
$$= 0.036mgNO_3^- \text{-}N/(mgVSS \cdot d)$$

根据 MLVSS 浓度和计算所得的反硝化速率，反硝化所要求增加的氧化沟的体积。由于合成的需要，产生的生物污泥中约含有 12% 的氮，因此首先计算这部分的氮量。

每日产生的生物污泥量为 Δx_{VSS}：

$$\Delta x_{VSS} = Q(S_0 - S_e)\left(\frac{Y}{1 + K_d \theta}\right) = 25000(190 - 20)\left(\frac{0.5}{1 + 0.05 \times 30}\right) \times 10^{-3}kg/d$$
$$= 850kg/d$$

由此，生物合成的需氮量为 $12\% \times 850 = 102kg/d$，折合每单位体积进水用于生物合成的氮量为：$102 \times 1000 \div 25000mg/L = 4.08mg/L$。

反硝化 $NO_3^-\text{-}N$ 量 $\Delta NO_3 = 35mg/L - 4.08mg/L - 20mg/L = 10.92mg/L$。

所需去除氮量 $\Delta S_{NO_3} = 10.92 \times 25000/1000kg/d = 273kg/d$。

因此，反硝化所要求增加的氧化沟的体积为：

$$V' = \frac{\Delta S_{NO_3}}{X r'_{DN}} = \frac{273}{2.8 \times 0.036}m^3 = 2708.3m^3$$

所以，每组氧化沟总体积为：

$$V_{总} = V + V' = 11815.3m^3$$

氧化沟设计水力停留时间为：

$$HRT = V_{总}/Q = 11.3h$$

5. 确定氧化沟的工艺尺寸

设计有效水深 4.0m，宽度为 6m，则所需沟的总长度为 492m。超高取 0.5m。

6. 每组沟需氧量的确定

速率常数 K 取 $0.22d^{-1}$。

$$O_2 = Q\frac{S_0 - S_e}{1 - e^{-Kt}} - 1.42\Delta x_{VSS} + 4.5Q(N_0 - N_e) - 0.56\Delta x_{VSS} - 2.6Q\Delta NO_3$$
$$= \left[\frac{25000}{1000} \times \frac{190 - 20}{1 - e^{-0.22 \times 5}} - 1.42 \times 850 + 4.5 \times \frac{25000}{1000} \times (35 - 8) - \right.$$
$$\left. 0.56 \times 850 - 2.6 \times \frac{25000}{1000} \times 10.92\right]kg/d$$
$$= 7015kg/d$$

如取水质修正系数 $\alpha = 0.85$，$\beta = 0.95$，压力修正系数 $\rho = 1$，温度为 20℃、25℃时的饱和溶解氧浓度分别为：

$$C_{20} = 9.17mg/L、C_{25} = 8.4mg/L$$

标准状态需氧量：

$$\text{SOR} = \frac{C_{20}O_2}{\alpha(\beta\rho C_{25} - C)1.024^{25-20}} = \frac{9.17 \times 7015}{0.85(0.95 \times 8.4 - 2) \times 1.024^5}\text{kg/d}$$
$$= 11240\text{kg/d} = 468\text{kg/h}$$

采用垂直轴表面曝气器，根据设备性能，动力效率为 $1.8\text{kgO}_2/(\text{kW}\cdot\text{h})$，因此需要的设备功率为 260kW。每组沟采用 2 台功率 150kW 垂直轴表面曝气器，设置在沟的一侧。氧化沟平面布置草图见图 9-13 所示：

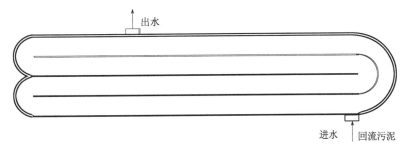

图 9-13 氧化沟平面布置草图

7. 回流污泥量计算

根据物料平衡

进水：
$$(\text{TSS})Q + X_R Q_R = (Q + Q_R)X$$

$$X_R = \frac{10^6}{\text{SVI}}\gamma$$

式中　Q_R——回流污泥量，m^3/d；

X_R——回流污泥浓度。

SVI 取 100，γ 取 1，X_R 为 10000mg/L，$200 \times 25000 + 10000 \times Q_R = (25000 + Q_R) \times 4000$

$$Q_R = 15833\text{m}^3/\text{d}$$

回流比 R 为 63%。

8. 每组沟剩余污泥量计算：

$$\Delta x = Q\Delta S[Y/f(1 + K_d\theta_c)] + X_t Q - X_e Q$$
$$= \{25000 \times (190 - 20)[0.5/0.7(1 + 0.05 \times 30)] + 60 \times 25000 - 20 \times 25000\}$$
$$\times 10^{-3}\text{kg/d}$$
$$= 2214\text{kg/d}$$

9.11　CASS 工艺

CASS 中，各参数计算如下。

1. 曝气时间

设混合液污泥浓度 $X = 4000\text{mg/L}$，污泥负荷 $N_s = 0.15\text{kgBOD/kgMLSS}$，充水

比 $\lambda = 0.24$，曝气时间 t_a 为：

$$t_a = \frac{24\lambda S_0}{N_s X} = \frac{24 \times 0.24 \times 190}{0.15 \times 4000}h = 1.824h \approx 2h$$

各反应区体积比为：选择区体积：预反应区体积：主反应区体积 ＝ 1 : 5 : 30；长宽比约为：$L : B = 4 \sim 6$；宽深比约为：$B : H = 1 \sim 2$；回流比为：20%；充水比为：24%；MLSS 为：4000mg/L；预反应区和反应区间隔墙的孔口水流速度为：$30 \sim 50m/h$。

一个运行周期为 6h；周期数：$N = 4$；周期长：$T_c = 6h$；进水时间：$T_j = 2h/$周期；反应时间：$T_F = 2h/$周期；沉淀时间：$T_s = 1h/$周期；排水时间：$T_e = 1h/$周期。

2. 曝气池容积 V

曝气池个数 $n_1 = 12$，每座曝气池容积：

$$V = \frac{Q}{\lambda n_1 n_2} = \frac{50000}{0.24 \times 12 \times 4}m^3 = 4340m^3$$

3. 复核出水溶解性 BOD$_5$

根据设计出水水质，出水溶解性 BOD$_5$ 应小于 10.55mg/L。本例出水溶解性 BOD$_5$：

$$S_e = \frac{24S_0}{24 + K_2 X f t_a n_2} = \frac{24 \times 190}{24 + 0.022 \times 4000 \times 0.75 \times 2 \times 4}mg/L$$
$$= 8.26mg/L$$

计算结果满足设计要求。

4. 计算剩余污泥量

10℃时活性污泥自身氧化系数：

$$K_{d(10)} = K_{d(20)}\theta_t^{T-20} = 0.06 \times 1.04^{(10-20)}d^{-1} = 0.041d^{-1}$$

剩余生物污泥量 ΔX_V：

$$\Delta X_V = YQ\frac{S_0 - S_e}{1000} - K_d V \frac{X}{1000}f\frac{t_a}{24}n_1 n_2$$

$$= 0.6 \times 50000\frac{190 - 8.26}{1000}kg/d - 0.041 \times 4340 \times \frac{4000}{1000} \times 0.75 \times \frac{2}{24} \times 12 \times 4kg/d$$

$$= 3317kg/d$$

剩余非生物污泥 ΔX_S：

$$\Delta X_S = Q(1 - f_b f) \times \frac{C_0 - C_e}{1000}$$

$$= 50000 \times (1 - 0.7 \times 0.75) \times \frac{200 - 20}{1000}kg/d$$

$$= 4275kg/d$$

剩余污泥总量：

$$\Delta X = \Delta X_V + \Delta X_S = 3317\,\text{kg/d} + 4275\,\text{kg/d} = 7592\,\text{kg/d}$$

剩余污泥浓度 N_R：

$$N_R = \frac{N_W}{1-\lambda} = \frac{4000}{1-0.24}\,\text{mg/L} = 5263\,\text{mg/L}$$

剩余污泥含水率按 99.5% 计算，湿污泥含量为：

$$Q_S = \frac{\Delta X}{10^3(1-P)} = \frac{7592}{10^3 \times (1-99.5\%)}\,\text{m}^3/\text{d} = 1518\,\text{m}^3/\text{d}$$

5. 复核污泥龄

$$\theta_c = \frac{fN_W V n_1\, n_2 t_a}{24\Delta X_V} = \frac{0.75 \times 4000 \times 4340 \times 12 \times 4 \times 2}{24 \times 3317 \times 1000}\,\text{d} = 15.7\,\text{d}$$

计算结果表明，污泥龄可以满足氨氮硝化反硝化需要。

6. 滗水高度 h_1

曝气池有效水深 $H = 6\,\text{m}$，滗水高度 h_1：

$$h_1 = \frac{HQ}{n_1 n_2 V} = \frac{6 \times 50000}{12 \times 4 \times 4340}\,\text{m} = 1.44\,\text{m}$$

7. 设计需氧量

考虑最不利情况，按夏季时高水温计算设计需氧量。

实际需氧量 AOR：

AOR = 去除 BOD_5 需氧量 – 剩余污泥中 $BODu$ 的需氧量 + 去除 NH_3-N 耗氧量 – 剩余污泥中 NH_3-N 的耗氧量 – 脱氮产氧量

（1）去除 BOD 需氧量 D_1

$$\begin{aligned}
D_1 &= a'Q(S_0 - S) + b'VX \\
&= 0.52 \times 50000 \times (0.19 - 0.00826)\,\text{kg/d} + 0.12 \times 52080 \times 4.0\,\text{kg/d} \\
&= 29724\,\text{kg/d} = 1238.5\,\text{kg/h}
\end{aligned}$$

（2）剩余污泥中 BOD 的需氧量 D_2（用于生物合成的那部分 BOD 需氧量）

$$D_2 = 1.42 \times \Delta X_V = 1.42 \times 2249\,\text{kg/d} = 3194\,\text{kg/d}$$

（3）去除 NH_3-N 的需氧量 D_3

每 $1\,\text{kgNH}_3$-N 硝化需要消耗 $4.6\,\text{kgO}_2$

$$\begin{aligned}
D_3 &= 4.6 \times (\text{TKN}-\text{出水 NH}_3\text{-N}) \cdot Q/1000 \\
&= 4.6 \times (35-8) \times 50000/1000\,\text{kg/d} = 6210\,\text{kg/d}
\end{aligned}$$

（4）剩余污泥中 NH_3-N 的耗氧量 D_4

$$\begin{aligned}
D_4 &= 4.6 \times 污泥含氮率 \times 剩余污泥 \Delta X_V \\
&= 4.6 \times 0.124 \times 3317\,\text{kg/d} = 1892\,\text{kg/d}
\end{aligned}$$

（5）脱氮产氧量 D_5

每还原 $1\,\text{kgN}_2$ 产生 $2.86\,\text{kgO}_2$

$$D_5 = 2.86 \times 脱氮量 = 2.86 \times 22.45 \times 50000/1000\,\text{kg/d} = 3210\,\text{kg/d}$$

总需氧量:

$$AOR = D_1 - D_2 + D_3 - D_4 - D_5$$
$$= 29724kg/d - 3194kg/d + 6210kg/d - 1892kg/d - 3210kg/d$$
$$= 27638kg/d$$

去除每 $1kgBOD_5$ 的需氧量

$$\frac{AOR}{Q(S_0 - S)} = \frac{27638}{50000 \times (0.19 - 0.00826)} kgO_2/kgBOD_5$$
$$= 3.04kgO_2/kgBOD_5$$

标准状态下需氧量 SOR

$$SOR = \frac{AOR \times C_{S(20)}}{\alpha(\beta\rho C_{S(T)} - C) \times 1.024^{(T-20)}}$$

式中　$C_{S(20)}$——20℃时氧的饱和度, 查附录取 9.17mg/L;

　　　T——取 25℃;

　　　$C_{S(T)}$——T℃时氧的饱和度;

　　　C——溶解氧浓度, 取 2mg/L;

　　　α——氧总转移系数, 取 0.85;

　　　ρ——$\rho = \dfrac{\text{所在地区实际气压}}{1.013 \times 10^5} = 1$;

　　　β——氧在污水中饱和溶解度修正系数, 取 0.95。

求定空气扩散装置出口处的绝对压力 P_b 值, 按公式:

$$P_b = 1.013 \times 10^5 Pa + 9.8 \times 5.8 \times 10^3 Pa = 1.581 \times 10^5 Pa$$

求定气泡离开池表面时, 氧的百分比 O_t 值, 按公式:

$$O_t = \frac{21(1 - 0.2)}{79 + 21(1 - 0.2)} \times 100\% = 17.54\%$$

确定计算水温条件下的氧的饱和度:

$$C_{Sm(20)} = C_{S(20)}\left(\frac{p}{2.026 \times 10^5} + \frac{O_t}{42}\right) = 8.38 \times \left(\frac{1.581}{2.026} + \frac{17.54}{42}\right)mg/L$$
$$= 10.03mg/L$$

$$SOR = \frac{27638 \times 9.17}{0.85 \times (0.95 \times 1 \times 10.03 - 2) \times 1.024^5} kg/d = 35176kg/d$$

去除每 $1kgBOD_5$ 的标准需氧量:

$$\frac{SOR}{Q(S_0 - S)} = \frac{35176}{50000 \times (0.19 - 0.00826)} kgO_2/kgBOD_5 = 3.87kgO_2/kgBOD_5$$

单池小时供气量:

$$G_s = \frac{35176}{12 \times 8 \times 0.3 \times 20} \times 100 m^3/h = 6107 m^3/h$$
$$= 102(m^3/min)$$

$$最大气水比 = 6107 \times 12 \times 8 / 50000 = 11.7 : 1$$

8. 曝气池布置

CASS 曝气池共设 2 组，每组 6 座，每座曝气池曝气区体积 4340m³，选择区体积 120.6m³，预反应区体积 602.8m³。

设水深 6m，超高 0.5m，宽 12m，长 60m。其中选择区长 1.7m，预反应区 8.4m，曝气区 49.9m。总体积 4320m³。

9. 曝气系统的设计

曝气器设备是活性污泥法的核心部分，CASS 工艺常用的曝气设备是微孔曝气器。微孔曝气器也称为多孔性空气扩散装置，采用多孔性材料，如陶粒，粗瓷等掺以适当的如酚醛树脂一类的黏合剂。在高温下烧结成扩散板，扩散管及扩散罩的形式。它主要特点是产生微小气泡，气液接触面积大，氧的利用率高。

拟采用 YMB-2 型膜片式微孔曝气装置，氧的利用率为 20% 气压为 1 个大气压，反应池有效水深 6m，微孔曝气器的安装深度 5.8m，查样本每只曝气器供气量按 8m³/h 计，数量按实际小时供气量计算，每个 CASS 池的曝气器数量为：

$$N = \frac{(G_S)_{ih}}{每只曝气器供气量} = \frac{6107}{8} = 763 \text{ 个（按 800 个布置）}$$

CASS 反应池内设有电动蝶阀和空气流量计，可以根据设定运行周期定时开关阀们，并根据 CASS 反应池内设置的溶氧仪的测定值自动调节曝气量。

从鼓风机房出来 2 根空气干管，在 6 个 CASS 池设 12 根空气支管，每根空气支管上设 40 根小支管。两池共 24 根空气支管，960 根空气小支管。每根小支管上设置 10 个曝气器。

空气干管流速 v_1 为 15m/s，支管流速 v_2 为 10m/s，小支管流速 v_3 为 5m/s，则

空气干管管径：$D_{干管} = \sqrt{\dfrac{4G}{3600 \times \pi v_1}} = \sqrt{\dfrac{4 \times 6107 \times 6}{3600 \times \pi \times 15}}\text{m} = 0.93\text{m}$，取 *DN* 1000mm 钢管。

空气支管管径：$D_{横支管} = \sqrt{\dfrac{4G}{2 \times 3600 \times \pi v_2}} = \sqrt{\dfrac{4 \times 6107}{2 \times 3600 \times 10 \times \pi}}\text{m} = 0.33\text{m}$，取 *DN* 350mm 钢管。

空气小支管管径：$D_{小支管} = \sqrt{\dfrac{4G}{80 \times 3600 \times \pi v_3}} = \sqrt{\dfrac{4 \times 6107}{80 \times 3600 \times \pi \times 5}}\text{m} = 0.074\text{m}$，取 *DN* 80mm 钢管。

10. 鼓风机所需气压

曝气器的淹没深度 $H = 5.8$m，空气压力可按下式进行估算：

$$P = (1.5 + H) \times 9.8 = (1.5 + 5.8) \times 9.8 \, \text{kPa} = 71.54 \, \text{kPa}$$

校核估算的空气压力值。

管道沿程阻力损失可由下式估算：

$$h = \lambda \times \frac{L}{d} \frac{v^2}{2}$$

式中　λ——阻力损失系数，取 4.4。

取空气干管长为 40m，则其沿程阻力损失：

$$h_1 = \lambda \times \frac{L}{d} \frac{v^2}{2} = 4.4 \times 10^{-5} \times \frac{40}{1} \times \frac{15^2}{2} \, \text{kPa} = 0.2 \, \text{kPa}$$

取空气支管长为 45m，则其沿程阻力损失：

$$h_2 = \lambda \times \frac{L}{d} \frac{v^2}{2} = 4.4 \times 10^{-5} \times \frac{45}{0.35} \times \frac{10^2}{2} \, \text{kPa} = 0.28 \, \text{kPa}$$

取空气小支管长为 16m，则其沿程阻力损失：

$$h_3 = \lambda \times \frac{L}{d} \frac{v^2}{2} = 4.4 \times 10^{-5} \times \frac{16}{0.08} \times \frac{5^2}{2} \, \text{kPa} = 0.11 \, \text{kPa}$$

空气管道沿程阻力损失：

$$\sum h = h_1 + h_2 + h_3 = 0.20 \, \text{kPa} + 0.28 \, \text{kPa} + 0.11 \, \text{kPa} = 0.59 \, \text{kPa}$$

设空气管道的局部阻力损失为 $h_i = 0.5 \, \text{kPa}$，则空气管路的压力总损失为：

$$\sum h = 0.5 \, \text{kPa} + 0.59 \, \text{kPa} = 1.09 \, \text{kPa}$$

取膜片式微孔曝气器的最大压力损失为 $h_f = 3 \, \text{kPa}$，则鼓风机的供气压力为：

$$P = 9.8H + \sum h + h_f = 9.8 \times 5.8 \, \text{kPa} + 1.09 \, \text{kPa} + 3 \, \text{kPa} = 60.93 \, \text{kPa} < 68.6 \, \text{kPa}$$

故鼓风机的供气压力可采用 68.6kPa，选择 5 台风机曝气（4 用 1 备），则风机能力为 $G = 102 \, \text{m}^3/\text{min}$。

鼓风机型号为：D120-1.7，风机能力为 $G = 120 \, \text{m}^3/\text{min}$，电机功率 220kW。

11. 预反应区和反应区间的导流孔计算

设计流水速度 $U = 50 \, \text{m/h}$，池子宽 $B = 10 \, \text{m}$，n_1 为 CASS 池子数目，n_3 为导流孔个数，按照设计资料参数取 2，预反应区长度为 $L_1 = 8.4 \, \text{m}$，则：

$$A = \frac{Q}{24 n_1 n_3 u} + \frac{BL_1 H_1}{U} = \frac{50000}{12 \times 24 \times 2 \times 50} \, \text{m}^2 + \frac{10 \times 8.4 \times 1.44}{50} \, \text{m}^2 = 4.16 \, \text{m}^2$$

设计导流孔在池底部，要求孔口高要小于 1m，设高为 0.8m，则孔宽为：

$$\frac{A}{1} = \frac{4.16}{1} \, \text{m} = 4.16 \, \text{m}。$$

12. 排泥系统

每池池底坡向排泥坡度 $i = 0.01$，池出水端池底设（$1.0 \times 1.0 \times 0.5$）$\text{m}^3$ 排泥坑 1 个，每池排泥坑中接 $DN200$ 出泥管 1 根。

9.12 MBR 工艺

作为一种新型高效的污水处理技术，近年来膜生物反应器（membrane bioreactor，MBR）在水处理领域得到了极为广泛的应用，数量日益增多，规模不断扩大，已成为实现污水再生回用和废水资源化的一项极具竞争力的新技术，也成为污水厂提升改造项目一项备选技术。

本计算过程拟在原有 A^2/O 脱氮除磷工艺基础上，在生化池后端放置 MBR 膜组件，通过提高生化池活性污泥浓度，提高出水水质，将出水水质从《城镇污水处理厂污染物排放标准》（GB 18918—2002）中规定的一级 B 标准提升到一级 A 标准，满足污水厂提标改造的要求。

设计进水水质沿用原设计水质：COD = 360mg/L，BOD_5 = S_0 = 190mg/L，SS = 200mg/L，NH_3-N = 30mg/L，TN = 35mg/L = N_0，TP = 3mg/L；

设计出水 COD_{cr} = 50mg/L，BOD_5 = S_e = 10mg/L，SS = 10mg/L，NH_3-N = 5mg/L，TN = 15mg/L = N_e，TP = 0.5mg/L。

设计参数如表 9-11 所示：

A^2/O-MBR 工艺提标改造主要设计参数　　　　　　　表 9-11

项　　　　目	数　　　值
BOD_5污泥负荷（kgBOD5/（kgMLSS·d））	0.13～0.2
TN 负荷（kgTN/（kgMLSS·d））	<0.05（好氧段）
TP 负荷（kgTP/（kgMLSS·d））	<0.06（厌氧段）
污泥浓度 MLSS（mg/L）	6000～8000
挥发活性组分比例	0.7～0.8
活性污泥产泥系数 Y	0.4～0.6
20℃时污泥自身氧化系数 K_{d20}	0.04～0.075
污泥龄 θ_C（d）	15～20
硝化菌在 15℃时最大比生长速率	0.4～0.5
硝化菌理论产率系数 Y_N	0.04～0.29
20℃时硝化菌自身氧化系数 K_{DN20}	0.03～0.06
安全系数	1.5～4
在 20℃时反硝化速率	0.075～0.115
水力停留时间 t（h）	8～11
污泥回流比 R（%）	50～100
混合液回流比 R 内（%）	100～300
溶解氧浓度 DO（mg/L）	厌氧池<0.2，缺氧池≤0.5，好氧池=2
COD/TN	>8（厌氧池）
TP/BOD_5	<0.06（厌氧池）

9.12.1　好氧池设计计算（按低温情况计算）

假设污水处理厂最低平均水温 $T_{min} = 8℃$，8℃时污泥自身氧化系数：

$$K_d(T_{min}) = K_d(20) \times 1.05^{(T_{min}-20)} = 0.028 \mathrm{d}^{-1}$$

式中　$K_d(T_{min})$——最低运行温度条件下，污泥自身氧化系数，d^{-1}；

　　　$K_d(20)$——温度20℃条件下，污泥自身氧化系数，一般 $0.04 \sim 0.075 \mathrm{d}^{-1}$，取 $0.05 \mathrm{d}^{-1}$；

　　　T_{min}——最低运行温度，℃。

8℃时硝化菌最大比生长速率 μ_m 修正：

$$\mu_m(T_{min}) = \mu_m(15) e^{(0.098 \times (T_{min}-15))} [1 - 0.833(7.2 - \mathrm{pH})][DO/(K_0 + DO)]$$
$$= 0.132 \mathrm{d}^{-1}$$

式中　$\mu_m(T_{min})$——最低运行温度下，硝化菌的最大比生长速率，d^{-1}；

　　　$\mu_m(15)$——15℃运行温度下，硝化菌的最大比生长速率，范围 $0.4 \sim 0.5 \mathrm{d}^{-1}$，取 $0.47 \mathrm{d}^{-1}$；

　　　K_0——氧的饱和常数，范围 $0.25 \sim 2.46 \mathrm{mg/L}$，一般取 $1.0 \mathrm{mg/L}$；

　　　DO——好氧池中溶解氧浓度，取 $2.0 \mathrm{mg/L}$；

　　　pH——取7。

硝化菌自身氧化系数 K_{dN} 修正：

$$K_{dN}(T_{min}) = K_{dN}(20) \times 1.05^{(T_{min}-20)} = 0.022 \mathrm{d}^{-1}$$

式中　$K_{dN}(T_{min})$——最低运行温度条件下，硝化菌自身氧化系数，d^{-1}；

　　　$K_{dN}(20)$——温度20℃条件下，硝化菌自身氧化系数，范围 $0.03 \sim 0.06 \mathrm{d}^{-1}$，取 $0.05 \mathrm{d}^{-1}$。

1. 设计计算污泥龄

（1）硝化菌最大基质利用率

$$K' = \mu_m/Y_n = 0.132/0.15 \mathrm{d}^{-1} = 0.88 \mathrm{d}^{-1}$$

K'——硝化菌最大基质利用率，d^{-1}；

Y_n——硝化菌理论产率系数，范围 $0.04 \sim 0.29 \mathrm{mgVSS/mgNH_4\text{-}N}$，一般取 $0.15 \mathrm{mgVSS/mgNH_4\text{-}N}$；

（2）硝化菌污泥龄计算

最小硝化污泥龄 t_{Nmin}：

$$t_{Nmin} = 1/(Y_n K' - K_{dN}) = 1/(0.15 \times 0.88 - 0.022)\mathrm{d} = 9.10 \mathrm{d}$$

t_{Nmin}——硝化菌最小硝化污泥龄，d。

设计污泥龄 t_N：

$$t_N = SF t_{Nmin} = 1.8 \times 9.1 \mathrm{d} = 16.4 \mathrm{d}$$

t_N——硝化菌设计污泥龄；

SF——安全系数，范围 $1.5 \sim 4$ ，取 1.8。

2. 污泥负荷

硝化污泥负荷 U_N：

$$U_N = \frac{\left(\frac{1}{t_N} + K_{dN}\right)}{Y_n} = \frac{\left(\frac{1}{16.4} + 0.022\right)}{0.15} \text{mgNH}_4\text{-N}/(\text{mgMLVSS} \cdot \text{d})$$
$$= 0.55 \text{mgNH}_4\text{-N}/(\text{mgMLVSS} \cdot \text{d})$$

碳氧化污泥负荷 U_s：

$$U_s = \frac{\left(\frac{1}{t_N} + K_d\right)}{Y} = \frac{\left(\frac{1}{16.4} + 0.028\right)}{0.6} \text{mgBOD}/(\text{mgMLVSS} \cdot \text{d})$$
$$= 0.22 \text{mgBOD}/(\text{mgMLVSS} \cdot \text{d})$$

Y——污泥理论产泥系数，范围 $0.4 \sim 0.8$ ，一般取 0.6。

3. 好氧池容积计算

BOD_5 氧化要求水力停留时间 t_B：

$$t_B = \frac{(S_0 - S_e)}{(U_s X_{vss} f)} = \frac{(190 - 10)}{0.22 \times 8000 \times 0.7} = 0.15\text{d} = 3.6\text{h}$$

X_{vss}——生物池中活性污泥浓度，MBR 反应器中一般为 8000mg/L；

f——活性污泥中可生物降解部分所占比例，取 0.7。

4. 硝化要求水力停留时间

BOD 表观产率系数

$$Y_{obs} = \frac{Y}{(1 + K_d t_N)} = \frac{0.6}{(1 + 0.028 \times 16.4)} \text{mgVSS/mgBOD}_5$$
$$= 0.41 \text{mgVSS/mgBOD}_5$$

5. 硝化细菌在微生物中的百分比 f_n

硝化的氨氮量 N_d：

$N_d = TN_0 - 0.122 \times Y_{obs} \times (S_0 - S_e) - N_e - 0.016 \times K_d \times t_N \times (S_0 - S_e) \times Y_{obs}$
$= [35 - 0.122 \times 0.41 \times (190 - 10) - 5 - 0.016 \times 0.028 \times 16.4 \times (190 - 10) \times 0.41]\text{mg/L}$
$= 20.45 \text{mg/L}$

N_e——出水氨氮浓度。

硝化菌百分比 f_n：

$f_n = Y_n N_d / (Y_{obs}(S_0 - S_e) + Y_n N_d + 0.016 K_d t_N (S_0 - S_e) Y_{obs})$
$$= \frac{0.15 \times 20.45}{(0.41 \times (190 - 10) + 0.15 \times 20.45 + 0.016 \times 0.028 \times 16.4 \times (190 - 10) \times 0.41)}$$
$= 0.04$

硝化水力停留时间 t_n：

$t_n = (TN_0 - 0.122 Y_{obs}(S_0 - S_e) - N_e - 0.016 K_d t_N (S_0 - S_e) Y_{obs}) / (U_N X_{vss} f_n)$

$$= \frac{20.45}{(0.55 \times 8000 \times 0.04)} d = 0.12d = 2.88h$$

结合 BOD 氧化时间和硝化水力停留时间，好氧池水力停留时间选定 $t = 3.6h$
好氧池容积：

$$V_a = Qt/24 = \frac{50000 \times 3.6}{24} = 7500 m^3,$$

由于 MBR 是在原有 A^2/O 池中改建的，结合原有池体尺寸，取 8204m^3。

6. 排泥量计算

（1）污泥有机部分产量

$$W_1 = Y_{obs}(S_0 - S_e)Q/1000 = \frac{0.41 \times (190 - 10) \times 50000}{1000} kg/d = 3690kg/d$$

（2）污泥内源衰减残留物量

$$W_2 = f_p K_d t_N W_1 = 0.2 \times 0.028 \times 16.4 \times 3690 kg/d = 339kg/d$$

f_p——活性污泥中不可生物降解部分比例，取 0.2。

（3）污泥惰性部分产量

$$W_3 = \eta_{ss} SS_0 Q/1000 = \frac{0.52 \times 200 \times 50000}{1000} kg/d = 5200kg/d$$

式中　η_{ss}——总悬浮物 TSS 惰性组分比例，取 52%；

　　SS_0——进水悬浮物浓度，mg/L。

（4）污泥硝化部分产量

$$W_4 = Y_n(NH_0 - NH_0)Q/(1 + t_N K_{dN}) = \frac{0.15 \times (30 - 5) \times 50000/1000}{(1 + 16.4 \times 0.022)} kg/d$$

$$= 137.2kg/d$$

NH_0——进水氨氮浓度；

NH_e——出水氨氮浓度。

（5）活性污泥干泥总产量

$$W' = W_1 + W_2 + W_3 + W_4 - SS_e Q/1000$$

$$= 3690kg/d + 339kg/d + 5200kg/d + 1371kg/d - \frac{10 \times 50000}{1000} kg/d$$

$$= 8866kg/d = 8.9t/d$$

（6）剩余污泥排放量

$$W_{活性污泥} = W'/(1 - \eta) = \frac{8.9}{(1 - 0.993)} t/d = 1271t/d$$

η——活性污泥含水率 99.3%。

（7）剩余污泥排放体积

$$Q_泥 = W_{活性污泥}/1.0 = \frac{1271}{1.0} m^3/d = 1271m^3/d$$

9.12.2 缺氧池设计计算（按低温情况计算）

1. 参数修正

按照污水的最低平均温度8℃，反硝化速率 U_{DN} 修正：

$$U_{DN} = U_{DN}(20) \cdot 1.09^{(T_{min}-20)} \cdot (1 - DO_N)$$
$$= 0.11 \times 1.09^{(8-20)} \times (1 - 0.15) \, \text{mgNO}_3\text{-N}/(\text{mgMLVSS} \cdot \text{d})$$
$$= 0.0332 \, \text{mgNO}_3\text{-N}/(\text{mgMLVSS} \cdot \text{d})$$

式中　$U_{DN}(20)$——20℃反硝化速率，$0.075 \sim 0.115$，取 $0.11 \, \text{mgNO}_3\text{-N}/(\text{mgMLVSS} \cdot \text{d})$；

　　　DO_N——反硝化池溶解氧浓度，取 $0.15 \, \text{mg/L}$。

2. 反硝化池容积 V_{DN} 计算

（1）系统内总氮量

$$N_1 = TN_0 Q = 35 \times 50000/1000 \, \text{kg/d} = 1750 \, \text{kg/d}$$

（2）系统内每日排放总氮量

$$N_2 = TN_e Q = 15 \times 50000/1000 \, \text{kg/d} = 750 \, \text{kg/d}$$

（3）系统内每日剩余污泥排放总氮量

$$N_3 = 0.12 W_1 = 0.12 \times 3690 \, \text{kg/d} = 442.8 \, \text{kg/d}$$

（4）系统内反硝化去除总氮量

$$N_4 = N_1 - N_2 - N_3 = 1750 \, \text{kg/d} - 750 \, \text{kg/d} - 442.8 \, \text{kg/d} = 557.2 \, \text{kg/d}$$

（5）反硝化池容积

$$V_{DN} = N_4/(U_{DN} \cdot X_{VSS}) = \frac{557.2}{0.0332 \times 8000/1000} \, \text{m}^3 = 2098 \, \text{m}^3$$

（6）反硝化池水力停留时间

$$t_{DN} = V_{DN}/Q = \frac{2098}{50000} = 0.042 \, \text{d} = 1.01 \, \text{h}$$

反硝化 $1 \text{gNO}_3\text{-N}$（以 N 计）需消耗有机碳（以 BOD 计）量为 2.86g

每日反硝化总氮量可消耗有机碳（以 BOD 计）量：

$$N_5 = 2.86 N_4 = 2.86 \times 557.2 \, \text{kg/d} = 1593.6 \, \text{kg/d}$$

（7）污水进入好氧池 BOD 浓度

$$S_0' = (QS_0 - 1000 N_5)/Q = \frac{(50000 \times 190 - 1000 \times 1593.6)}{50000} \, \text{mg/L} = 158.13 \, \text{mg/L}$$

将 S_0' 带入生化池进行核算，并且由计算可知，改造后，由于活性污泥浓度增加，反硝化所需水力停留时间减短，缺氧池所需容积减小，可将缺氧池隔开，另一部分作为好氧池使用。取单组缺氧池尺寸为 $43\text{m} \times 7\text{m} \times 5\text{m}$，有效容积为 1204m^3，反硝化实际水力停留时间 1.156h，缺氧池其余部分改造成好氧池。

9.12.3 厌氧池校核

1. 原单组厌氧区容积

$$V_p = 1736 \text{m}^3$$

2. 厌氧区实际水力停留时间

$$\tan t = 24V_p / [Q \cdot (1 + r)] = \frac{24 \times 1736}{25000 \times (1 + 0.5)} \text{h} = 1.11\text{h}$$

3. 好氧区出水 PO_4^{3-}-P 浓度校核 CP1

PO_4^{3-}-P 释放速率系数:

$$K_p = 0.0236S_0 - 0.036 = [0.0236 \times 190 - 0.036] \text{mgP}/(\text{gMLSS} \cdot \text{h})$$
$$= 4.45 \text{mgP}/(\text{gMLSS} \cdot \text{h})$$

厌氧区释放出磷浓度 CP_1:

$$CP_1 = CP_0 + K_p \cdot \tan t \cdot X_{VSS}/1000 = (3 + 4.45 \times 1.1 \times 8000/1000) \text{mg/L} = 42.2 \text{mg/L}$$

CP_0——厌氧池初始磷浓度, 取 3mg/L;

改造后好氧区实际水力停留时间:

$$t_2 = V/(1 + r + R) \times Q = \frac{8024}{50000 \times (1 + 0.5 + 2)} \times 24\text{h} = 1.13\text{h}$$

好氧区出水 PO_4-P 浓度:

$$CP_2 = CP_1 \cdot \exp(-k_u \cdot X \cdot t_2/1000)$$
$$= 42.2 \times \exp(-0.8 \times 8000 \times 1.13/1000) \text{mg/L}$$
$$= 0.03 \text{mg/L}$$

k_u——PO_4-P 吸收速率系数, 一般为 $0.8 \sim 1.06 \text{L}/(\text{gMLSS} \cdot \text{h})$

校核好氧区出水 TP 浓度 TP_e:

$$TP_e = (CP_2 + 0.055) / 0.671 = \frac{(0.03 + 0.055)}{0.671} \text{mg/L} = 0.13 \text{mg/L} < 0.5 \text{mg/L},$$

满足《城镇污水处理厂污染物排放标准》(GB 18918—2002) 中规定的一级 A 标准。

9.12.4 曝气量校核

1. 有机物碳化需氧量

$$O_{2C} = 1.47 \cdot Q \cdot (S_0 - S_e)/1000 - 1.42W_1$$
$$= 1.47 \times 50000 \times (190 - 10)/1000 \text{kgO}_2/\text{d} - 1.42 \times 3690 \text{kgO}_2/\text{d} = 7990 \text{kgO}_2/\text{d}$$

2. 硝化需氧量

$$O_{2N} = 4.6[Q(NH_0 - NH_e) - 0.12W_1]$$
$$= 4.6 \times [50000 \times (30 - 5)/1000 - 0.12 \times 3690] \text{kgO}_2/\text{d}$$
$$= 3713 \text{kgO}_2/\text{d}$$

3. 反硝化可利用氧量

$$O_{2DN} = 2.86 \cdot \left[Q \cdot (TN_0 - TN_e)/1000 - 0.12 \cdot W_1 \cdot f \right]$$
$$= 2.86 \times \left[50000 \times (35 - 15)/1000 - 0.12 \times 3690 \times 0.7 \right] \text{kgO}_2/\text{d}$$
$$= 1974 \text{kgO}_2/\text{d}$$

4. 总需氧量

$$O_2 = O_{2C} + O_{2N} - O_{2DN} = 7990 \text{kgO}_2/\text{d} + 3713 \text{kgO}_2/\text{d} - 1974 \text{kgO}_2/\text{d}$$
$$= 9729 \text{kgO}_2/\text{d} < 11443.3 \text{kgO}_2/\text{d}$$

改造后，原鼓风机的曝气量能够给 MBR 工艺反应池提供足够的气量，鼓风机可以通过变频减小供气量，以防止过量曝气。

9.12.5 膜组件的设计

膜组件工作参数   表 9-12

序　号	名　　称	参　　数
1	膜元件型号	60E0025SA
2	膜类型	帘式膜
3	膜孔径	$0.4\mu m$
4	膜通量	$0.2 \sim 0.8 \text{m}^3/(\text{m}^2 \cdot \text{d})$
5	单个膜片面积	25m^2
6	单个膜元件膜片数量	20
7	单组膜组件面积	500 m^2
8	单组膜组件尺寸	$1610 \text{mm} \times 1555 \text{mm} \times 3124 \text{mm}$
9	膜箱内部投影面积	1.17m^2

设计膜通量取：$q = 15 \text{L/m}^2 \cdot \text{h}$

单组膜池设计水量：$Q_单 = Q/2 = 1041.7 \text{m}^3/\text{h}$

单个膜池计算膜面积：$S_单 = Q_单/q = 69444.4 \text{m}^2$

单个膜池膜组件数量：$n_单 = S_单/500 = 138.9$ 个，取 138 个

单个膜池总膜面积：$n'_单 = 500 n_单 = 69000 \text{m}^2$

1. 校核膜通量

平均膜通量：$q_{avr} = Q_单/n'_单 = 1041.7 \times 10^3/69000 \text{L}/(\text{m}^2 \cdot \text{h}) = 15.2 \text{L}/(\text{m}^2 \cdot \text{h})$

当一组清洗时，其他各组膜组件的平均通量：$q'_{avr} = Q_单/\left[(n'_单 - 1) \times 500 \right] = 15.2 \text{L}/(\text{m}^2 \cdot \text{h})$

运行周期 8min，其中过滤时间 7min，清洗时间 1min。

单组膜组件安装要求厚度方向的中心间距要 $\geqslant 2.2$m，距离池体间距要 $\geqslant 1.1$m，池深不得小于 3.4m。

假如在生化池末端沿宽度方向上放置 3 组膜组件，所需空间

$$L = 1.1 \text{m} + 2.2 \text{m} + 2.2 \text{m} + 1.1 \text{m} = 6.6 \text{m} < 7 \text{m}$$

符合膜组件安装要求。

2. MBR 产水泵的计算

单池每组 23 个膜组件安装一台产水泵，共有 7 台产水泵，其中 1 台产水泵备用，单台泵流量 $q_{自吸泵} = q'_{avr} \times 500\mathrm{m}^2 \times (24-3)/1000 = 159.6\mathrm{m}^3/\mathrm{h}$。选择自吸泵参数：$Q = 174\mathrm{m}^3/\mathrm{h}$，$H = 11\mathrm{m}$，$N = 11\mathrm{kW}$，吸程大于 3.0m，两池共安装自吸泵 14 台，其中 2 台备用。

3. 所需擦洗空气量的计算

单个膜组件所需曝气强度：$2.9\mathrm{Nm}^3/\mathrm{s} = 174\mathrm{Nm}^3/\mathrm{min}$

单个膜组件所需气量：$q_{气} = 2.9 \times 1.17\mathrm{Nm}^3/\mathrm{min} = 3.393\mathrm{Nm}^3/\mathrm{s}$

破坏单个膜组件气量：$4.0\mathrm{Nm}^3/\mathrm{s} = 240\mathrm{Nm}^3/\mathrm{min}$

破坏单个膜组件所需气量：$q_{气} = 4.0 \times 1.17\mathrm{Nm}^3/\mathrm{s} = 4.68\mathrm{Nm}^3/\mathrm{s}$

单个曝气池曝气量为 $5.67\mathrm{Nm}^3/\mathrm{s} > 4.68\ \mathrm{Nm}^3/\mathrm{s}$，曝气量过大会破坏膜组件，可以通过调节生化池后端曝气支管阀门开度来调小气量至安全气量。

4. 膜组件的清洗

药品的清洗分为 3 种，一种为维护清洗、一种为恢复清洗、一种为浸没清洗。

通常是，将一周一次左右的维修清洗和 3 个月一次（或者抽吸压超过设定值时）的恢复清洗搭配，来维持膜系统的功能稳定。同时，因机器设备的故障，当污泥附着在膜之间时，可将膜组件直接浸没到药液内进行清洗。MBR 系统以有机物的堵塞为主，所以通常使用药液 NaOCl，长时间使用也会有无机物的堵塞，所以要适当用酸进行清洗。

（1）维护清洗

维护清洗是定期清除膜面的堵塞物，控制粘结层的增厚以及膜间压差的上升，以达到稳定运行。每周一次为标准，有效氯浓度 300～1000mg/L 的 NaOCl 从 2 侧定量通液 15～30min，药液量为每单位膜面积 2L / m^2 引入配管容量。在实施时，停止曝气。本操作基本上是自动运行。

（2）恢复清洗

恢复清洗每 3 个月一次，或抽吸压超过设定值时（＝膜间压差上升时）进行，其目的为清除膜片的堵塞物，使膜间压差恢复到初期值的状态。停止曝气，有效氯浓度 3000mg/L 的 NaOCl 溶液从 2 侧开始定量通液 30min，通液量为每单位膜面积 2L/m^2 引入配管容量。通液完毕后，在该状态下维持 30～90min。进行 NaOCl 药液的恢复清洗之后，膜间压差还较高时，可以考虑是由无机物堵塞引起的，所以要进行酸（1% 草酸、1% 柠檬酸、0.1～0.5N 硫酸或盐酸）的在线清洗。

（3）浸没清洗（离线清洗）

当恢复清洗不能使膜间压差恢复时，或者因机器设备的故障导致膜间附着污泥时，把膜组件整体浸没在药品清洗池内，清除堵塞物，其目的为使膜间压差恢复到初期值的状态。浸没清洗比恢复清洗的清洗效果好。浸没清洗将膜组件整体或膜片浸入到含有效氯浓度 3000mg/L 的 NaOCl 或酸（1%～2% 草酸或柠檬酸、

0.1~0.5N 硫酸或盐酸）的药液中进行浸没。浸没时间 NaOCl 为 6~24h；酸为 2h 左右。浸没清洗分为从膜分离池吊起膜组件后浸没在清洗水池（主要是膜分离池一体式 MBR 系统时）和保持膜组件不动把污泥液替换成清洗药液（主要是膜分离池分离式 MBR 系统时）的方法。把膜组件吊起浸泡在清洗水池时，在浸入到浸没池之前要用水清洗膜组件。为了节省药液，也可把膜片从膜组件中取出浸没在洗净水池。此时，取出膜片之后，水洗膜片，浸没在清洗水池中。

单个膜元件膜面积 500m²。单位膜面积清洗药液量 2L/m²，维护清洗药液量等于清洗膜所需药量＋引入配管容量。取膜维护清洗所需 NaOCl 溶液浓度为 500mg/L，膜恢复清洗所需 NaOCl 溶液浓度为 3000mg/L，膜清洗所需 NaOCl 的原液浓度设为 12%，重力密度为 1.19g/L，NaOCl 储罐的容量为 2 个月使用量，NaOCl 具有腐蚀性，罐的材质选为 PE 或 FRP。为防止 NaOCl 老化，储罐应设置在室内或阴凉处，为了保持作业环境，请确保通风。

维护清洗所需 NaOCl 储罐的容量：$V_1 = 2L/m^2 \times 500m^2 \times 500mg/L \div 12\% \div 1.19g/L \times 1$ 次/周 $\times 8$ 周 $= 28L$

恢复清洗所需 NaOCl 储罐的容量：$V_2 = 2L/m^2 \times 500m^2 \times 3000mg/L \div 12\% \div 1.19g/L \times 1$ 次 $= 21L$，DN15 清洗配管容量：$V_3 = 3.14 \times D^2/4 \times L = 13.5L$，清洗所需 NaOCl 储罐的容量：$V = V_1 + V_2 + V_3 = 28L + 21L + 13.5L = 62.5L$

稀释水罐：储存 NaOCl 的稀释水的罐，稀释水一般采用自来水或膜过滤水等。稀释水罐的容量，设定为大于 1 次清洗所需量。

$V_{清洗罐} = 500m^2 \times 2L/m^2 = 1000L = 1m^3$，$V_{清洗罐}$ ＋引入配管容量 $= 1014L = 1.014m^3$，取 $1.5m^3$；

维护清洗药液泵的计算：$q = 2L/m^2 \times 500m^2 \times 500mg/L \div 12\% \div 1.19g/L \div 30min = 0.12L/min$；

恢复清洗药液泵的计算：$q = 2L/m^2 \times 500m^2 \times 3000mg/L \div 12\% \div 1.19g/L \div 30min = 0.70L/min$，取药液泵的流量为 1L/min。

稀释水泵流量计算：$q = 2L/m^2 \times 500m^2 \div 30min = 33.3L/min$，取流量为 50L/min。

5. 清洗工序的程序

维护清洗和恢复清洗一般是可自动操作型，所以编入自动清洗程序，自动清洗程序见表9-13。

酸清洗：通过 NaOCl 进行清洗对有机物堵塞是有效的，但对于无机物的堵塞是没有效果的。只通过 NaOCl 进行清洗，无机物会逐渐堆积在膜表面，膜间压差会上升，所以要用酸进行清洗。根据膜厂家建议，酸清洗 1 年实施 1 次，且采用浸没清洗的方式。

6. 清洗水池计算

单台膜组件的尺寸为 1610mm×1555mm×3124mm，设计取膜清洗池的尺寸为 3000mm×3000mm×3500mm，能够将膜组件浸没即可。

自动清洗程序表

表 9-13

工序	工序号码	运行内容	时间 (min)	过滤泵	膜清洗用鼓风机	污泥循环泵	NaOCl 泵	稀释水泵	备注
A. 过滤工程	A-①	过滤运行	7	○	○	○	×	×	交替反复运行 A-①、A-②工序
	A-②	过滤停止	1	×	○	○	×	×	
B. 药液清洗工序	B-①	注入 NaOCl	30	×	×	×	○	○	
	B-②	放置	90	×	×	×	×	×	
	B-③	排出 NaOCl	任意	×	○	○	×	○	
	B-④	再次过滤前曝气	0～15	×	○	○	×	×	结束后进入 A-①工序

注：○代表运行
　　×代表停止

224

9.13 生物滤池工艺

曝气生物滤池 + 反硝化生物滤池是目前污水厂出水由一级 B 提升为一级 A 所采用的主要工艺技术路线。在该技术路线中，曝气生物滤池进水接自二沉池出水。进出水水质指标见表9-14。生物滤池采用二级串联工艺。

进出水水质指标　　　　　　　　　　　　　　　表 9-14

水质指标	COD (mg/L)	BOD (mg/L)	SS (mg/L)	TN (mg/L)	NH$_3$-N (mg/L)	TP (mg/L)	pH
进水	60	20	20	20	8	1.0	6 ~ 9
出水	50	10	10	15	5	0.5	6 ~ 9

生物滤池处理城市污水主要设计参数　　　　　　表 9-15

类　型	功　能	参　数	取　值
碳氧化曝气生物滤池（C 池）	降解污水中含碳有机物	滤池表面水力负荷（滤速）[m^3/（m^2·h）]（m/h）	3.0 ~ 6.0
		BOD 负荷 [kgBOD/（m^3·d）]	2.5 ~ 6.0
		空床水力停留时间 min	40 ~ 60
碳氧化/部分硝化曝气生物滤池（C/N 池）	降解污水中含碳有机物并对氨氮进行部分硝化	滤池表面水力负荷（滤速）[m^3/（m^2·h）]（m/h）	2.5 ~ 4.0
		BOD 负荷 [kgBOD/（m^3·d）]	1.2 ~ 2.0
		硝化负荷 [kgNH$_4$-N/（m^3·d）]	0.4 ~ 0.6
		空床水力停留时间（min）	70 ~ 80
硝化曝气生物率（N 池）	对污水中的氨氮进行硝化	滤池表面水力负荷（滤速）[m^3/（m^2·h）]（m/h）	3.0 ~ 12.0
		硝化负荷 [kgNH$_4$-N/（m^3·d）]	0.6 ~ 1.0
		空床水力停留时间（min）	30 ~ 45
前置反硝化生物滤池（per-DN 池）	利用污水中的碳源对硝态氮进行反硝化	滤池表面水力负荷（滤速）[m^3/（m^2·h）]（m/h）	8.0 ~ 10.0（含回流）
		反硝化负荷 kgNO$_3^-$-N/（m^3·d）	0.8 ~ 1.2
		空床水力停留时间（min）	20 ~ 30
后置反硝化生物滤池（post-DN 池）	利用外加碳源对硝化氮进行反硝化	滤池表面水力负荷（滤速）[m^3/（m^2·h）]（m/h）	8.0 ~ 12.0
		反硝化负荷 [kgNO$_3^-$-N/（m^3·d）]	1.5 ~ 3.0
		空床水力停留时间（min）	15 ~ 25
精处理曝气生物滤池	对二级污水处理厂尾水进行含碳有机物降解及氨氮硝化	滤池表面水力负荷（滤速）[m^3/（m^2·h）]（m/h）	3.0 ~ 5.0
		硝化负荷 kgNH$_4^+$-N/（m^3·d）	0.3 ~ 0.6
		空床水力停留时间（min）	35 ~ 45

注：1. 设计水温较低、进水浓度较低或出水水质要求较高时，有机负荷、硝化负荷、反硝化负荷应取下限值。
　　2. 反硝化滤池的水力负荷、空床停留时间均按含硝化液回流水量确定，反硝化回流比应根据总氮去除率确定。

9.13.1　精处理曝气生物滤池计算:

1. 生物滤池总高度计算

$$H = H_0 + h_0 + h_1 + h_2 + h_3 + h_4$$

式中　H——生物滤池总高度，m;

　　　H_0——滤料填装高度，m，取 3.0m;

　　　h_0——承托层高度，m，轻质滤料滤池不含此项，取 0.3m;

　　　h_1——缓冲区配水高度，m，轻质滤料滤池为配水排泥区，取 1.2m;

　　　h_2——清水区高度，m，取 1.5m;

　　　h_3——超高 (m)，取 0.5m;

　　　h_4——滤板厚度，取 0.4m。

$H = H_0 + h_0 + h_1 + h_2 + h_3 + h_4 = 3.0\text{m} + 0.3\text{m} + 1.2\text{m} + 1.5\text{m} + 0.5\text{m} + 0.4\text{m} = 6.9\text{m}$

2. 滤池总面积计算:

（1）按氨氮负荷法计算

$$A = \frac{W}{H_0}$$

$$W = \frac{Q \times \Delta C_{\text{TKN}}}{1000 \times q_{\text{NH}_3\text{-N}}}$$

式中　A——滤池总面积，m^2;

　　　W——滤料总体积，m^3;

　　　H_0——滤料填装高度，m;

　　　Q——滤池设计污水量，m^3/d，取 50000 m^3/d;

ΔC_{TKN}——进、出滤池的凯氏氮浓度差值（mg/L），取 5 mg/L;

$q_{\text{NH}_3\text{-N}}$——硝化容积负荷，kgNH$_3$-N/（m^3 · d），取 0.4 kgNH$_3$-N/（m^3 · d）。

$$W = \frac{Q \times \Delta C_{TKN}}{1000 \times q_{NH_3-N}} = \frac{50000 \times 5}{1000 \times 0.4}\text{m}^3 = 625\text{m}^3$$

$$A = \frac{W}{H_0} = \frac{625}{3}\text{m}^2 = 208\text{m}^2$$

（2）按空床水力停留时间法计算

$$A = \frac{Q}{24q}$$

$$q = \frac{H_0}{t}$$

式中　A——滤池总面积，m^2;

　　　Q——设计污水流量，m^3/d，取 50000 m^3/d;

　　　H_0——滤料填装高度，m，取 3.0m;

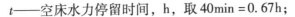

t——空床水力停留时间，h，取 $40\text{min} = 0.67\text{h}$；

q——滤池水力表面负荷，$[\text{m}^3/(\text{m}^2 \cdot \text{d})]$。

$$A = \frac{Q}{24q} = \frac{Qt}{24H_0} = \frac{50000 \times 0.67}{24 \times 3}\text{m}^2 = 465\text{m}^2$$

比较氨氮负荷法与空床水力停留时间法所得滤池总面积，取两者较大值，则 $A = 465\text{m}^2$，将滤池分为 10 格，并联运行，单格表面积为：

$$a = \frac{A}{n} = \frac{465}{10}\text{m}^2 = 46.5\text{m}^2$$

取单格滤池表面积为：$6\text{m} \times 8\text{m} = 48\text{m}^2$

正常运行时水力负荷为：

$$N_q = \frac{Q}{A} = \frac{50000}{24 \times 48 \times 10}\text{m/h} = 4.34\text{m/h}$$

复核一格滤池反冲洗时，最大水力负荷为：

$$N_q' = \frac{Q}{A} = \frac{50000}{24 \times 48 \times 9}\text{m/h} = 4.82\text{m/h}$$

正常运行时水力负荷与一格滤池反冲洗时，最大水力负荷均满足滤池表面水力负荷 $3.0 \sim 5.0 \text{ m}^3/(\text{m}^2 \cdot \text{h})$（m/h）。

3. 生物滤池需氧量计算

$$R_T = R_0 + R_N$$

$$R_0 = \frac{Q \times \Delta C_{\text{BOD}_5} \times \Delta R_0}{1000}$$

$$\Delta R_0 = 0.82 \times \Delta C_{\text{BOD}_5} / T_{\text{BOD}_5} + 0.28 \times \text{SS}_i / T_{\text{BOD}_5}$$

$$R_N = \frac{Q \times 4.57 \times \Delta C_{\text{TKN}}}{1000}$$

式中　　R_T——实际总需氧量，kgO_2/d；

R_0——每日去除 BOD_5 的需氧量，kgO_2/d；

R_N——每日氨氮硝化的需氧量，kgO_2/d；

Q——设计污水流量（m^3/d），取 $50000\text{m}^3/\text{d}$；

ΔC_{BOD_5}——进、出滤池的 BOD_5 浓度差值，mg/L，取 10mg/L；

ΔR_0——去除单位质量 BOD_5 的需氧量，$\text{kgO}_2/\text{kgBOD}_5$；

SS_i——滤池进水悬浮物浓度值，mg/L，取 20 mg/L；

0.82、0.28——需氧量系数（经验数值）；

ΔC_{TKN}——进、出滤池的凯氏氮浓度差值，mg/L，取 5mg/L；

4.57——氨氮硝化需氧量系数；

T_{BOD_5}——滤池进水 BOD_5 浓度值（mg/L），取 20mg/L。

$$R_T = R_0 + R_N = \frac{Q \times \Delta C_{BOD_5} \times \Delta R_0}{1000} + \frac{Q \times 4.57 \times \Delta C_{TKN}}{1000}$$

$$= \frac{50000 \times 10 \times (0.82 \times 10/20 + 0.28 \times 20/20)}{1000} kgO_2/d + \frac{50000 \times 4.57 \times 5}{1000} kgO_2/d$$

$$= 1487.5 kgO_2/d = 61.98 kgO_2/h$$

4. 生物滤池供气量计算：

$$G_S = \frac{R_S}{0.3 E_A}$$

$$R_S = \frac{R_T C_{sm(20)}}{\alpha \times 1.024^{T-20} (\beta\rho C_{Sm(T)} - C_1)}$$

$$C_{sm(20)} = C_{s(20)} \times \left(\frac{Q_t}{42} + \frac{P_b}{2.026 \times 10^5} \right)$$

$$C_{sm(T)} = C_{s(T)} \times \left(\frac{Q_t}{42} + \frac{P_b}{2.026 \times 10^5} \right)$$

$$Q_t = \frac{21 \times (1 - E_A)}{79 + 21 \times (1 - E_A)}$$

$$P_b = P + 9.8 \times 10^3 \times H'$$

式中　　G_S——标准状况下总供气量，m^3/d；

E_A——滤池系统氧利用率，%；

R_S——标准状态下总需氧量，kg；

R_T——理论总需氧量，kg/d；

α——氧的水质转移系数，生活污水取 0.8；

T——设计水温，℃，一般按 25℃；

β——饱和溶解氧修正系数，生活污水取 0.9 ~ 0.95；

ρ——修正系数，生活污水取 1.0；

C_1——滤池出水溶解氧浓度，mg/L；

$C_{sm(20)}$、$C_{sm(T)}$——20℃、设计水温 T℃ 时混合液溶解氧饱和浓度平均值，mg/L；

$C_{s(20)}$、$C_{s(T)}$——20℃、设计水温 T℃ 时清水中饱和溶解氧浓度，mg/L；

P_b——空气扩散器处的绝对压力，Pa；

Q_t——滤池逸出气体含氧百分率，%；

P——滤池水面处大气压，Pa；

H'——空气扩散器在水面下深度，m。

设曝气装置氧利用率为 $E_A = 12\%$，混合液剩余溶解氧 $C_0 = 2mg/L$，曝气装置安装在水面下 4.7m，计算温度取 25℃。

$$P_b = P + 9.8 \times 10^3 \times H' = 1.013 \times 10^5 Pa + 9.8 \times 10^3 \times 4.7 Pa = 1.474 \times 10^5 Pa$$

$$Q_t = \frac{21 \times (1 - E_A)}{79 + 21 \times (1 - E_A)} = \frac{21 \times (1 - 12\%)}{79 + 21 \times (1 - 12\%)} = 18.96\%$$

$$C_{sm(20)} = C_{s(20)} \times \left(\frac{Q_t}{42} + \frac{P_b}{2.026 \times 10^5} \right) = 9.17 \times \left(\frac{18.96}{42} + \frac{1.474 \times 10^5}{2.026 \times 10^5} \right) mg/L$$

$$= 10.81 mg/L$$

$$C_{sm(25)} = C_{s(25)} \times \left(\frac{Q_t}{42} + \frac{P_b}{2.026 \times 10^5} \right) = 8.38 \times \left(\frac{18.96}{42} + \frac{1.474 \times 10^5}{2.026 \times 10^5} \right) mg/L$$

$$= 9.88 mg/L$$

$$R_S = \frac{R_T C_{sm(20)}}{\alpha \times 1.024^{T-20} (\beta \rho C_{sm(T)} - C_1)} = \frac{61.98 \times 10.81}{0.8 \times 1.024^{25-20} (0.9 \times 1 \times 9.88 - 2)} kgO_2/h$$

$$= 107.93 kgO_2/h$$

$$G_S = \frac{R_S}{0.3 E_A} = \frac{107.93}{0.3 \times 12} \times 100 m^3/h = 2998 m^3/h = 49.97 m^3/min$$

5. 长柄滤头数量计算

单位面积设置滤头数量 $n = 36$ 个/m^2。

设置长柄滤头总数量为：

$$n_0 = n \cdot S = 36 \times 48 \times 10 \text{ 个} = 17280 \text{ 个}$$

6. 进出水管路计算

进水管道设计流速 $v_1 = 2.10 m/s$，出水管道设计流速 $v_2 = 0.90 m/s$。

进水总管管径 D_1：

$$D_1 = \sqrt{\frac{4Q}{3.14 v_1}} = \sqrt{\frac{4 \times 50000}{3.14 \times 2.1 \times 24 \times 3600}} m = 0.59 m, \text{取} D_1 = 600 mm$$

实际进水总管管道流速为：

$$v_1 = \frac{4Q}{3.14 D_1^2} = \frac{4 \times 50000}{3.14 \times 0.6^2 \times 24 \times 3600} m/s = 2.05 m/s$$

进水支管管径 D_1'

$$D_1' = \sqrt{\frac{4Q'}{3.14 v_1}} = \sqrt{\frac{4 \times 5000}{3.14 \times 2.1 \times 24 \times 3600}} m = 0.19 m, \text{取} D_1' = 200 mm$$

实际进水支管管道流速为：

$$v_1' = \frac{4Q}{3.14 D_1'^2} = \frac{4 \times 5000}{3.14 \times 0.20^2 \times 24 \times 3600} m/s = 1.84 m/s$$

出水总管管径 D_2：

$$D_2 = \sqrt{\frac{4Q}{3.14 v_2}} = \sqrt{\frac{4 \times 50000}{3.14 \times 0.9 \times 24 \times 3600}} m = 0.91 m, \text{取} D_2 = 1000 mm$$

实际出水总管管道流速为：

$$v_2 = \frac{4Q}{3.14 D_2^2} = \frac{4 \times 50000}{3.14 \times 1^2 \times 24 \times 3600} m/s = 0.74 m/s$$

7. 反冲洗计算

曝气生物滤池反冲洗系统的设置与计算按《滤池气水反冲洗设计规程》（CECS 50∶93）相关规定执行。

气水冲洗强度和冲洗时间　　　　　　　　　　　表 9-16

滤料层结构和水冲洗时滤料层膨胀率	先气冲洗		气水同时冲洗			后水冲洗	
	强度[L/(s·m²)]	冲洗时间（min）	气强度[L/(s·m²)]	水强度[L/(s·m²)]	冲洗时间（min）	强度[L/(s·m²)]	冲洗时间（min）
双层滤料、膨胀率40%	15~20	3~1	–	–	–	6.5~10	6~5
级配石英砂、膨胀率30%	15~20 12~18	3~1 2~1	12~18	3~4	4~3	8~10 7~9	7~5 7~5
均质石英砂、微膨胀	13~17 (13~17)	2~1 (2~1)	13~17 (13~17)	3~4 3~4.5	4~3 (4~3)	4~8 (4~6)	8~5 (8~5)

注：表中均质石英砂栏，无括号的数值适用于无表面扫洗水的滤池；括号内的数值适用于有表面扫洗水的滤池，其表面扫洗水强度为 1.4~2.3 L/（s·m²）。

采用气水联合反冲洗：

（1）空气反冲洗计算，选用空气反冲洗强度 $q_气 = 15L/(s·m^2) = 54m^3/(m^2·h)$

$$Q_气 = q_气 A = 54 \times 48 m^3/h = 2592 m^3/h = 43.2 m^3/min$$

（2）水反冲洗计算，选用水反冲洗强度 $q_水 = 5L/(s·m^2) = 18m^3/(m^2·h)$

$$Q_水 = q_水 A = 18 \times 48 m^3/h = 864 m^3/h = 14.4 m^3/min$$

工作周期以 24h 计，气水反冲洗每次历时 14min。

（3）反冲洗气管计算：

曝气装置与反冲进气管合用穿孔曝气管，设计反冲洗进气管流速 12.5m/s（一般取 10~15m/s）。反冲洗进气管直径为：

$$D_气 = \sqrt{\frac{4Q_气}{12.5 \times 3.14}} = \sqrt{\frac{4 \times 43.2}{60 \times 12.5 \times 3.14}} m = 0.27m, 取 DN300$$

设反冲洗气出口流速 $V_气 = 35m/s$，则布气管开孔总面积为：

$$S_气 = \frac{Q_气}{V_气} = \frac{43.2}{35 \times 60} m^2 = 0.021 m^2, 取反冲洗气管开孔数 n = 20 个$$

反冲洗气管开孔孔径为：

$$D_孔 = \sqrt{\frac{4 \times 0.021}{20 \times 3.14}} m = 0.037m, 取 0.04m。$$

则反冲洗气出口流速为：

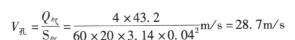

$$V_{孔} = \frac{Q_{气}}{S_{气}} = \frac{4 \times 43.2}{60 \times 20 \times 3.14 \times 0.04^2} \text{m/s} = 28.7 \text{m/s}$$

设反冲洗气出口局部阻力系数 $\xi = 1.00$，则反冲洗气出口损失 $h_{气反}$ 为：

$$h_{气反} = \frac{10 \xi V_{气反}^2}{2g} = \frac{10 \times 28.7^2}{2 \times 9.8} \text{Pa} = 420.25 \text{Pa} = 0.5 \text{kPa}$$

反洗气管道局部阻力与沿程损失之和 $h_{气管}$ 为：

$$h_{气管} = 4 \text{kPa}$$

（空气管道总损失 < 4.9kPa，空气扩散装置阻力损失 $4.9 \sim 0.9$kPa）

反洗气管孔口处水深为：

$$h_{气孔} = 5.3 \text{m} = 52 \text{kPa}$$

富余压头取：

$$h_{富} = 5 \text{kPa}$$

反洗风机所需压力：

$$h = h_{气反} + h_{气管} + h_{气孔} + h_{富} = 0.5 \text{kPa} + 4 \text{kPa} + 52 \text{kPa} + 5 \text{kPa} = 61.5 \text{kPa}$$

（4）反冲洗水管水力计算

反冲洗进水总管直径：（反冲洗进水设计流速取 $v_3 = 2.1$m/s）

$$D_3 = \sqrt{\frac{4Q_{水}}{60 \times 3.14 \times v_3}} = \sqrt{\frac{4 \times 14.4}{60 \times 3.14 \times 2.1}} \text{m} = 0.38 \text{m}, \text{取} 0.40 \text{m}$$

实际反冲洗进水总管流速为：

$$v_3 = \frac{4Q}{3.14 D_3^2} = \frac{4 \times 14.4}{60 \times 3.14 \times 0.4^2} \text{m/s} = 1.91 \text{m/s}$$

反冲洗出水总管直径：（反冲洗出水设计流速取 $v_4 = 1.0$m/s）

$$D_4 = \sqrt{\frac{4Q_{水}}{60 \times 3.14 \times v_4}} = \sqrt{\frac{4 \times 14.4}{60 \times 3.14 \times 1.0}} \text{m} = 0.55 \text{m}, \text{取} 0.60 \text{m}$$

实际洗出水总管流速为：

$$v_4 = \frac{4Q}{3.14 D_4^2} = \frac{4 \times 14.4}{60 \times 3.14 \times 0.6^2} \text{m/s} = 0.85 \text{m/s}$$

反冲洗水布水管开孔总面积为：（反冲洗水出口流速 $V_{水} = 5$m/s）

$$S_{水} = \frac{Q_{水}}{V_{水}} = \frac{14.4}{5 \times 60} \text{m}^2 = 0.048 \text{m}^2, \text{取反冲洗水管开孔数} n = 6 \text{个}$$

反冲洗水管开孔孔径为：

$$D_{水} = \sqrt{\frac{4 \times 0.048}{6 \times 3.14}} \text{m} = 0.101 \text{m}, \text{取} 0.1 \text{m}。$$

核算流速：（《室外给水设计规范》中规定宜取 $5 \sim 6$m/s）

$$V_{水} = \frac{4 \times 14.4}{6 \times 60 \times 3.14 \times 0.1^2} \text{m/s} = 5.10 \text{m/s}$$

231

设提升泵房吸水井最低水位至 BAF 静压头 $h_{水静} = 4.0m$

滤料层水头损失为：（每 1m 滤料高度水头损失 $u = 0.20mH_2O$ 柱/m 滤料）

$$h_{滤损} = u \cdot h_{滤} = 0.2mH_2O 柱/m 滤料 \times 3.0 = 0.6mH_2O 柱$$

单个滤头缝隙面积 $S_0 = 650mm^2$，则单池滤缝总面积 S 为：

$$S = S_0 nA \times 10^{-6} = 650 \times 36 \times 48 \times 10^{-6}m^2 = 1.12m^2$$

设反冲洗水出口局部阻力系数 $\xi = 1.00$，流量系数 $\alpha = 0.80$，则校核滤缝总面积比过滤面积（开孔率）β 为：

$$\beta = \frac{S}{n \cdot A} = \frac{1.12m^2}{6 \times 48m^2} = 0.004$$

配水系统（滤头）水头损失为：

$$h_{配水} = \frac{q_水^2 \times 10^{-6}}{2(\alpha\beta)^2 g} = \frac{5^2 \times 10^{-6}}{2 \times 0.8^2 \times 0.004^2 \times 9.8}m = 0.12m$$

配水系统（池内水管孔）水头损失为：

$$h_{水管} = \frac{\xi V^2}{2g} = \frac{5.10^2}{2 \times 9.8}m = 1.33m$$

反洗水管局部阻力与沿程损失之和取 $h_{水和} = 10m$，富余水头 $h_{富} = 1.5m$，反冲洗水系统总损失 $H_{水反}$ 为：

$$H_{水反} = h_{水静} + h_{滤损} + h_{配水} + h_{水管} + h_{水和} + h_{富} = 4.0m + 0.6m + 0.12m + 1.33m + 10m + 1.5m$$
$$= 17.55m$$

9.13.2 后置反硝化生物滤池计算

1. 滤池总高度计算

利用外加碳源对硝化氮进行反硝化，外加碳源采用 CH_4O（甲醇）。生物滤池总高度计算如下：

$$H = H_0 + h_0 + h_1 + h_2 + h_3 + h_4$$

式中　H——生物滤池总高度，m；

H_0——滤料填装高度，m，取 3.0m；

h_0——承托层高度，m，轻质滤料滤池不含此项，取 0.3m；

h_1——缓冲区配水高度，m，轻质滤料滤池为配水排泥区，取 1.2m；

h_2——清水区高度，m，取 1.5m；

h_3——超高，m，取 0.5m；

h_4——滤板厚度，取 0.4m。

$$H = H_0 + h_0 + h_1 + h_2 + h_3 + h_4 = 3.0m + 0.3m + 1.2m + 1.5m + 0.5m + 0.4m = 6.9m$$

2. 滤池总面积计算

（1）按反硝化负荷法计算

$$A = \frac{W}{H_0}$$

$$W = \frac{Q \times \Delta C_{\mathrm{N}}}{1000 \times q_{\mathrm{TN}}}$$

式中　A——滤池总面积，m^2；

　　　W——滤料总体积，m^3；

　　　H_0——滤料填装高度，m；

　　　Q——滤池设计污水量，m^3/d，取 $50000\mathrm{m}^3/\mathrm{d}$；

　ΔC_{N}——反硝化滤池进水、出水硝酸盐氮浓度差，（$\mathrm{mg/L}$），取 $5\mathrm{mg/L}$；

　Q_{TN}——反硝化容积负荷，$\mathrm{kgNO_3^- \text{-}N/(m^3 \cdot d)}$，取 $2.0\mathrm{kgNO_3^- \text{-}N/(m^3 \cdot d)}$。

$$W = \frac{Q \times \Delta C_{\mathrm{N}}}{1000 \times q_{\mathrm{TN}}} = \frac{50000 \times 5}{1000 \times 2}\mathrm{m}^3 = 125\mathrm{m}^3。$$

$$A = \frac{W}{H_0} = \frac{125}{3}\mathrm{m}^2 = 42\mathrm{m}^2$$

（2）按空床水力停留时间法计算

$$A = \frac{Q}{24q}$$

$$q = \frac{H_0}{t}$$

式中　A——滤池总面积，m^2；

　　　Q——设计污水流量，m^3/d，取 $50000\ \mathrm{m}^3/\mathrm{d}$；

　　　H_0——滤料填装高度，m，取 $3.0\mathrm{m}$；

　　　t——空床水力停留时间，h，取 $20\mathrm{min} = 0.33\mathrm{h}$；

　　　q——滤池水力表面负荷，（$\mathrm{m}^3/\mathrm{m}^2 \cdot \mathrm{d}$）；

$$A = \frac{Q}{24q} = \frac{Qt}{24H_0} = \frac{50000 \times 0.33}{24 \times 3}\mathrm{m}^2 = 232\mathrm{m}^2$$

比较反硝化负荷法与空床水力停留时间法所得滤池总面积，取两者较大值，则 $A = 232\mathrm{m}^2$，将滤池分为 5 格，并联运行，单格表面积为：

$$a = \frac{A}{n} = \frac{232}{5} = 46.4\mathrm{m}^2$$

取单格滤池表面积为：$6\mathrm{m} \times 8\mathrm{m} = 48\mathrm{m}^2$

正常运行时水力负荷为：

$$N_q = \frac{Q}{A} = \frac{50000}{24 \times 48 \times 5}\mathrm{m/h} = 8.68\mathrm{m/h}$$

复核一格滤池反冲洗时，最大水力负荷为：

$$N_q' = \frac{Q}{A} = \frac{50000}{24 \times 48 \times 4}\mathrm{m/h} = 10.85\mathrm{m/h}$$

正常运行时水力负荷与一格滤池反冲洗时，最大水力负荷均满足滤池表面水力负荷 $8.0 \sim 12.0\ \mathrm{m}^3/(\mathrm{m}^2 \cdot \mathrm{h})$（$\mathrm{m/h}$）。

3. 长柄滤头数量计算

单位面积设置滤头数量 $n = 36$ 个/m^2，

设置长柄滤头总数量为：

$$n_0 = n \cdot S = 36 \times 48 \times 5 \ 个 = 8640 \ 个$$

4. 进出水管路计算

进水管道设计流速 $v_1 = 2.10 m/s$，出水管道设计流速 $v_2 = 0.90 m/s$。

进水总管管径 D_1：

$$D_1 = \sqrt{\frac{4Q}{3.14 v_1}} = \sqrt{\frac{4 \times 50000}{3.14 \times 2.1 \times 24 \times 3600}} m = 0.59 m，取 \ D_1 = 600mm$$

实际进水总管管道流速为：

$$v_1 = \frac{4Q}{3.14 D_1^2} = \frac{4 \times 50000}{3.14 \times 0.6^2 \times 24 \times 3600} m/s = 2.05 m/s$$

进水支管管径 D_1'

$$D_1' = \sqrt{\frac{4Q'}{3.14 v_1}} = \sqrt{\frac{4 \times 10000}{3.14 \times 2.1 \times 24 \times 3600}} m = 0.265 m，取 \ D_1' = 300mm$$

实际进水支管管道流速为：

$$v_1' = \frac{4Q}{3.14 D_1'^2} = \frac{4 \times 10000}{3.14 \times 0.30^2 \times 24 \times 3600} m/s = 1.64 m/s$$

出水总管管径 D_2：

$$D_2 = \sqrt{\frac{4Q}{3.14 v_2}} = \sqrt{\frac{4 \times 50000}{3.14 \times 0.9 \times 24 \times 3600}} m = 0.91 m，取 \ D_2 = 1000mm$$

实际出水总管管道流速为：

$$v_2 = \frac{4Q}{3.14 D_2^2} = \frac{4 \times 50000}{3.14 \times 1^2 \times 24 \times 3600} m/s = 0.74 m/s$$

5. 反冲洗计算

曝气生物滤池反冲洗系统的设置与计算按《滤池气水反冲洗设计规程》（CECS 50：93）相关规定执行。（计算方法及结果同一级曝气生物滤池）

6. 碳源投加量计算

根据《曝气生物滤池工程技术规程》，每 $1mgNO_3^- $-N 需要投加的甲醇量按 3mg 计。因此，需要投加的甲醇量为：

$$M = 3 \times \Delta C_N \times Q = 3 \times 5 \times 50000 \times 10^{-3} kg/d = 750 kg/d$$

将甲醇配制成 20% 浓度的甲醇溶液投加，则甲醇溶液投加量为：

$$750 kg/d \div 20\% = 3750 kg/d = 3.75 m^3/d$$

9.13.3 高程计算

本次提标改造部分水力高程计算如表9-17所示。

提标改造部分构筑物水力高程计算

表 9-17

序号	管渠及构筑物名称	Q(L/S)	管渠设计参数				水头损失（m）				水面标高（m）	
			D(mm)	i(‰)	v(m/s)	L(m)	沿程	局部	构筑物	合计	上游	下游
1	消毒池至配水井	578.7	800	1.92	1.15	20	0.0384	0.012		0.05	1.14	1.09
2	配水井	578.7							0.2	0.20	1.34	1.14
3	配水井至反硝化生物滤池	578.7	1000	0.60	0.74	300	0.18	0.48		0.66	2.00	1.34
4	反硝化生物滤池	115.7							2.5	2.50	4.50	2.00
5	提升泵房	578.7									3.00	4.50
6	提升泵房至曝气生物滤池	578.7	1000	0.60	0.74	30	0.018	0.68		0.70	3.70	3.00
7	曝气生物滤池	57.87							2.5	2.50	6.20	3.70
8	提升泵房	578.7									1.00	6.20
9	提升泵房至配水井	578.7	1000	0.60	0.74	10	0.006	0.14		0.14	1.14	1.00
10	配水井	578.7							0.2	0.20	1.34	1.14
11	配水井至二沉池	578.7	800	1.92	1.15	20	0.0384	0.012		0.05	1.39	1.34
12	二沉池	222.5							0.6	0.60	1.99	1.39

9.14　初步设计图纸

在设计计算的基础上，进行了各个单体建（构）筑物的初步设计工作，绘制了单体建（构）筑物的平面和剖面图纸，并进行了污水处理厂厂区的总平面设计和污水处理工艺流程的高程图绘制工作。对应的初步设计图纸目录如下：

（1）设计总说明

（2）污水厂高程布置图

（3）污水厂平面布置图

（4）污水厂平面管线布置图

（5）粗格栅及污水泵房工艺图

（6）细格栅及曝气沉砂池工艺图

（7）平流沉淀池工艺图

（8）A^2/O 生化池平面布置图

（9）A^2/O 生化池工艺图

（10）辐流式二沉池平面布置图

（11）辐流式二沉池工艺图

（12）紫外消毒池工艺图

（13）重力浓缩池工艺图

（14）鼓风机房工艺图

（15）内回流泵房工艺图

（16）污泥贮池及污泥泵房工艺图

另外，还对目前比较流行的两种生化处理工艺氧化沟工艺和 CASS 工艺进行了初步设计，附图如下：

（1）卡罗塞尔氧化沟工艺图

（2）CASS 生化池工艺图

本次修订增加了 MBR 工艺和生物滤池工艺，用于污水处理厂的出水提标。其中 MBR 工艺附图如下：

（1）污水厂高程布置图

（2）污水厂 MBR 工艺 PFD 图

（3）污水厂平面布置图

具体图纸见附录。

（4）污水厂平面管线布置图

（5）A^2/O 生化池平面布置图

（6）A^2/O 及 MBR 池工艺图

（7）MBR 产水泵房工艺图

（8）MBR 清洗加药间工艺图

硝化—反硝化滤池提标改造工艺附图如下：

（1）污水厂高程布置图

（2）污水厂平面布置图

（3）污水厂平面管线布置图

（4）曝气生物滤池平面图（一）

（5）曝气生物滤池平面图（二）

（6）曝气生物滤池剖面图（一）

（7）曝气生物滤池剖面图（二）

（8）反硝化生物滤池平面图（一）

（9）反硝化生物滤池平面图（二）

（10）反硝化生物滤池平面图（三）

（11）反硝化生物滤池平面图（四）

（12）反硝化生物滤池剖面图（一）

（13）反硝化生物滤池剖面图（二）

参 考 文 献

1　张自杰主编．排水工程．北京：中国建筑工业出版社，2000．

2　王宝贞主编．水污染控制工程．北京：高等教育出版社，2000．

3　王洪臣主编．城市污水处理厂运行控制与维护管理．北京：科学出版社，1994．

4　高廷耀主编．水污染控制工程．北京：高等教育出版社，1989．

5　韩洪军主编．污水处理构筑物设计与计算．北京：哈尔滨工业大学出版社，2002．

6　曾科主编．污水处理厂设计与运行．北京：化学工业出版社，2001．

7　钱易，米祥友．现代废水处理新技术．北京：中国科学技术出版社，1993．

8　何圣兵，崔洪升，郭婉茜．污水处理项目建设程序与工程设计．北京：中国建筑工业出版社，2008．

9　崔玉川，刘振江，张绍怡．城市污水厂处理设施设计计算．北京：化学工业出版社，2004．

10　张勤，张建高．水工程经济．北京：中国建筑工业出版社，2002．